Aurélie Docquier

Etude sur les régulations transcriptionnelles

Aurélie Docquier

Etude sur les régulations transcriptionnelles

Rôle du corégulateur transcriptionnel RIP140 dans la
signalisation par les facteurs E2Fs

Presses Académiques Francophones

Impressum / Mentions légales
Bibliografische Information der Deutschen Nationalbibliothek: Die Deutsche
Nationalbibliothek verzeichnet diese Publikation in der Deutschen Nationalbibliografie;
detaillierte bibliografische Daten sind im Internet über http://dnb.d-nb.de abrufbar.
Alle in diesem Buch genannten Marken und Produktnamen unterliegen warenzeichen-,
marken- oder patentrechtlichem Schutz bzw. sind Warenzeichen oder eingetragene
Warenzeichen der jeweiligen Inhaber. Die Wiedergabe von Marken, Produktnamen,
Gebrauchsnamen, Handelsnamen, Warenbezeichnungen u.s.w. in diesem Werk berechtigt
auch ohne besondere Kennzeichnung nicht zu der Annahme, dass solche Namen im Sinne
der Warenzeichen- und Markenschutzgesetzgebung als frei zu betrachten wären und
daher von jedermann benutzt werden dürften.

Information bibliographique publiée par la Deutsche Nationalbibliothek: La Deutsche
Nationalbibliothek inscrit cette publication à la Deutsche Nationalbibliografie; des
données bibliographiques détaillées sont disponibles sur internet à l'adresse http://dnb.d-
nb.de.
Toutes marques et noms de produits mentionnés dans ce livre demeurent sous la
protection des marques, des marques déposées et des brevets, et sont des marques ou des
marques déposées de leurs détenteurs respectifs. L'utilisation des marques, noms de
produits, noms communs, noms commerciaux, descriptions de produits, etc, même sans
qu'ils soient mentionnés de façon particulière dans ce livre ne signifie en aucune façon que
ces noms peuvent être utilisés sans restriction à l'égard de la législation pour la protection
des marques et des marques déposées et pourraient donc être utilisés par quiconque.

Coverbild / Photo de couverture: www.ingimage.com

Verlag / Editeur:
Presses Académiques Francophones
ist ein Imprint der / est une marque déposée de
OmniScriptum GmbH & Co. KG
Heinrich-Böcking-Str. 6-8, 66121 Saarbrücken, Deutschland / Allemagne
Email: info@presses-academiques.com

Herstellung: siehe letzte Seite /
Impression: voir la dernière page
ISBN: 978-3-8416-2619-6

UNIVERSITE MONTPELLIER
UFR MEDECINE

THESE

Pour obtenir le grade de

DOCTEUR DE L'UNIVERSITE MONTPELLIER

Discipline : Biologie moléculaire et cellulaire
Ecole doctorale : Sciences Chimiques et Biologiques pour la Santé (CBS2)

Présentée et soutenue publiquement par

Aurélie DOCQUIER

Le 7 Décembre 2010

Rôle du corégulateur transcriptionnel RIP140 dans la signalisation par les facteurs E2Fs

---

JURY :

Dr. Vincent CAVAILLES, Directeur de recherche CNRS, Montpellier	Directeur de thèse
Dr. Béatrice EYMIN, Chargée de recherche INSERM, Grenoble	Rapporteur
Dr. Jean-Michel PETIT, Maître de Conférences UNILIM, Limoges	Examinateur
Dr. Claude SARDET, Directeur de recherche CNRS, Montpellier	Examinateur
Dr. Didier TROUCHE, Directeur de recherche CNRS, Toulouse	Rapporteur

RESUME

Le contrôle du cycle cellulaire, processus fondamental pour la prolifération cellulaire, est souvent altéré au cours de la tumorigenèse. Les facteurs de transcription E2Fs sont des régulateurs majeurs de l'expression de gènes impliqués dans le cycle cellulaire, la réplication de l'ADN, la mort cellulaire programmée ou encore la différenciation cellulaire. La famille des facteurs E2Fs contient des membres qui agissent comme activateurs ou répresseurs de la transcription et dont l'activité est régulée par un grand nombre de corégulateurs transcriptionnels, incluant notamment les protéines à poche (Rb, p107, p130).

RIP140 (Receptor Interacting Protein of 140kDa) a été identifié comme un corépresseur de nombreux récepteurs nucléaires, une autre grande famille de facteurs de transcription qui, pour certains, régulent positivement l'expression du gène RIP140.

Ce travail de thèse a permis d'identifier RIP140 comme un nouveau répresseur de l'activité transcriptionnelle du facteur E2F1, dans des expériences de transfection transitoire ainsi que sur l'expression de gènes endogènes. Nous avons également montré que l'expression ectopique de RIP140 bloque la progression des cellules dans le cycle cellulaire. Dans les cancers du sein, le niveau d'expression de RIP140 présente une corrélation inverse avec celui de différents gènes cibles des facteurs E2Fs et semble discriminer les tumeurs luminales des tumeurs basales. Nous avons également démontré que le niveau d'ARNm RIP140 est régulé au cours du cycle cellulaire et que le promoteur du gène RIP140 est une cible directe des facteurs E2Fs. Cette régulation implique des sites de liaison des facteurs E2Fs et Sp1 dans la région proximale du promoteur. La régulation de ce gène par E2F1 a également été observée au cours du processus de différenciation adipocytaire en utilisant un modèle murin E2F1$^{-/-}$.

En conclusion, ce travail a permis d'identifier RIP140 comme un nouvel acteur de la voie de signalisation par les facteurs E2Fs.

TITRE en Anglais

Role of the Transcriptional coregulator RIP140 in E2F signaling

ABSTRACT

Cell cycle control, a fundamental process which controls cell proliferation, is frequently altered during tumorigenesis. The E2F transcription factors are central regulators of target gene expression involved in cell cycle regulation, DNA replication, apoptosis and differentiation. The E2F transcription factors family encompasses members which act as activators or repressors. Their activities are regulated by a large number of transcriptional coregulators, including in particular the Pocket proteins (Rb, p107, p130).

The transcription coregulator RIP140 (Receptor Interacting Protein of 140kDa) has been identified as a partner of numerous nuclear receptors, another important transcription factor family. Some of these nuclear receptors positively Regulate RIP140 gene expression.

This work identified RIP140 as a new repressor of E2F1 transcriptional activity, both in transient transfection experiments and on the expression of endogenous target genes. We also showed that ectopic expression of RIP140 blocks cell cycle progression. In breast cancers, the level of RIP140 expression is inversely correlated with various target genes of E2Fs factors and seems to discriminate luminal from basal tumors. We also demonstrated that the RIP140 mRNA expression is regulated during cell cycle and that the RIP140 promoter is a direct target of E2F transcription factors. This regulation involves both E2F and Sp1 binding sites in the proximal region of the RIP140 promoter. The Regulation of the RIP140 gene by E2F1 was also observed during adipocyte differentiation using an E2F1$^{-/-}$ mouse model.

In conclusion, this study identified RIP140 as a new regulator of the E2F signalling pathway and as a novel E2F1 target gene. These results open new perspectives concerning the roles that this transcriptional coregulator might play in the control of cell proliferation and tumorigenesis.

DISCIPLINE

Biologie moléculaire et cellulaire

MOTS-CLES

E2F, RIP140, cycle cellulaire, régulation transcriptionnelle, facteur de transcription, corépresseur, cancer du sein
E2F, RIP140, cell cycle, transcriptional regulation, transcription factor, corepressor, breast cancer

INTITULE ET ADRESSE DU LABORATOIRE

IRCM (Institut de Recherche en Cancérologie de Montpellier) INSERM U896
Equipe "He C" (Signalisation Hormonale et Cancer)
CRLC Val d'Aurelle Parc Euromédecine, 208 Rue des Apothicaires
34298 MONTPELLIER Cedex 5

REMERCIEMENTS

Je tiens tout d'abord à remercier le Dr. Béatrice Eymin et Dr. Didier Trouche d'avoir accepté d'évaluer mon travail en tant que rapporteurs. Je tiens également à remercier le Dr. Claude Bardet qui après avoir été mon parrain de thèse et suivi le déroulement de ma thèse, a accepté de faire partie de mon jury. Enfin je voudrais remercier le Dr. Jean-Michel Petit qui a très gentiment accepté de venir de Limoges pour assister et présider mon jury de thèse.

Je voudrais remercier mon directeur de thèse Vincent Cavaillès de m'avoir offert l'opportunité de travailler avec lui sur le sujet. Merci de m'avoir accueillie de nouveau en stage de master) et de m'avoir fait confiance tout au long de ces 8 années de thèse. Tu as toujours écouté et souvent tenu compte de mon opinion et de mes suggestions. Tu as toujours pris le temps de m'expliquer les côtés obscurs de la biologie. Tous tes conseils m'ont permis de m'améliorer, d'avoir un esprit critique et de m'épanouir dans mon travail, malgré les difficultés. Je te remercie donc beaucoup pour les années passées à tes côtés.

Je tiens bien sûr à remercier tous les membres de mon équipe B HeC pour tous les bons moments passés en votre compagnie. Les difficultés et les journées à rallonge en deviennent beaucoup plus agréables. Merci à Sandrine (Sandy) de m'avoir appris les techniques du Rabo (souvenir de master) et la bonne humeur. Merci à Stéphan (Iznogoud) pour les moments de fous rire, ton dictionnaire intégré et les conseils sur les problèmes techniques que j'ai pu rencontrer. Merci à Annick (Titanic), Thiziri (Titi) et Carmen (le Rrio) pour leurs fous rires traversant les murs. Un grand merci à Patrick (PAR lit Calogero), tu as toujours été présent pour moi tu étais obligé, tu que ton bureau est à côté du mien…), mais tu n'as jamais refusé de m'aider que ce soit pour les manips, la rédaction, les problèmes d'ordi ou me rassurer en période de doute ou d'énervement merci aussi d'avoir généré tous les mutants des promoteurs énorme et indispensable travail). Merci à Audrey (Salle de culture bonjour) pour tous les moments renfermés en culture. Merci à Marion (Marionine) pour tous les conseils et aides et ils sont nombreux), tu as toujours été présente et volontaire pour m'aider dans les techniques les plus dures (MEF et souris). Tu as été le très bon conseil. Merci à Cathy (Katiii) pour m'avoir aidé lors de la rédaction de mon manuscrit et de l'article, bienvenue dans l'équipe. Merci à Patrick (PB) pour ces conseils, après-midi chocolat, mais surtout de m'offrir l'opportunité de faire mes preuves en tant que jeune docteur et de me faire confiance pour mener à bien les projets. Merci à Marina (Maoui, Vouvouzéla) pour la bonne humeur, et son enthousiasme, tu es inoubliable. Merci à Abdel (Abdelou, AB production) pour ton caractère, ton humour, tes délires (Ca va ou quoi, l'obligatoire, Et puis c'est tout), tes extraits de films que tu connais par cœur), tous les moments de fous rires dont toi seul à le secret ne change pas. Merci à Aurélien (nienien), Rive la thésard team, même galère, même combat, tu as toujours été présent pour un conseil, un café, un beur le not, un câlin, merci à toi pour ton soutien et vive la réunion et l'Australie. Enfin, et pas le moindre un grand merci à la bande gossip girls, les les moments passés en votre compagnie ont été un réel bonheur pour moi et n'ont toujours donné le sourire. Merci à Virginie (Ninie) pour les délires sur tout et n'importe quoi, mais bien nécessaire pour le moral, merci pour ton franc parlé, les coups de gueule partagés et le souvenir de nos origines du Nord enfin du Limousin). Merci Muriel (Mamu) pour ton aide pour la rédaction de mon manuscrit, merci surtout pour tous ces conseils que tu n'as donnés tout au long de ma thèse, merci de m'avoir partagé ton expérience précieuse, de m'aider et me rassurer dans les moments difficiles et merci pour les vacances inoubliables passées avec toi. Merci aux anciens qui ont laissé leur trace dans cette équipe

Sonia et Aurélie G., pour le temps passé avec vous, les conseils de thésardes expérimentées et votre bonne humeur ; pour avoir mis de la couleur dans nos vies (Sonia) et de la bonne humeur en toute condition (Aurélie). Merci aussi à Romain (Rominou), pour tous ces moments passés avec toi, ces délires, ces discussions presque sérieuses, ces prises de rugby (où j'ai presque gagné) et de n'avoir fait découvrir Marrakech, merci pour tout. Merci à Aude (ma première stagiaire), ça a été un réel plaisir de te faire partager les techniques que je connaissais, nous nous sommes tout de suite entendues et savons très bien travaillé ensemble, je suis sûr que tu arriveras à de grandes choses dans tes études et travail à venir. Merci à mes aînés : Pierre-Olivier (Pierrot/POH) et Samuel (Sam) pour avoir initié ce projet et de m'avoir prise sous votre aile, merci pour votre aide, votre soutien et votre bonne humeur. Enfin merci à tous les membres de l'institut IRCM, merci à Caroline (Caro) pour tous tes conseils précieux, ton aide, ta bonne humeur et tes délires partagés, bonne chance pour le 5 déc. Et merci à tous les thésards de l'IRCM du 1er et 2ème étage et à Emilie et Sylviane pour leur aide sur les manips délicates. Merci à tous les membres de l'institut qui ont partagé ces années avec moi.

Je voudrais bien sûr remercier mes parents qui m'ont tout donné et m'ont toujours soutenue dans les bons comme dans les moments difficiles. Les mercis ne suffiront jamais à exprimer tout ce que je vous dois. Malgré les embûches, les mauvais caractères, la distance géographique, vous avez toujours répondu présent, cela n'a pas de prix. Merci pour votre amour. Votre fille (preuve à l'appui) t'adore. Et vive la Creuse. Une forte pensée à mes grands parents qui j'espère auraient été fiers de moi. Je tiens aussi à remercier mon frère Cyril pour tous ses encouragements, ainsi que Virgine, pour tous ces bons moments passés chez eux (weekend détente). Merci pour votre soutien. Merci grand frère d'être comme tu es, tu resteras pour moi une vraie leçon de vie, ne change pas. Merci à toute ma famille pour ses bons repas passés en votre compagnie et votre bonne humeur. Un gros bisou à ma filleule Noémie (petite mais déjà forte). Je pense fort à toi tata. Merci à mes amis, Karine, Julie, Clément, Line, Barbara, etc… pour tous ces moments passés en votre compagnie. Vous m'avez permis de me défouler quand j'en avais besoin, de penser à autre chose qu'au labo, manips et rédaction. Votre soutien a été sans faille et très précieux à mes yeux. Merci à vous les coupines Karine et Julie pour notre trio infernal (enfin 3, 5), soirées filles et après midi shopping, vous savez été de toutes les épreuves et toujours prêtes à me soutenir dans les moments difficiles. Merci les filles (et le petit bout à venir).

Enfin, on dit le meilleur pour la fin…), merci à toi, Laurent, comment as-tu fais pour me supporter durant tout ce temps, je ne te le demande encore, mais continu comme ça ! Tu as su être patient, rassurant et réconfortant. Je le sais beaucoup de même plus. Tu as été de tous les instants, de toutes les difficultés et malgré nos caractères de cochons, on a su réussi à passer les épreuves. Comment pourrais-je te remercier ? Merci p'ti chou pour tous ces moments passés avec toi, de m'avoir fait découvrir un autre monde que celui de la recherche, labo et manip. Merci pour tous ces tous rires, ces bagarres (que j'ai souvent gagnées) et la complicité partagée avec toi. Je le pense pas avoir pu réussir ses épreuves sans toi. J'espère que tu me supporteras encore longtemps (en tout cas moi je pense à y arriver). Un grand merci à toi, ainsi qu'à la famille (tes parents Michèle et Serge, ta sœur, ses petites nièces adorables et ses grands parents), merci à vous pour tous ces moments familiaux où vous m'avez accueillie avec plaisir.

Merci à tous de faire partie de ma vie, de l'avoir enrichie, de m'avoir aidée à être ce que je suis aujourd'hui.

TABLE DES MATIERES

LISTE DES FIGURES ET DES TABLEAUX

A

ACTR	Activator of the Thyroid and RA receptor
ADN	Acide Désoxyribonucléique
ADNc	ADN complémentaire
AF	Activation Function
AhR	Aryl hydrocarbon Receptor
AhRE	AhR Response Element
AIB1	Amplified In Breast Cancer 1
AIM-1	Absent In Melanoma-1 serine/threonine protein Kinase
Akt	
AMPK	Adenosine Mono-phosphate Kinase
AP-1	Activator Protein-1
APAF-1	Apoptotic Protease Activating Factor-1
APC	Anaphase Promoting Complex
AR	Androgen Receptor
ARC	Activator Recruited Cofactor
ARF	Alternative Reading Frame
ARN	Acide Ribonucléique
ARNm,r,t	ARN messager, ribosomique, de tranfert
AS160	Akt Substrate of 160kDa
ASK1	Apoptosis Signal Regulating Kinase 1
ATG1	Autophagy-specific Gene 1
ATM	kinase Ataxia-Telangiectasia Mutated
ATP	Acide Tri-Phosphate
ATR	kinase Ataxia-Telangiectasia Related

B

BAX	Bcl2 Associated X protein
Bcl2	B cell lymphoma 2
bFGF	basic Fibroblast Growth Factor
BH3	Bcl-2 Homology 3
Bmi-1	B cell specific moloney murine leukemia virus integration site-1
BRCA-1	Breast Cancer susceptibility-1
BRG1	Brahma-Related Gene 1
BRM	Brahma
BUB1b	Budding Uninhibited by Benzimidazoles 1 homolog beta

C

CAK	Cdk Activated Kinase
CARM1	Coactivator-Associated Arginine Methyltransferase 1
CBP	CREB Binding Protein
Cdc	Cell Division Control
Cdk	Cyclin dependent kinase
C/EBP	CAAT Enhancer Binding Protein
ChIP	Chromatin Immuno-Precipitation
Chk	Checkpoint kinases
CHR	Cell cycle genes Homology Region
Cip	CDK interacting protein
c-jun	jun proto-oncogene
CKI	Cdk Kinase Inhibitor
COX-2	Cyclo-Oxygenase-2
CPT1b	Carnitine Palmitoyl-Transferase 1b
CREB	cAMP Response Element Binding protein
CRM1	Chromosome Maintenance region 1
CtBP	C-terminal Binding Protein
C-ter	Carboxy-terminal
Cyc	Cyclin

D

DAX-1	DSS-AHC critical region on the chromosome, gene-1

DBDD	DNA Binding Domain
DDCPD	DNA Damage Checkpoint
DHFRD	Dihydrofolate Reductase
DnmtD	DNA methyltransferase
DPD	Dimerization Partner
DRAMD	DNA-damage Regulated Autophagy Modulator
DRIPD	vitamin D3 Receptor Interacting proteins
DRTF1D	Downregulated Transcription Factor
E2D	17β-Estradiol
E2FD	E2 Transcription Factor
EGFRD	Epidermal Growth Factor Receptor
ERD	Estrogen Receptor
ERED	Estrogen Response Element
ERRD	Estrogen-receptor Related Receptor
FASD	Fatty Acid Synthase
FHL1D	Four and a Half LIM domains
FosD	Factor of Safety
G0, G1, G2D	Gap 0, 1, 2 phase
Gab2D	GRB2-associated Binding protein 2
GCN5D	General Control of amino-acid Synthesis 5
Glut4D	insulin-responsive Glucose Transporter 4
GRD	Glucocorticoid Receptor
GRIP-1D	Glucocorticoid Receptor Interacting Protein-1
HATD	Histone Acetyltransferase
HDACD	Histone Deacetylase
HMTDD	Histone Methyltransferase
HNF1D	Hepatocyte Nuclear transcription Factor 1
HRED	Hormone Response Element
INK4DD	cyclin-dependent Kinase Inhibitor 4
Jab-1D	Jun Activating Binding protein-1
Ki-67DD	Antigen KI-67
KipD	Kinase Interaction protein
KOD	Knock Out
LBDD	Ligand Binding Domain
LC3D	microtubule-associated protein 1 Light Chain 3 alpha
LucD	Luciferase
LXRD	Liver X Receptor
LZD	Leucine Zipper
MD	Mitose phase
MAPKD	Mitogen Activated Protein Kinase
MBD	Marked Box
MCF-7D	Michigan Cancer Foundation-7
Mcl-1DD	Myeloid Cell leukemia-1
McmD	Minichromosome maintenance
MCPDD	Mitotic Checkpoint
Mdm2D	Mouse double minute 2
MEFD	Mouse Embryonic Fibroblast
miRD	microRNA
MshD	Mismatch Repair
mSIN3BD	mammalian Switch-Independent protein 3 B
MybD	Myeloblastosis Oncogene
MycD	Myelocytose Oncogene

NCoA	Nuclear Receptor Coactivator
NCoR	Nuclear Receptor Corepressor
NES	Nuclear Export Signal
NF1	Nuclear Factor1
NF-κB	Nuclear Factor κB
NF-Y	Nuclear Transcription Factor-Y
NF-YA	Nuclear Transcription Factor-Y subunit A
NLS	Nuclear Localization Signal
NR	Nuclear Receptor
NRIP1	Nuclear Receptor Interacting Protein1
N-ter	amino-terminal

O

ORC	Origin Recognition Complex
ORF	Open Reading Frame

P

p107, p130	proteins of 107 and 130 kDa
PAI-1	Plasminogen Activator Inhibitor-1
Pc	Polycomb Protein
p/CAF	p300/CBP Associated Factor
p/CIP	p300/CBP Co-Integrator associated Protein
PCNA	Proliferating Cell Nuclear Antigen
PEPCK	Phosphoenolpyruvate Carboxykinase
PGC-1	PPAR-γ Coactivator-1
PI3KN	Phosphoinositide-3-Kinase
PKA	Protein Kinase A
PLP	Pyridoxal 5'-Phosphate
PLPP	Pyridoxal Phosphatase
PP	Pocket Protein
PPARγ	Peroxisome Proliferator Activated Receptor γ
PR	Progesterone Receptor
pRb	Protein of Retinoblastoma

PRC1	Protein Regulator of Cytokinesis1
PRMT	Protein Arginine Methyl-Transferase
PXR	Pregnane X Receptor

Q

Q-PCR	Quantitative Polymerase Chain Reaction

R

RP	Restriction point
RA	Retinoic Acid
RAR	Retinoic Acid Receptor
Ras	Rat Sarcoma
Rb	Retinoblastoma
RbP1	Rb Binding Protein1
RCP	Replication Checkpoint
RD	Repressor Domain
RFC4	Replication Factor C subunit4
Ring1	Ring finger protein1
RIP140	Receptor Interacting Protein of 140kDa
RXR	Retinoid X Receptor
RYBP	Ring1 and YY1 Binding Protein

S

S	Synthesis phase
SCF	Skp1, Culline, F box complex
SF-1	Steroidogenic Factor-1
siRNA	small Interfering RNA
SirT1	Silent Information Regulator deacetylase
SMRT	Silencing Mediator of Retinoid and Thyroid hormone receptor
SNP	Single Nucleotide Polymorphism
Sp1	Specificity protein1
SPC	S-phase Promoting Complex

Abbreviation	Full name
SRC-1	Steroid Receptor Coactivator-1
SREBP-1c	Sterol-Regulating Binding-Protein-1c
STCH	Stress 70 protein Chaperone
SUV39H	Suppressor of Variegation 3-9 homolog
SWI/SNF	Switching defective/Sucrose Nonfermenting

T

TAF	TBP Associated Factor
TBP	TATA-Binding Protein
TFII	general Transcription Factor II
TGF-β	Transforming Growth Factor-β
TIF-2	Transcriptional Intermediary Factor-2
Tip60	Tat Interacting protein 60
TK	Thymidine Kinase
TNF	Tumor Necrosis Factor
TopBP1	Topoisomerase II Binding Protein 1
TR	Thyroid hormone Receptor
TR2/TR4	Testis Orphan Receptor 2 or 4
TRAP	Thyroid hormone Receptor Associated Protein
TRRAP	Transformation transcription domain-Associated Protein

U

Abbreviation	Full name
Ucp1	mitochondrial Uncoupling Protein-1
uPA	urokinase-type Plasminogen Activator
UTR	Untranslated Terminal Region

V-W-X-Y-Z

VDR	Vitamin D3 Receptor
VEGF	Vascular Endothelial growth factor
WAT	White Adipocyte Tissue
WB	Western Blot
YY1	YY1 transcription factor

AVANT-PROPOSA

A

L	Le cancer est un terme bien connu du grand public, mais la maladie qu'il représente possède encore bien des mystères pour le monde scientifique. Cette pathologie résulte de la prolifération anarchique de certaines cellules d'un organisme. Les cellules qui composent la tumeur se divisent indéfiniment, au dépend de l'intégrité de l'organisme dont elles proviennent. Le pouvoir prolifératif de ces cellules est modifié, elles échappent au contrôle des différents mécanismes de surveillance.

L	Au laboratoire, nous étudions certains des mécanismes qui contrôlent l'expression et l'activité des récepteurs nucléaires (NR) et leur impact sur la régulation transcriptionnelle de différents gènes cibles. Ces NR forment une grande famille de facteurs transcriptionnels, s'activant en présence de leur ligand, comme les œstrogènes dans le cas du récepteur des œstrogènes (ER). Dans le contexte de lignées tumorales mammaires (cellules MCF-7), l'activation de l'ERα par l'hormone induit une augmentation de l'expression des gènes cibles impliqués, notamment au cours du cycle cellulaire et de la prolifération.

L	Pour réguler les récepteurs nucléaires, il existe des protéines ayant un pouvoir activateur ou inhibiteur sur l'activité transcriptionnelle, ce sont les coactivateurs et les corépresseurs. Ces protéines permettent une régulation fine de l'activité des récepteurs nucléaires, en recrutant notamment des complexes de modification de la structure chromatinienne. Ces complexes facilitent ou empêchent l'accessibilité de l'ADN à la machinerie transcriptionnelle par modifications post-traductionnelles des protéines d'histones.

L	Parmi ces cofacteurs, nous avons concentré notre étude sur le corépresseur transcriptionnel RIP140, un des premiers cofacteurs des récepteurs nucléaires à avoir été identifié. Une fois fixé aux NR, il recrute des complexes comprenant les HDACs *(Histone Deacetylases)* ou encore les CtBPs *(C-terminal Binding Proteins)* pour inhiber l'activité transcriptionnelle. Il est également impliqué dans une boucle de régulation avec les récepteurs des œstrogènes qui activent l'expression du gène RIP140.

L	Une autre grande famille de facteurs de transcription impliqués dans la régulation du cycle cellulaire est celle des facteurs E2Fs. Ils permettent l'entrée et la progression du cycle en régulant l'expression de gènes cibles nécessaires à ces processus. Tout comme les NR, leurs activités sont régulées par des cofacteurs qui, selon le contexte, répriment ou favorisent le potentiel de transactivation des E2Fs. Le principal régulateur des facteurs E2Fs est la protéine du rétinoblastome Rb qui inhibe leur activité; une fois phosphorylée, Rb se dissocie des facteurs E2Fs qui peuvent alors activer l'expression de leurs gènes cibles.

L

Dans ce contexte, l'objectif majeur de ce travail a été d'étudier le rôle de RIP140 dans la signalisation par les facteurs de transcription E2Fs, principalement dans un contexte de cellules cancéreuses mammaires humaines.

Dans une première partie, nous nous sommes interrogés sur la possible régulation par le cofacteur RIP140 de l'activité des facteurs E2Fs, à l'image de celle qu'il exerce sur les NR. Ce travail a été effectué dans la lignée cellulaire tumorale mammaire MCF-7 qui dépond aux œstrogènes. Le but de cette analyse était d'identifier si RIP140 agissait comme corépresseur de E2F1, en comparaison à Rb, puis de voir si cette régulation avait un impact sur les fonctions biologiques exercée par le facteur E2F1. Enfin, notre étude s'est orientée sur des régulations de l'expression de gènes cibles de E2F1 et de RIP140 dans le contexte de tumeurs du rein pour mesurer l'impact du niveau d'expression de RIP140 sur celui des gènes cibles des facteurs E2Fs.

Une deuxième partie de mon travail a porté sur la régulation du gène RIP140 par des facteurs E2Fs. Toujours en comparant le mode de fonctionnement des NR et de RIP140, nous avons voulu savoir si RIP140 était un gène cible des E2Fs. Après la mise en évidence de cette régulation, nous avons recherché si des facteurs E2Fs pouvaient activer l'expression de ce gène et nous avons identifié des principaux partenaires de cette activité transcriptionnelle. L'étude s'est ensuite intéressée aux rôles physiologiques qui pouvaient nécessiter la régulation de l'expression de RIP140 par des E2Fs. En plus d'être régulée au cours du cycle cellulaire, l'expression de RIP140 semble également être influencée par le facteur E2F1 au cours de la différenciation adipocytaire.

Enfin, un troisième volet de ma thèse, au stade préliminaire, s'est intéressé au rôle de la vitamine B6 sur l'expression et l'activité de RIP140 et de E2F1. RIP140 peut être l'objet de différentes modifications post-traductionnelles comme la conjugaison du pyridoxal 5'-phosphate (PLP, forme active de la vitamine B6). Nous avons initié l'étude de l'impact de la vitamine B6 sur l'expression et l'activité des facteurs de transcription E2F1 et RIP140.

PARTICIPATION AUX TRAVAUX

Durant mon travail de thèse, j'ai participé à différents projets

- « The Transcriptional Coregulator RIP140 Represses E2F1 Activity And Discriminates Breast Cancer Subtypes »
Clinical Cancer Research, 16(11) June, 2010
Aurélie Docquier[§], Pierre-Olivier Harmand[§], Samuel Fritsch, Maïa Chanrion, Jean-Marie Darbon And Vincent Cavaillès

- « RIP140 Is A novel cell cycle-regulated gene controlled at the transcriptional level by E2F Transcription Factors »
Article En Soumission A Nucleic Acids Research
Aurélie Docquier, Patrick Augereau, Pierre-Olivier Harmand, Marion Lapierre, Eric Badia, Jean-Sébastien Annicotte, Lluis Fajas and Vincent Cavaillès

- « Effet de la Vitamine B6 sur la signalisation par les facteurs E2Fs »
Travail En Cours Au Laboratoire
Abdel Boulahtouf, Aurélie Docquier, Aude Tana Et Vincent Cavaillès

- « Role of RIP140 in the negative regulation of estrogen-dependent transactivation and cell proliferation by ERβ »
Article En Cours De Soumission
Aurélie Docquier[§§], Aurélie Garcia[§], Julien Savatier, Muriel Busson, Abdel Boulahtouf, Emmanuel Margeat, Virginie Bellet, Cathy Royer, Vincent Cavaillés[$] And Patrick Balaguer[$]
Ce dernier projet ne sera pas développé dans ce manuscrit.

C

C

C

C

c

C

CONTEXTEC

c

BIBLIOGRAPHIQUEC

I

I

I

I

I

I

I) ILE ICYCLE ICELLULAIRE

I-1) Fonctionnement du cycle cellulaire

« Une particularité fondamentale de toutes cellules en croissance, tant eucaryotes que procaryotes, est le pouvoir de dupliquer leur ADN génomique et de transmettre des copies identiques de cette information génétique à chaque cellule fille. Toutes ces cellules en croissance subissent un cycle cellulaire à 2 étapes : division cellulaire avec séparation des cellules filles et interphase, soit la période de croissance cellulaire. » *Extrait du chapitre Division cellulaire et réplication de l'ADN de LA CELLULE Biologie Moléculaire de Darnell, Lodish et Baltimore, 1988.*

Ce chapitre, intitulé « Fonctionnement du cycle cellulaire », décrit le déroulement et les régulations du cycle cellulaire de façon générale, dans le but de comprendre les principaux mécanismes de ce processus. Ces informations tirées d'ouvrages tels que *La biologie moléculaire de la cellule d'Alberts et Johnson de 2004, Biologie cellulaire de Mailler de 2006* ou encore *Cell Biology of Sichuan University,* ont pour but d'établir l'arrière plan physiologique dans lequel s'insère mon travail de thèse[1].

a- Description

Le cycle cellulaire est le processus permettant à une cellule mère de donner deux cellules filles identiques sur le plan génétique. Il comprend l'étape d'interphase et de mitose. Tous les organismes sont constitués de cellules qui se multiplient par division cellulaire. Par exemple, un adulte humain est constitué d'environ 100 000 milliards de cellules, qui sont toutes originaires d'une unique cellule : le zygote. Les mécanismes fondamentaux régulant ce processus sont très conservés au cours de l'évolution et restent communs à tous les organismes eucaryotes, ce qui montre l'importance de ces régulations.

Le cycle cellulaire se déroule en plusieurs phases (Cf. Figure 1). Il débute par la phase G1, durant laquelle la cellule se prépare à répliquer son ADN, suivie de la phase S, dite de réplication de l'ADN au cours de laquelle la cellule duplique son matériel génétique. La phase suivante, appelée phase G2, permet le contrôle et la vérification du processus de synthèse de l'ADN et répare les erreurs produites. Ces trois phases sont regroupées sous le terme d'interphase. Enfin se produit la phase M de division cellulaire, également appelée mitose. Les chromosomes se séparent et la cellule se divise en deux cellules filles. La cellule peut recommencer un nouveau cycle ou s'arrêter et entrer en phase d'attente : phase G0.

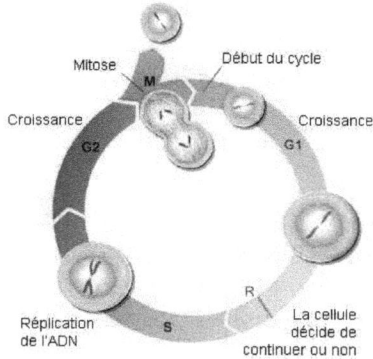

Figure 1 : Les différentes étapes du cycle cellulaire

Le cycle cellulaire comprend quatre phases principales, la phase G1 de croissance, la phase S de Réplication de l'ADN, la phase G2 et enfin la phase M de mitose et de séparation de la cellule mère en deux cellules filles.

La durée des cycles dépend du type cellulaire, elle est de 30 minutes pour des cellules embryonnaires et peut aller jusqu'à un an pour des cellules hépatiques de vertébrés supérieurs. Les cellules adultes à croissance rapide se divisent en 12 à 36 heures *(Livre Biologie cellulaire Maillet 2006).*

❖ **Phase G1**

Le cycle cellulaire débute donc par la phase G1 (pour Gap n°1). Il s'agit d'une phase de croissance cellulaire et de préparation à la Réplication de l'ADN. Cette étape est affectée par divers facteurs, qui vont favoriser ou inhiber la progression de la phase G1, notamment des facteurs de croissance, des facteurs protéiques endocrines, des nutriments présents dans le milieu ou la température. Une fois le point de restriction R passé, la cellule sera insensible à ces signaux et sera définitivement engagée dans le cycle.

❖ Phase S ❖

La phase S de réplication d'ADN est une étape complexe qui permet de doubler le matériel chromosomique. Ce mécanisme est bien sûr soumis à de nombreux contrôle pour permettre la réplication hautement fidèle de l'ADN et limiter l'apparition de changement de nucléotides et donc de mutations. ✱

❖

❖ Phase G2 ❖

Une fois la réplication terminée, débute la phase G2 (Gap n°2). Cette phase a pour rôle de contrôler que la réplication a bien été réalisée (réparation post-réplicative) et de préparer la cellule à la division cellulaire. Il y a production et accumulation des complexes permettant d'une part le passage en mitose avec la transition G2/M et le bon déroulement de cette prochaine phase. ❖

❖

❖ Phase M ❖

Une fois le point de contrôle passé, la cellule entre en phase M, elle subit alors la mitose, c'est-à-dire la division nucléaire puis la cytokinèse pour la division cytoplasmique. Durant cette période, le contenu génétique de la cellule mère, qui a doublé au cours de la phase S, sera réparti dans les deux cellules filles. La phase M se divise classiquement en six étapes : la prophase, la prométaphase, la métaphase, l'anaphase, la télophase et enfin la cytokinèse (Cf. Figure 2). ❖

❖

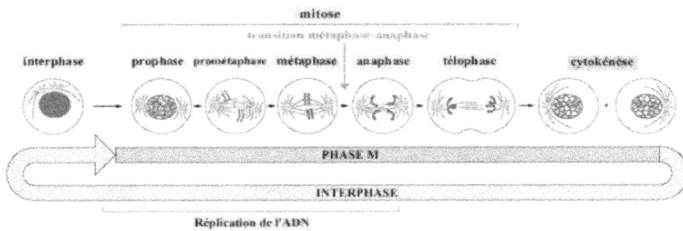

❖

D'après le livre d'Alberts et Johnson La biologie moléculaire de la cellule 2004 ❖

❖

Figure 2 : Les différentes étapes de la mitose ❖

La phase M se divise en plusieurs sous-phases de mitose : la prophase, la prométaphase, la métaphase, l'anaphase et la télophase permettant la séparation des chromosomes homologues. La cytokinèse permet la séparation du matériel cytoplasmique et la division en deux cellules filles. ❖

Après avoir fini ce cycle, la cellule peut soit retourner en phase G1 pour recommencer une division cellulaire ou entrer en phase de repos (phase G0 qui dure plus ou moins longtemps, de quelques jours à quelques années. Selon les signaux perçus, la cellule pourra repartir en prolifération.

b- Régulations

Le cycle cellulaire est un processus hautement contrôlé. Les différentes phases doivent se succéder dans un ordre précis et chaque phase doit se terminer avant que la suivante ne débute. Il faut également veiller à ce que les cellules filles soient génétiquement identiques à la cellule mère. Si ce système est perturbé, les cellules filles peuvent présenter des altérations chromosomiques avec des informations perdues ou « réarrangées ». Comme cela est fréquemment observé dans les cellules cancéreuses. C'est pourquoi, lorsque des anomalies interviennent au cours de la division, des points de surveillance (*checkpoint*) sont mobilisés.

Ce sont Leland Hartwell, Paul Nurse et Timothy Hunt qui mirent en évidence l'existence de la régulation du cycle cellulaire. Les mécanismes de régulation du cycle cellulaire reposent essentiellement sur deux types de protéines complémentaires les cyclines et les Cdk (*Cyclin dependent kinase*) qui s'associent pour former des complexes hétérodimériques actifs. Ces auteurs ont successivement montré que le déclenchement de chaque phase était régulé par les Cdk et enfin que les cyclines régulaient l'activité des Cdk et étaient dégradées périodiquement à chaque division. Le domaine catalytique des Cdk comprend deux poches juxtaposées : l'une pour accueillir la protéine à phosphoryler, l'autre pour recevoir la molécule d'ATP. La phosphorylation se fait par transfert du groupement phosphate de l'ATP vers le substrat. L'ADP ainsi produit et le substrat phosphorylé sont ensuite relâchés. Il existe différentes sortes de cyclines et de Cdk qui interviennent aux différents stades du cycle cellulaire. Les Cdk sont des protéines ubiquitaires dont la quantité ne varie pas au cours du cycle, mais elles ne sont actives qu'après fixation des cyclines. Ces dernières sont, comme leur nom le suggère, une expression cyclique et ne sont produites qu'au moment où elles interviennent dans le cycle [2, 3]. Ceci est un premier niveau de régulation de leur activité, permettant un respect de l'ordre des différentes phases (Cf. Figure 3).

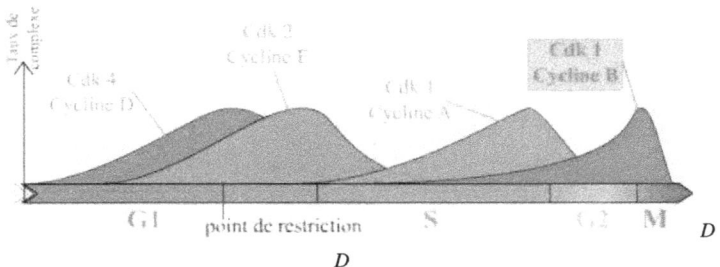

Figure 3 : Expression cycliques des complexes cyclines-Cdk

Les cyclines présentent un profil d'expression cyclique au cours du cycle cellulaire. Elles forment avec des Cdk (*Cyclin dependant kinase*) un complexe fonctionnel permettant la régulation du cycle. La cycline D permet le passage au point de restriction en phase G1, puis le pic d'expression de la cycline E provoque la progression de la cellule en phase S. Enfin des cyclines A et B régulent des phases G2 et M du cycle cellulaire.

❖ **Phases G0**

Les cellules en phase G_0 ne possèdent pas de cyclines. La transition de l'état de repos vers la prolifération est dépendante de l'action de facteurs de croissance.

❖ **Phase G1**

La liaison de des facteurs de croissance à leurs récepteurs transmembranaires provoque une cascade de signaux intracellulaires, passant par l'activation de protéines comme Ras, des MAPK (*Mitogen Activated Protein Kinase*) ou encore c-jun du complexe AP-1 provoquant l'expression du facteur Myc. La première cible de ce facteur est le gène de la **cycline D**. Celle-ci se complexe naturellement avec son partenaire Cdk4, mais elle subit une forte régulation. En effet, le complexe SPC (*S-phase Promoting Complex*) dégrade continuellement la cycline D par ubiquitination. Le maintien de la cellule en phase G1 dépend donc de l'équilibre entre la synthèse et la dégradation de la cycline. Ainsi, en absence de facteurs de croissance, la protéine n'est plus produite et la cellule dans complexe cycline D/Cdk4 actif, retourne en phase G_0. Si la concentration de ce complexe est suffisante, il permet la poursuite de la cascade d'activation des protéines favorisant la progression dans le cycle cellulaire. La cycline D active Cdk4 puis Cdk6, plus tardivement, qui phosphoryle la protéine la poche Rb *(protein(of(Retinoblastoma).(* Ceci(provoque(la(libération(des(facteurs(de(transcription(E2Fs(qui(sont(complexés(et(inhibés(par(Rb.(Ce(facteur(ainsi(libéré(transactive(l'expression(d'une(nouvelle(cycline(:(la **cycline** E,(ainsi(que(d'autres(protéines(nécessaires(pour(le(fonctionnement(de(la(phase(S.((

(

❖ (Phase(S(

La(cycline(E(se(complexe(à(Cdk2(qui(amplifie(le(mécanisme(de(phosphorylation(de(Rb(et(donc(de(l'activation(de(E2F.(Cette(boucle(de(rétrorégulation(positive(permet(la(production(massive(de(la(cycline(E(nécessaire(à(la(phase(S.(Ces(étapes(permettent(le(passage(en(phase(S(et(donc(l'initiation(de(la(réplication(de(l'ADN.(Cette(cycline(est(rapidement(dégradée,(une(fois(que(la(réplication(a(débuté.(Durant(cette(étape,(en(plus(de(la(réplication(de(l'ADN,(les(facteurs(E2Fs(toujours(actifs(transactivent(l'expression(de(la **cycline** A,(également(appelée(cycline(mitotique.(Celle-ci(couplée(à(Cdk2(permet(l'expression(de(gènes(impliqués(dans(la(progression(de(la(réplication,(mais(inactive(les(gènes(de(la(phase(G1,(évitant(ainsi(un(retour(de(la(cellule(vers(les(phases(précédentes.(Ce(complexe(contrôle(aussi(la(durée(de(la(phase(S(en(inactivant(les(facteurs(E2F/DP.(L'expression(de(la(cycline(A(atteint(son(maximum(en(fin(de(phase(S(pour(diminuer(brutalement(en(phase(G2.(Durant(ce(pic,(cette(cycline(s'associe(à(Cdk1(pour(favoriser(l'accumulation(de(la(cycline(B(dans(la(cellule(en(inhibant(sa(dégradation.(

(

❖ (Phases(G2/M(

En(fin(de(phase(G2,(la(phosphatase(cdc25(enlève(les(deux(phosphates(inhibiteurs(de(**cycline** B/Cdk1.(Ceci(permet(l'activation(d'une(partie(du(stock(de(ce(complexe(qui(à(son(tour(activera(cdc25.(Cette(boucle(auto-activatrice(permet(d'obtenir(rapidement(une(quantité(importante(de(ce(complexe(dans(la(cellule.(Cette(cycline(complexée(à(Cdk1(dirige(la(transition(G2/M(par(phosphorylation(des(substrats(cibles,(comme(ceux(impliqués(dans(la(désorganisation(nucléaire,(la(condensation(de(la(chromatine,(l'organisation(du(fuseau(mitotique(et(ainsi(dans(la(progression(de(la(mitose.(Après(l'anaphase,(le(complexe(cycline(B/Cdk1(est(dégradé(;(en(effet,(à(la(transition(métaphase(anaphase,(il(phosphoryle(le(complexe(APC(*(Anaphase(Promoting(Complex)(* qui(provoque(en(retour(l'ubiquitination(et(donc(la(dégradation(du(complexe(par(le(protéosome.(La(dégradation(de(la(cycline(B(provoque(l'inactivation(de(Cdk1(et(par(la(suite(la(sortie(du(cycle(cellulaire.(

((

Le(cycle(cellulaire(se(déroule(selon(un(ordre(bien(précis(de(phases(régulées(par(les(cyclines(et(les(Cdk(qui(interviennent(tout(au(long(de(ce(cycle(:(en(phase(G1,(à(la(transition(

G1/S, au déclenchement de la réplication, en phase G2, à la transition G2/M et à l'exécution de la mitose. La succession normale des différentes phases ne peut avoir lieu que si ces différentes Cdk sont présentes et actives aux moments opportuns.

c- Mécanismes de surveillance

Pour réguler la succession de ces phases, il existe des mécanismes de surveillance dans les étapes fondamentales du cycle cellulaire. Il y a, par exemple, la surveillance de l'état des molécules d'ADN avant et durant la réplication (*DDCP*, *DNA Damage Checkpoint*), le contrôle de l'achèvement de la réplication avant d'entrer en mitose (*RCP*, *Replication Checkpoint*), le bon positionnement de tous les chromosomes sur la plaque métaphasique avant la séparation des chromatides-sœurs (*MCP*, *Mitotic Checkpoint*). La présence de dommages à l'ADN engendre un blocage de la cellule en phase G1 ou G2 selon l'avancement du cycle cellulaire, c'est-à-dire au point du *checkpoint* DDCP ou RCP, permettant à la cellule de réparer ses lésions. L'arrêt au point de contrôle de la phase G1 se fait grâce à p53 dont l'expression est induite dès que l'ADN subi des dommages. Un autre point de surveillance se trouve en fin de mitose (MCP), il est important pour le maintien de l'intégrité du génome. Il vérifie qu'au moment de l'alignement des chromosomes sur le fuseau mitotique, le matériel génétique soit équitablement réparti dans chaque cellule fille. Ce *checkpoint* empêche donc que la répartition des chromosomes, donc l'anaphase et la fin de mitose, ne s'opèrent pas tant que le matériel génétique destiné à chaque cellule fille n'est pas complet.

Il est donc indispensable de contrôler l'activité des Cdk et ainsi la progression du cycle cellulaire. Les Cdk sont régulées par des mécanismes d'activation et d'inhibition, impliquant tout d'abord des cyclines, la phosphorylation de certains résidus, la localisation intracellulaire de ces Cdk mais aussi la liaison de CKI (*Cdk Inhibitor*).

-Régulation des cyclines (Cf. Figure 4)

La liaison de la cycline sur Cdk provoque un changement de conformation au niveau du domaine catalytique rendant possible la phosphorylation de ses sites activateurs. La régulation de l'activité des Cdk fonction de l'équilibre entre la transcription et la dégradation de leurs partenaires, les cyclines. D'une manière générale, les cyclines favorisent l'expression des cyclines de la phase suivante, tout en réprimant l'expression et accentuant la dégradation des cyclines des phases précédentes. En effet, la protéolyse après ubiquitination des cyclines

- 26 -

est indispensable au bon cheminement du cycle cellulaire, ainsi des cyclines impliquées dans la mitose sont dégradées par ubiquitination faisant intervenir le complexe de l'ubiquitine ligase APC (*Anaphase Promoting Complex*). Une cycline se lie spécifiquement à sa sone partenaire Cdk mais détermine également quelles cibles de la kinase sera phosphoryler. Enfin ces cyclines sont importantes pour la localisation intracellulaire du complexe, car la protéine possède des domaines de localisation nucléaire ou cytoplasmique. Ainsi la cycline B possède une domaine de rétention cytoplasmique, obligeant le complexe à rester dans le cytoplasme jusqu'à sa translocation dans le noyau.

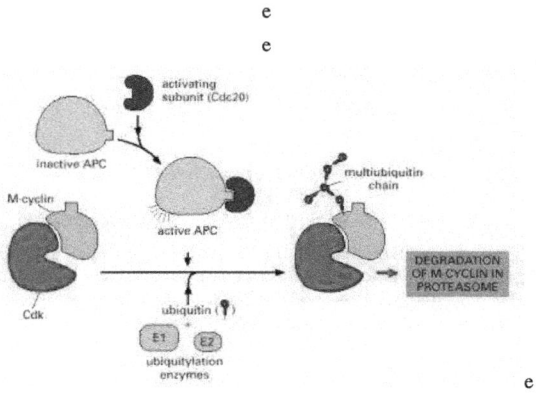

D'après le livre d'Alberts et Johnson Biologie moléculaire de la cellule (2004)

Figure 4 : Contrôle de la protéolyse des complexes cycline-Cdk par APC

L'activité des complexes cyclines-Cdk peut être régulée par la dégradation contrôlée de la cycline. Le complexe APC (*Anaphase Promoting Complex*) permet l'ubiquitination de la cycline et sa reconnaissance par le protéasome.

- **Régulation par phosphorylation** (Cf. Figure 5)

Le complexe est aussi sujet à des changements de phosphorylation influençant son activité. L'effet de la phosphorylation est encore peu compris, mais celle des Cdk a été bien étudiée. Les phosphorylations activatrices se font sur les résidus Thréonine ou Sérine par les CAK (*Cdk Activated Kinase*) composée de la cycline H/Cdk7 et les phosphorylations inhibitrices se font sur les résidus Tyrosines et/ou Thréonine par Wee1, Chk1 et Chk2 (*Cdk Inhibited Kinase*), ATR (*kinase Ataxia-Telangiectasia Related*) ou encore ATM (*kinase*

Ataxia-Telangiectasia Mutated). Les déphosphorylations peuvent, elles aussi, être activatrices par l'intermédiaire de Cdc25 ou inhibitrices. Cette modification post-traductionnelle peut toucher directement les complexes cyclines-Cdk ou indirectement en visant leurs complexes régulateurs.

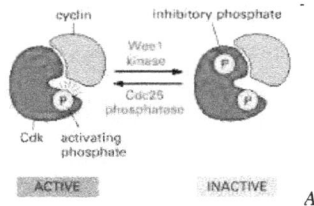

D'après le livre l'Alberts et Johnson Biologie moléculaire de la cellule (2004)

Figure 5 : Régulation de l'activité des Cdk par phosphorylation

L'activité des Cdk est régulée par des modifications post-traductionnelles comme les phosphorylations/déphosphorylations catalysées par des régulateurs tels que Cdc25 (*Cell Division Control 25*). Cette phosphatase active les Cdk par déphosphorylation du phosphate inhibiteur. La kinase Wee1 inhibe Cdk par phosphorylation inhibitrice.

- Régulation par les différents inhibiteurs (Cf. Figure 6)

Un troisième niveau de régulation de ces protéines est apparu avec la découverte des inhibiteurs de Cdk appelés CKI. Ils permettent de comprendre comment les signaux extra- et intracellulaires peuvent influencer la progression du cycle cellulaire. Les CKI inhibent l'activité des cycline-Cdk par liaison directe. Ils agissent durant les différentes phases et transitions du cycle cellulaire. Il existe deux grandes familles de CKI : celle des Ink4 pour Inhibiteur de Cdk4, comprenant la protéine p16 ou encore p15, p18, p19 et la famille Cip/Kip avec les membres p21 (Cip1), p27 (Kip1) et p57 (Kip2). L'inhibiteur Ink4 considéré comme gène suppresseur de tumeur, inhibe spécifiquement Cdk4 révélant une implication dans le contrôle du milieu de la phase G1. Ainsi, dès que cet inhibiteur se lie à Cdk4, il y a inactivation du complexe cycline D/Cdk4, qui ne peut plus phosphoryler Rb/E2F reste sous sa forme inactive empêchant toute progression vers la phase S.

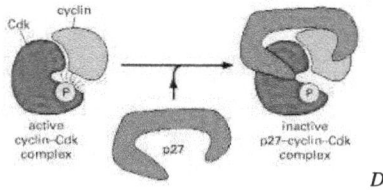

D'après le livre d'Alberts et Johnson Biologie moléculaire de la cellule (2004)

Figure 6 : Régulation des cyclines-Cdk par le CKI p27

Les inhibiteurs de Cdk (CKI) comme p27 ont la capacité d'inactiver des complexes cyclines-Cdk par liaison directe. Le complexe ne peut alors plus phophoryler ses substrats.

De l'autre côté, lors de dommages à l'ADN, la protéine p53 est stabilisée et sa dégradation diminuée par l'action de ATM et ATR qui phosphorylent p53 pour le rendre insensible à l'ubiquitination par Mdm2 et donc à la dégradation. Son accumulation dans la cellule permet à p53 d'activer l'expression du CKI p21 qui inhibe des cyclines/Cdk provoquant l'arrêt du cycle cellulaire en phase G1 (Cf. Figure). Il provoque également le blocage de la réplication en inhibant l'activité de PCNA (Proliferating Cell Nuclear Antigen), nécessaire à l'activité de l'ADN polymérase, empêchant ainsi l'entrée en phase S. Ces différents CKI présentent une spécificité de substrat. p16 et p15 ciblent Cdk4 et Cdk6 complexées à la cycline D et p21, p27 peuvent en plus se fixer à Cdk2 couplé à la cycline E et à la cycline A. Ainsi, l'inhibiteur p16 bloque spécifiquement des cellules en G1 en empêchant l'activation du complexe Cdk4 ou Cdk6 avec la cycline D (Cf. Cell Biology Sichuan University).

Parmi les signaux extracellulaires pouvant inhiber l'activité des cyclines-Cdk impliquées dans la prolifération, il y a le TGF-β (Transforming Growth Factor β) qui bloque les cellules en phase G1. Il induit l'activation des CKI p15 et p27 qui inhibe cycline D/Cdk4, une fois le complexe invalidé, Cdk4 ne peut plus phosphoryler Rb qui reste actif et le cycle cellulaire s'arrête en G1.

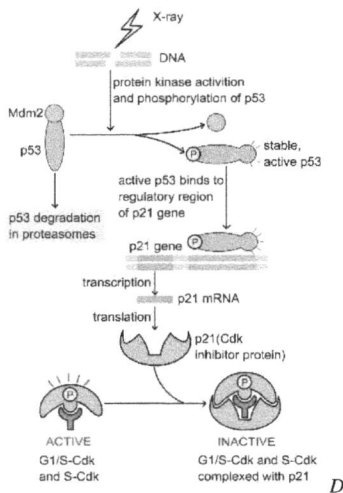

D'après le livre Cell Biology, Sichuan University

Figure 2 : Arrêt du cycle cellulaire par p53

En présence de dommages à l'ADN, le cycle cellulaire est stoppé par différents mécanismes de surveillance. Le principal facteur de ces régulations est la protéine p53, qui après phosphorylation et stabilisation, active l'expression de gènes impliqués dans les processus d'arrêt du cycle cellulaire.

Il existe aussi des inhibiteurs chimiques des Cdk qui miment l'action des CKI. Ils interfèrent avec la liaison au substrat ou à l'ATP, c'est le cas des inhibiteurs appelés roscovitine et camptothecine, inhibant Cdk2 [4, 5]. Ces inhibiteurs bloquent le cycle cellulaire au niveau des différentes phases, ils sont donc par définition des anti-tumoraux potentiels.

- Mort cellulaire par apoptose

Pour éviter de maintien de diverses mutations, l'activation des points de contrôle provoque soit l'arrêt du cycle cellulaire, soit l'apoptose. En effet, lorsque les dommages sont trop importants pour être réparés, l'apoptose est enclenchée [6]. Cette voie fait principalement intervenir la protéine p19 qui inhibera la dégradation de p53. L'activation et l'accumulation importanteideilaiprotéineip53iinduitil'expressionideiplusieursigènesipro-apoptotiquesicommei Baxi(*Bcl2iAssociatediXiprotein*)i[7].ii

 L'activationi dei cettei voiei provoquei unei modificationi dei lai perméabilitéi dei lai membranei mitochondrialei eti ainsii lei relargagei dansi lei cytoplasmei dei plusieursi protéinesi commeileicytochromeiCiquiiparticipeiàilaiformationideil'apoptosomeienis'associantiàiAPAF-1i(*ApoptoticiProteaseiActivatingiFactor-1*)ietiàilaipro-caspasei9.iUneifoisileicomplexeiformé,i lai pro-caspasei sei clivei pouri deveniri lai caspasei 9i activei quii irai activeri d'autresi caspases,i entraînantiuneiréactionienichaîneiaboutissantiàilaimortideilaicellule.ii

i

 Cesi différentsi mécanismesi dei protectioni permettenti d'élimineri lesi cellulesi pouvanti nuirei ài l'intégritéi dei l'organismei entier.i Maisi uni dysfonctionnementi dei cesi systèmesi dei surveillancei peuti aboutiri ài unei accumulationi d'anomaliesi eti ài l'apparitioni dei différentesi pathologies.i

I-2) Cycle cellulaire et physiopathologies

a- Cycle cellulaire et cancer

« Cancer : Ensemble de cellules indifférenciées qui, échappant au contrôle de l'organisme, se multiplient indéfiniment, envahissent les tissus voisins en les détruisant, et se répandent dans l'organisme en métastases ; la maladie qui en résulte. » *Larousse médical.*

Les cellules produisent naturellement des mutations dans leur génome, au moment de la réplication ou à cause de divers stress cellulaires. Ces modifications peuvent concerner une ou plusieurs paires de bases ou des régions chromosomiques entières. Ces mutations sont dans la plupart des cas, réparées par la machinerie de réparation de l'ADN qui veille à l'intégrité du génome. Il arrive que ces mutations soient trop importantes pour le maintien de l'intégrité de la cellule, qui décide donc d'entrer en apoptose pour supprimer les cellules génétiquement anormales. Cependant, ces mutations peuvent toucher les systèmes de réparation ou de survie, permettant à la cellule de survivre malgré ses dommages à l'ADN. Elle peut accumuler des mutations qui pourront favoriser sa prolifération : diminution ou perte de la production de gènes suppresseurs de tumeur (protéines régulant le cycle cellulaire, les *checkpoints* ou favorisant l'apoptose) ou en revanche surexpression et suractivité d'oncogènes (protéines de la progression du cycle), ce qui peut induire la perte de contrôle du cycle cellulaire amenant au processus cancéreux [8, 9] (Cf. Figure 8).

La régulation et les points de surveillance du cycle cellulaire sont donc cruciaux pour le maintien de l'intégrité du génome et pour éviter une prolifération anarchique. Ceci explique pourquoi ces mécanismes sont souvent déréglés dans les cancers, les cellules pouvant ainsi échapper aux systèmes de contrôle et conduire à la formation de foyers tumoraux [8, 9]. La connaissance de la régulation du cycle cellulaire est donc fondamentale en cancérologie et la servira à mettre au point de nouvelles approches thérapeutiques.

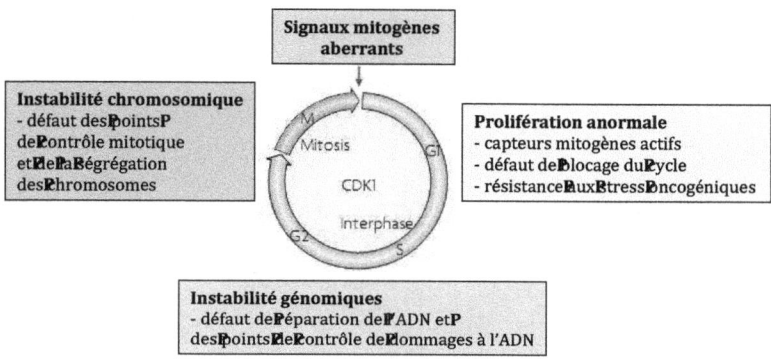

Signaux mitogènes aberrants

Instabilité chromosomique
- défaut des points
de contrôle mitotique
et de la ségrégation
des chromosomes

Prolifération anormale
- capteurs mitogènes actifs
- défaut de blocage du cycle
- résistance aux stress oncogéniques

Instabilité génomiques
- défaut de réparation de l'ADN et
des points de contrôle de dommages à l'ADN

D'après Malumbres et al. 2009

Figure 5 : Défauts majeurs du cycle cellulaire impliqués dans les cancers humains

Dans un contexte de dysfonctionnement des différents points de contrôle du cycle cellulaire, des signaux mitogènes aberrants peuvent favoriser une prolifération anormale ainsi qu'une instabilité génomique et chromosomique.

b- Cycline/Cdk et cancer

Différents types de régulateurs du cycle cellulaire peuvent être affectés. Les principaux font partie de la voie de signalisation Cdk/Rb/E2F (Cf. Figure 2). Il a été mis en évidence que différents types de cancers présentaient un taux important de mutations au niveau des gènes codant pour les cyclines.

La Cycline D est l'un des régulateurs du cycle cellulaire les plus fréquemment altérés dans les cancers. Ainsi, le gène de cette cycline est trouvé surexprimé dans une grande proportion de tumeurs humaines, comme dans les cancers du côlon, du sein, du poumon, du foie, ainsi que dans certains lymphomes et tumeurs de la parathyroïde [10, 11]. La Cycline D1 peut réguler la croissance de tissus répondant aux œstrogènes, en activant le récepteur des œstrogènes, même en absence de ligand [12]. Cette cycline est ainsi retrouvée surexprimée dans de nombreux cancers du sein [13, 14]. Il est depuis longtemps connu que la surexpression de la cycline D1 nécessite la coopération de plusieurs oncogènes comme Myc ou Ras pour engendrer la formation de tumeurs [15-17]. La surexpression de la cycline D1 dans des cellules myéloïdes de 32D, favorise l'oncogenèse en privilégiant le processus de prolifération par rapport à celui conduisant à la différenciation.

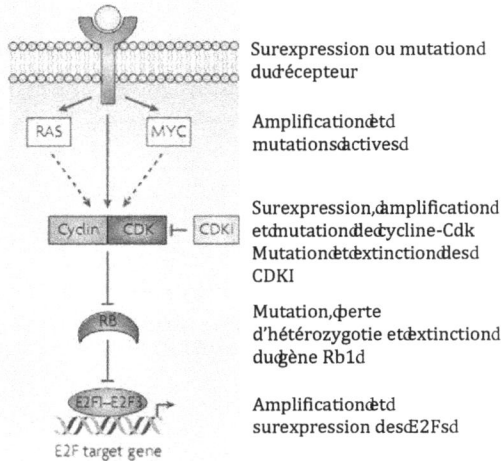

Surexpression ou mutation du récepteur

Amplification et mutations activés

Surexpression, amplification et mutation de cycline-Cdk
Mutation et extinction des CDKI

Mutation, perte d'hétérozygotie et extinction du gène Rb1

Amplification et surexpression des E2Fs

D'après Chen et al. 2009

Figure 9 : Altérations de la voie Cdk/Rb/E2F dans des cancers humains

Différentes altérations peuvent survenir dans les voies de signalisation proliférative et favoriser l'apparition des cancers. Ces modifications apparaissent à tous les niveaux de régulation : mutation ou surexpression des récepteurs, des différents facteurs oncogéniques (Myc ou Ras), des cyclines-Cdk ou des E2Fs. Au contraire, des pertes ou des extinctions peuvent apparaître pour des régulateurs du cycle cellulaire comme des CDKI ou encore Rb.

La surexpression de la **cycline E** est généralement une conséquence de l'altération de la voie cycline D-Cdk4/Cdk6. La surexpression de ces deux types de cyclines induit une entrée légèrement accélérée en phase S avec une phosphorylation plus précoce de la protéine pRb [18]. Mais la surexpression simultanée des deux engendre une progression rapide en phase S [19]. Une étude a montré que la cycline E était fréquemment surexprimée dans les tumeurs et notamment dans des tumeurs mammaires, révélant déjà de pouvoir oncogénique de cette cycline [20].

La présence de fort taux de **cycline B** engendre un défaut du point de contrôle G2/M, favorisant, dans les tumeurs mammaires, l'entrée en mitose [21]. Il existe également une corrélation entre l'augmentation de la cycline B1/Cdk2 et le pouvoir invasif de ces cellules tumorales [22].

Les activités de **Cdk4** et **Cdk6** sont, elles aussi, dérégulées dans une grande variété de cancers humains. Cdk4 est altéré par mutations dans certains mélanomes, produisant un blocage de la liaison de l'inhibiteur INK4. Quant à Cdk6, elle est trouvée surexprimée dans certaines leucémies [23,24]. De manière plus générale, Cdk4 et Cdk6 sont surexprimés ou amplifiés dans des cancers tels que les sarcomes, les gliomes, les cancers du sein, les lymphomes et les mélanomes [25].

La surexpression de **Cdk1**, comme celle de la cycline B est observée dans des tumeurs possédant des instabilités chromosomiques dues à un défaut de ségrégation par amplification du centrosome. Ceci entraine généralement des divisions anormales et des aneuploïdies [26, 27].

c- Inhibiteurs de Cdk et cancer

Les protéines p19 et p21 sont des suppresseurs de tumeur essentiels pour maintenir l'intégrité du génome. Les cellules possédant ces protéines sous leur forme mutée et inactive, perdent leur capacité à stopper le cycle, en présence de dommages à l'ADN.

La prolifération forcée par les voies de signalisation Ras, Myc ou E2F induit des réponses aux dommages à l'ADN via ATM *(kinase Ataxia-Telangiectasia Mutated)*, Chk1 *(Checkpoint Kinase1)*, Chk2 et p53 [28]. Ces régulateurs sont inactivés par l'hyperactivité des Cdk, c'est le cas pour p21. La cellule prolifère donc malgré la présence de dommages à l'ADN [29,30].

D'autre part, $p16^{INK4A}$, un autre supresseur de tumeur, est impliqué à la fois dans l'arrêt cellulaire (via l'inhibition des complexes cycline D/Cdk4/6) et dans la sénescence (processus de vieillissement cellulaire). Il est communément inactivé dans les cancers humains par mutations ponctuelles, délétion du gène ou méthylation du promoteur [31,32]. Les cellules malignes peuvent ainsi proliférer en évitant d'entrer en sénescence.

d- Protéine du rétinoblastome et cancer

Le gène suppresseur de tumeur Rb est aussi fréquemment muté dans les cancers. L'activité de Rb est inactivée dans la majorité des cancers humains et anormale dans 20 à 30% des cancers mammaires [33, 34]. La voie cycline/Cdk peut également être dérégulée et favoriser la phosphorylation de pRb de répresseur pRb subit alors une inactivation prononcée et les facteurs E2Fs deviennent anormalement actifs [35]. Ces anomalies compromettent l'intégrité des points de contrôle du cycle cellulaire et favorisent la prolifération tumorale. Ainsi, les tumeurs pRb négatives prolifèrent généralement plus vite et l'absence de pRb semble impacter l'agressivité des tumeurs [36].

e- Protéine p53 et cancer

Le gène p53 est un important suppresseur de tumeur une fois activé en réponse à des dommages à l'ADN oud d'autres stress cellulaires, il prévient l'émergence de cellules cancéreuses en initiant l'arrêt du cycle cellulaire, la sénescence ou l'apoptose [37] (Cf. Figure 10). Ceci explique pourquoi ce gène est très fréquemment muté dans des cancers humains. Le fait que plus de la moitié des cancers présentent des mutations de perte de fonction ou des délétions dans le gène p53, prouve l'importance de la fonction de p53 pour lutter contre le développement des tumeurs [38].

La perte de fonction du gène p53 dans des cancers permet aux cellules d'échapper aux processus d'apoptose ou de sénescence et de proliférer malgré la présence de dommages à l'ADN et malgré la perte de l'intégrité du matériel génétique.

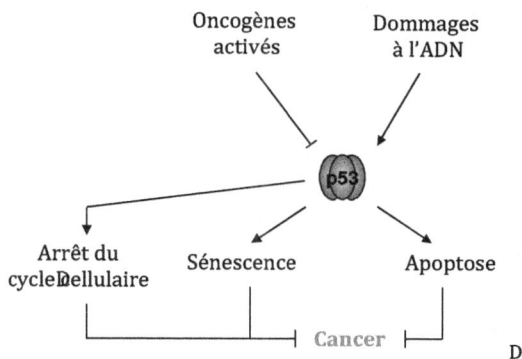

Oncogènes activés — Dommages à l'ADN → p53 → Arrêt du cycle cellulaire / Sénescence / Apoptose — Cancer

D'après Donehower et al. 2009

Figure 10 : Rôle central de p53 dans la prévention du cancer

La protéine p53 est un facteur important pour lutter contre l'apparition d'altérations. Ce facteur est activé par la présence de dommages à l'ADN et régule des voies de signalisation impliquées dans l'arrêt du cycle cellulaire, la sénescence et l'apoptose, dans le but de limiter l'apparition de cancers.

f- Le cas du cancer du sein

Le cancer du sein est le cancer le plus fréquent chez la femme. Les différents types de tumeurs découlent de classifications histologiques ou moléculaires. La première considère des critères de taille et de morphologie de la tumeur, la présence d'infiltration et d'extension de ces cellules tumorales (Bellocq et al. 2007, www.e-cancer.fr). La classification moléculaire permet d'isoler cinq sous-types majeurs de cancer du sein [39, 40]. Elle se fonde sur la biologie de la tumeur et sur son profil d'expression génique et protéique (Cf. Tableau).

Les tumeurs dépendant aux estrogènes possèdent le récepteur de cette hormone pour activer la voie de signalisation hormonale. Un modèle cellulaire très utilisé pour la recherche contre le cancer du sein est la lignée de cellules tumorales mammaires MCF-7 (*Michigan Cancer Foundation 7*). Cette lignée a été établie en culture *in vitro* à partir d'un épanchement pleural prélevé chez une patiente de 69 ans atteinte d'un cancer du sein métastatique dont la tumeur primaire était de type canalaire invasif. Les cellules MCF-7 expriment le récepteur des œstrogènes et à la progestérone, elles dépendent donc au traitement par des antihormones [41].

Ces anti-œstrogènes sont utilisés dans les cancers du sein exprimant les récepteurs aux œstrogènes, comme les cancers de type luminal et normal-like. Dans la cellule, ces substances agissent par inhibition compétitive de la liaison de l'œstradiol à ses récepteurs, inhibant les effets de l'hormone. Ils sont donc des antagonistes qui prennent la place du ligand du récepteur, empêchant l'activation de ce dernier. Le traitement par les anti-œstrogènes, comme le tamoxifène, inhibe donc la croissance des tumeurs mammaires répondant à E_2 (ER positives), en bloquant les cellules en phase G1 [42]. L'expression de la cycline D est alors diminuée, l'activité des Cdk est déprimée par p21 et p27 et pRb hypophosphorylé inhibe l'activité des E2Fs.

Cependant, l'utilisation de ces molécules de manière prolongée favorise l'apparition de résistance à ces substances. Il peut s'agir de résistance intrinsèque, notamment en cas de modifications génétiques ou épigénétique au sein de la tumeur (activant une signalisation mitogénique hormono-indépendante), ou bien d'une résistance acquise au cours de traitement, pouvant impliquer les récepteurs des œstrogènes ou des cofacteurs transcriptionnels [43]. Les traitements hormonaux n'ont alors plus d'effet sur la tumeur et il devient inefficace.

Classe	Caractéristiques	Réponse aux hormones	Pronostic
Luminal A	Faible prolifération Exprime des cytokératines luminales	Réponse à E_2	Bon
Luminal B	Prolifération élevée Exprime des cytokératines luminales	Réponse à E_2	Moyen
Normal-like	Constituants habituels de la glande mammaire non tumorale	Réponse à E_2	Moyen
Basal	Souvent de grade III Exprime plusieurs cytokératines faisant partie des marqueurs basaux Fréquente chez BRCA1 ou p53 muté	Pas de réponse à E_2 Pas de réponse à la progestérone	Mauvais
HER-2	Amplification fréquente de myc, Ki67, HER-2 Mutation fréquente de p53	Réponse +/- à E_2	Moyen sous traitement ciblé

D'après Perou et al. 2000 et Sorlie et al. 2001

Tableau 6 : Classification moléculaire des cancers du sein

Les cancers du sein sont classés en différentes classes selon le type cellulaire d'origine de la tumeur ou de la réponse ou non aux hormones telles que l'œstradiol (E_2). Les tumeurs de classe HER-2 présentent des amplifications de différents oncogènes (myc, Ki67, HER-2).

- 38 -

g-gCyclegcellulaireget gmétabolismeglipidiqueg

g

g Lesgrégulateursgdugcyclegcellulairegjouentgégalementgungrôlegimportantgdansglegcontrôleg dugmétabolismegcellulaire.gLegmétabolismegpermetgàglagcellulegetgàgl'organismegentierglegggérerg l'énergiegnécessairegàgsongbongfonctionnement.g

g g

g LagkinasegCdk4gestgungcomposantgessentielgdeglagvoiegCdk/Rb/E2Fggellegpermetglag phosphorylationglegRbgetglagprogressiongdansglegcyclegcellulaire.gCettegkinasegagégalementgung rôlegdansglegcontrôlegdugmétabolisme.gEngeffet,gl'invalidationglegcegènegchezglagsourisgaboutitg àgungphénotypegdiabétique.gLegniveaugl'insulinegdansglesganggdegcesganimauxgestgdiminuégdeg 90%getglegtauxgdegglucosegestgdeuxgàgtroisgfoisgplusgélevégquegpourglesgsourisgsauvages.gLeg diabètegdegcesgsourisgestgdûgàgunegdiminutiongdegproductiongd'insulinegliéegàglagpertegdeg l'expressiongdegCdk4.gL'invalidationglegcegènegaffectegsévèrementglesgcellulesgdesglotsgβgdug pancréasgetgconduitgàgungphénotypegprochegdugdiabètegsinsulinodépendantghumaing[44].gAinsi,g leglucosegaugmentegl'activitégdegCdk4getglagphosphorylationgdegpRb,ginduisantgl'activitégdeg E2F1gpourglegcontrôlegdeglagsécrétiongd'insulinegdansglegpancréasg[45].gLagvoiegCdk/Rb/E2Fg estgdoncgfortementgimpliquéegdansglegcontrôlegdegl'homéostasiegdugglucose.g

g

g Legmétabolismeglipidiquegimpliquéglagsynthèse,glagsignalisation,glagdégradationgdesg lipidesgainsigqueglegstockagegdesgacidesggrasgdansglesgcellulesgadipocytaires.gLegrécepteurg nucléairegPPARγgestgungacteurgclégdegl'adipogenèse.gLagvoiegCdk/Rb/E2Fgestgégalementg impliquéegdansgcegprocessus.gLegrépresseurgRbginteragitgavecglegrécepteurgpourginhibergsong activitégengrecrutantgHDAC3.gLagphosphorylationgdegRbgouglagrépressiongdegHDAC3gpermetg l'activationgdegPPARγgetgl'expressiongdesggènesgciblesgimpliquésgdansglagdifférenciationg adipocytaireg[46].gL'expressiongdeglagcyclinegD3gestgaugmentéeglansglesgphasesgerminalesgdeg lag différenciation.gCetteg cyclineg agitg commeg ung coactivateur,g dépendantg dug ligand,g dug récepteurgPPARγgenglegphosphorylantgpourgpermettreglagfingdeglagdifférenciationg[47].gLag kinasegCdk4gestgégalementgungactivateurgdegPPARγgpourglagrégulationgdegl'expressiongdegsesg gènesgciblesgengphasegdegdifférenciationgerminaleg[48].g

g

g Engrésumé,gengplusgdegsongrôlegclégaugcoursgdugcyclegcellulaire,glagvoiegCdk/Rb/E2Fg contrôlegégalementglagproductiongetglegmétabolismegdesglipidesgdansglesgadipocytes,gainsigqueg l'homéostasieg dug glucose.g Ilg existeg doncg ung lieng évidentg entreg lag proliférationg etg leg métabolisme.g

II)ILAISIGNALISATIONI

PARILESIFACTEURSIE2FsI

II-1) Généralités

Les protéines E2Fs sont connues pour leur activité de facteurs de transcription régulant l'expression de nombreux gènes impliqués dans divers processus biologiques comme le cycle cellulaire, la réparation de l'ADN, l'apoptose ou encore la condensation des chromosomes. Ces facteurs ont révélé leur importance dans le contrôle de l'entrée et de la progression du cycle cellulaire.

a- Mise en évidence

La protéine E2F1 a été mise en évidence en 1986. Elle a été identifiée comme un facteur de transcription ayant la capacité d'activer le promoteur du gène adénoviral E2, d'où le nom E2F qui signifie facteur de transcription de E2 [49, 50]. Il a également été observé que la protéine virale E1A était nécessaire à cette activité car elle avait la capacité de dissocier le complexe formé par E2F1 et une autre protéine cellulaire, identifiée par la suite comme la protéine du rétinoblastome Rb. E2F1 ainsi libéré, peut activer la transcription des gènes viraux.

E2F1 a ensuite été assimilé à un régulateur positif des gènes impliqués dans la synthèse de l'ADN, dans les cellules non infectées [51]. Par la suite, d'autres activités ont été attribuées aux facteurs E2Fs qui peuvent avoir un rôle activateur ou répresseur sur la prolifération, la réparation de l'ADN, la différenciation, la mort cellulaire et le développement. Ces activités leur confèrent des propriétés à la fois d'oncogènes et de suppresseurs de tumeur.

Ce n'est qu'en 1991 que le complexe E2F1-pRb a pu être mis en évidence et analysé [52, 53]. Les facteurs E2Fs peuvent lier d'autres protéines de la famille du rétinoblastome Rb appelées p107 et p130 qui inhibent également son activité et sont connus sous le nom de protéines à poche (*pocket proteins*).

En 1993, un autre membre de la famille des facteurs E2Fs, considéré comme un partenaire important des E2Fs, a été mis en évidence. Il s'agit de la protéine DP1 (pour *Dimerization Partner*) [54, 55]. Le facteur DP1 a la capacité de lier les mêmes sites de l'ADN que E2F1; c'est cette propriété qui a permis son identification. DP1 peut s'hétérodimériser avec E2F1 et participer au complexe E2F1-Rb, l'impliquant dans les régulations transcriptionnelles de la voie E2F/Rb.

b- Description de la famille des E2Fs (Cf. Figure 11)

Chez les mammifères, huit membres de la famille des E2Fs ont été identifiés : E2F1 à E2F8, avec deux isoformes connues pour E2F3, E2F6 et E2F7 chez l'humain [56]. Tous les membres de cette famille présentent une forte homologie au niveau du domaine de liaison à l'ADN. Cette séquence peptidique commune correspond à "RRXYD", elle possède une affinité spécifique pour les séquences de l'ADN de motifs consensus "TTTSGCGCS" (S=C/G) [49, 57, 58].

Les membres de la famille des E2Fs sont habituellement classés en deux catégories basées sur leurs propriétés transcriptionnelles. Les E2Fs dits activateurs, E2F1 à E2F3 recrutent les complexes activateurs sur la chromatine, et les E2Fs dits répresseurs, E2F3b à E2F8, qui interagissent avec des complexes répressifs [59]. Ces deux classes de facteurs E2Fs vont alors activer ou réprimer l'expression des gènes cibles et sont recrutées alternativement durant les différentes étapes du cycle cellulaire [60].

Les gènes de ces différents membres sont dispersés sur tout le génome de l'espèce humaine. Le gène E2F1 est localisé dans la région 20q11.2, la région du gène E2F2 est bl p36, celle de E2F3 est 6p22, celle de E2F4 est 16p21, celle de E2F5 est 8q21.2, la région de E2F6 est 2p25.1, celle du gène E2F7 est 12q21.2 et enfin le gène E2F8 est localisé dans la région 11p15.1 (Cf. site internet NCBI Pubmed Gene).

D'une manière générale, les E2Fs activateurs permettent l'entrée et la progression dans le cycle cellulaire. Leur expression ectopique suffit à induire la phase S, en recrutant notamment les enzymes acétyl-transférases, pour activer l'expression des gènes impliqués dans cette phase [61]. E2F3 possède deux isoformes E2F3a et E2F3b, qui découlent de la présence de deux promoteurs. Ils jouent un rôle différent dans la régulation de la transcription des gènes cibles. Le premier est exprimé uniquement dans les cellules prolifératives, alors que le deuxième présente une expression ubiquitaire [62]. E2F4 et E2F5 sont quant à eux des régulateurs négatifs qui favorisent la sortie du cycle ainsi que la différenciation cellulaire [63].

Le domaine C-terminal des E2Fs 1 à 5 peut lier les protéines à poche, avec une certaine spécificité. Ainsi, E2F1 à 3 lient exclusivement la protéine pRb, également appelée p105, laquelle inhibe le domaine d'activation de ces E2Fs [53]. Les répresseurs E2F4 et E2F5 lient p107 et p130, mais peuvent aussi se fixer à pRb [64]. Cette liaison répercute la répression transcriptionnelle, par le recrutement direct d'enzymes impliquées dans la modification de la structure chromatinienne, telles que les HDACs (Histone Deacetylases) [65].

Les protéines E2F6, 7 et 8 ont une activité répressive sur la transcription indépendante de la liaison des protéines à la poche[66]. La protéine E2F6 a été mise en évidence au travers de la formation d'un complexe avec les protéines du groupe Polycomb (Pc) pour réprimer le gène Hox[67]. Enfin, E2F7 et E2F8 forment des homodimères ou des hétérodimères et répriment les gènes impliqués dans la prolifération[68].

Pour ce qui concerne la famille des protéines DP, partenaire des E2Fs, elle comprend 4 membres : DP1, DP2, DP3 et DP4 qui peuvent se lier aux E2Fs1 à 6, augmentant ainsi leur efficacité de liaison à l'ADN et donc leur activité transcriptionnelle. Le gène DP1 se situe dans la région q34 du chromosome 13, DP2 dans la région 3q23, les gènes DP3 et DP4 se trouvent dans la région Xq26.2.

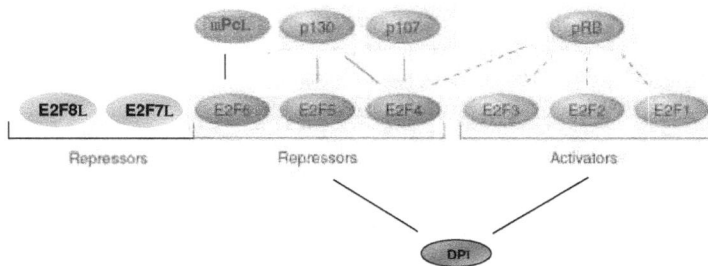

D'après De Gregori et al. 2006

Figure 11 : Interaction entre les facteurs E2Fs, DP et pRb

Les facteurs de transcription E2Fs (*E2 Factors*) présentent différents membres ayant une activité majoritairement activatrice (E2F1 à E2F3) ou répressive (E2F4 à E2F8). Les membres E2F1 à E2F6 agissent sous forme d'hétérodimère avec leur partenaire DP (*Dimerization Partner*). Les activités des facteurs E2F1 à E2F5 sont majoritairement régulées par les répresseurs des protéines du rétinoblastome (pRb, p130 et p107). Enfin E2F6 réprime la transcription sous forme de complexe avec les protéines Polycomb (Pc).

c- Structure et domaines des facteurs E2Fs et DP (Cf. Figure 12)

Les six premiers membres de la famille des facteurs E2Fs possèdent deux domaines hautement conservés. Le premier domaine est impliqué dans la liaison spécifique à l'ADN *(DNA Binding Domain ou DBD)* avec une structure en hélice-boucle-hélice, d'autre domaine, permettant la dimérisation avec les facteurs DP, contient deux motifs conservés avec une séquence de répétition de leucine *(Leucine Zipper: LZ)*, et un domaine appelé « *Marked Box* » (MB) qui semble être impliqué dans la spécificité d'action de chaque E2F. Par exemple, le fait que E2F1 puisse spécifiquement intervenir dans le processus d'apoptose est dié à son domaine MB [69]. La liaison avec les facteurs DP est connue non seulement pour accroître l'affinité des E2Fs sur les sites de liaisons spécifiques sur l'ADN, mais également pour favoriser la fixation de Rb sur E2F1 à E2F5.

Notons que les E2Fs activateurs (E2F1, 2 et 3) possèdent une séquence signal de localisation nucléaire *(Nuclear Localization Signal ou NLS)*, ainsi qu'un site de liaison à la cycline A (CycA) en N-terminal. Par opposition, E2F4 et 5 possèdent une double séquence de signal d'export nucléaire *(Nuclear Export Signal ou NES)*, impliquant leur export vers le cytoplasme après dissociation des protéines à poche.

E2F6 quant à lui, est une protéine tronquée en N- et C-terminal qui ne possède ni de domaine de transactivation, ni le domaine de liaison aux membres de la famille Rb. Le membre E2F6 est également dépourvu de domaine de liaison à la cycline A. E2F7 et E2F8 ne possèdent ni de domaine de dimérisation pour DP ni de domaine de transactivation, ils se répriment donc de façon pRb indépendante. Ils forment généralement des homodimères et possèdent deux domaines distincts de liaison à d'ADN [66, 70, 71].

La région centrale des facteurs E2Fs, qui comprend le domaine de liaison à l'ADN, présente de fortes similitudes de ces séquences peptidiques entre les différents membres. Plus précisément, E2F1 et E2F2 partagent 46% de leur séquence peptidique, avec une analogie de 72% de leurs domaines de liaison à d'ADN et au facteur pRb [72]. E2F4 et E2F5 possèdent, eux aussi, une forte similitude : 69% de ces séquences identiques [73]. Ils présentent, comme E2F6, de 36 à 40% de ces séquences identiques avec des E2Fs activateurs, ces similitudes étant principalement contenues dans le domaine de liaison à d'ADN et de domaine de dimérisation [74]. Quant à E2F7 et 8, seuls leurs domaines de liaison à l'ADN présentent une haute conservation de séquences peptidiques, ce qui les définit en tant que facteurs E2Fs. L'alignement de la protéine entière révèle 35% d'identité entre ces deux facteurs [66, 70].

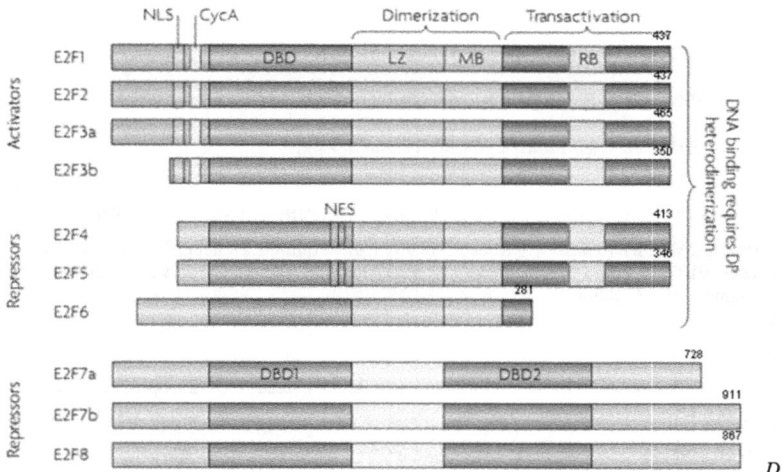

Figure 12 : Domaines fonctionnels des protéines de la famille E2F

La famille des facteurs E2Fs est caractérisée par un domaine de liaison à l'ADN (DBD) de séquence très proche. Les facteurs activateurs (E2F1 à E2F3) présentent une séquence reconnue par la cycline A et un signal de localisation nucléaire (NLS). Les protéines E2F1 à E2F5 présentent dans leur domaine de transactivation un site de liaison aux protéines du rétinoblastome (RB). Enfin les facteurs E2F4 et E2F5 possèdent deux signaux d'export nucléaire (NES).

En ce qui concerne les partenaires DP, les 4 formes (DP1 à DP4) présentent un domaine de liaison à l'ADN dont la séquence peptidique est relativement semblable avec 72% de similitude et un domaine de dimérisation, lui aussi très similaire entre ces facteurs avec un alignement de séquence de 75% (Cf. Figure 3). Le reste de leur séquence protéique présente une plus grande variabilité et aucun autre domaine fonctionnel connu. Les deux derniers membres (DP3 et DP4) n'ont été mis en évidence que récemment et sont donc encore peu étudiés [75, 76].

| DP1 | | DBD | Dimérisation | 410 |

Alignement de séquence par rapport à DP1

DP2		90%	75%
DP3		75%	75,3%
DP4		72%	75,3%

Figure 13 : Homologies de séquence des différentes protéines DP

Les facteurs DP (DP1 à DP4) présentent une grande similitude de leurs séquences protéiques avec 72 à 90% d'homologie pour le domaine de liaison à l'ADN (DBD) et environ 75% pour le domaine de dimérisation.

Les protéines DP possèdent un domaine de liaison à l'ADN très proche de celui des E2Fs : 42% de séquences identiques entre E2F1 et DP1. Cette caractéristique leur permet de se lier sur les mêmes sites de l'ADN que les E2Fs. La protéine DP1 présente également un domaine de dimérisation avec 41% d'identité avec E2F1, ce qui explique la formation d'un hétérodimère entre ces 2 partenaires. DP1 est également présent dans le complexe répresseur que forment E2F1 et Rb [54].

II-2) Model d'action

a- Propriétés des facteurs E2Fs

- Model d'action des facteurs E2Fs activateurs

En phase G0, les E2Fs activateurs (E2F1, E2F2 et E2F3), protéines nucléaires, sont liées par la protéine du rétinoblastome pRb hypophosphorylée [77]. La liaison de pRb avec le complexe E2F/DP bloque l'activité transcriptionnelle de l'hétérodimère en masquant le domaine de transactivation des facteurs E2Fs situé dans la partie C-terminale. Cette répression peut être accentuée par la capacité de pRb à inhiber la liaison de E2F1 sur ses éléments de réponse, le complexe Rb-E2F1 présentant une plus faible affinité pour l'ADN [78].

Différentes expériences de co-immunoprécipitation ont montré que la formation de ce complexe répressif au niveau des promoteurs des gènes cibles provoquait le recrutement d'autres répresseurs de la transcription. Parmi ces protéines, il y a les facteurs BRM (*Brahma*) et BRG1 (*Brahma-Related Gene 1*) contenus dans le complexe SWI/SNF (*Switching defective/Sucrose Nonfermenting)*, mais aussi les protéines RBP1 (*Rb Binding Protein*) et CtBPs (*C-terminal Binding Proteins)*, ainsi que les protéines du groupe Polycomb, le corépresseur mSin3B et des enzymes de modification de la chromatine telles que les HDACs, l'histone méthyl-transférase SUV39H, l'arginine méthyl-transférase PRMT5 ou encore la DNA méthyl-transférase Dnmt1 [65, 79-87] (Cf. Figure 14).

La spécificité du recrutement de ces différents répresseurs, après formation du complexe Rb-E2F, dépend du promoteur du gène considéré mais également du contexte cellulaire. Grâce à des expériences d'immunoprécipitation de la chromatine (*ChIP),* différentes études ont mis en évidence la régulation fine de la voie Rb-E2F par ces différents complexes. Par exemple, dans les cellules en prolifération telles que les myoblastes (cellules précurseurs du muscle), les HDACs sont recrutées pour inhiber de façon réversible, l'expression des gènes cibles de la voie E2F-Rb, comme par exemple le gène DHFR. Puis, lorsque ces cellules entrent en différenciation, l'activité de l'histone méthyl-transférase HMT SUV39H devient nécessaire pour méthyler la lysine 9 de l'histone 3 (H3K9) et éteindre de façon irréversible l'expression du gène ce qui permettra la différenciation terminale en cellules du myotube. La protéine Rb liée à E2F réprime donc efficacement l'expression des gènes cibles des facteurs E2Fs [88, 89].

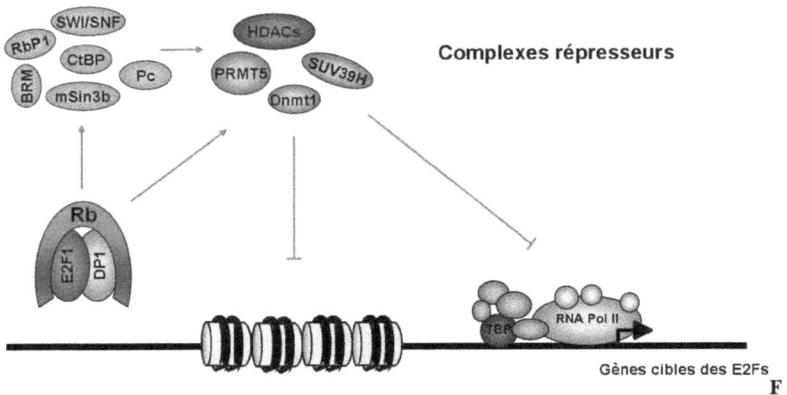

Complexes répresseurs

Gènes cibles des E2Fs

Figure 4 : Répression de l'activité transcriptionnelle de E2F1 par pRb

A l'état inactif, les facteurs E2Fs activateurs (ici E2F1) en hétérodimère avec DP1 sont complexés à la protéine du rétinoblastome (pRb) qui recrute des complexes répresseurs tels que SWI/SNF (*Switching defective/Sucrose Nonfermenting*), CtBP (*C-terminal binding Protein*), Pc (*Polycomb*), mSin3b (*mammalian Switch-Independent protein 3B*), BRM (*Brahma*) et RbP1 (*Rb Binding Protein 1*). Ces complexes favorisent la compaction de la chromatine par désacétylation et méthylation des histones avec l'action des HDACs (*Histone Deacetylase*), PRMT5 (*Protein Arginine Methyl-Transferase*) et SUV39H (*Suppressor of Variegation 3-9 homolog*). Ces complexes ont également la capacité de méthyler l'ADN (*Dnmt1 : DNA methyl-transferase 1*). L'expression des gènes cibles des facteurs E2Fs est donc réprimée.

Lorsque l'expression de ces gènes est requise pour l'exécution de processus cellulaires, comme l'entrée dans le cycle cellulaire, des signaux pro-prolifératifs extra et intracellulaires activent alors la voie des E2Fs activateurs. Ces signaux provoquent la phosphorylation du domaine C-terminal de pRb par les complexes cyclines-Cdk. Après changement conformationnel, pRb se dissocie des répresseurs tels que les HDACs [81]. Ceci rend accessibles les domaines A/B de pRb pour une deuxième phosphorylation, provoquant la perte totale de l'interaction de pRb avec les facteurs E2Fs. La protéine pRb est alors déstabilisée et ne peut plus inhiber les E2Fs activateurs et l'expression génique. Une fois les E2Fs activateurs libérés, l'hétérodimère E2F/DP retrouve sa forte affinité de liaison pour son élément de réponse au niveau des promoteurs des gènes cibles. L'hétérodimère E2F/DP peut alors recruter les complexes coactivateurs comprenant les histones acétyl-transferases p300/CBP, ACTR/AIB1, l'acétyl-transférase spécifique de l'histone H3 (GCN5) ainsi que les

- 48 -

facteursf TRRAPf etf Tip60f [90-95]f (Cf.f Figuref 15).f Cesf complexesf sontf lef lienf entref lesf facteursf def transcriptionf E2Fsf etf laf machinerief transcriptionnellef comprenantf lef facteurf def transcriptionf TBPf(*TATAfbindingfprotein*)fainsifquef laf RNAf polymérasefII.f

f

f

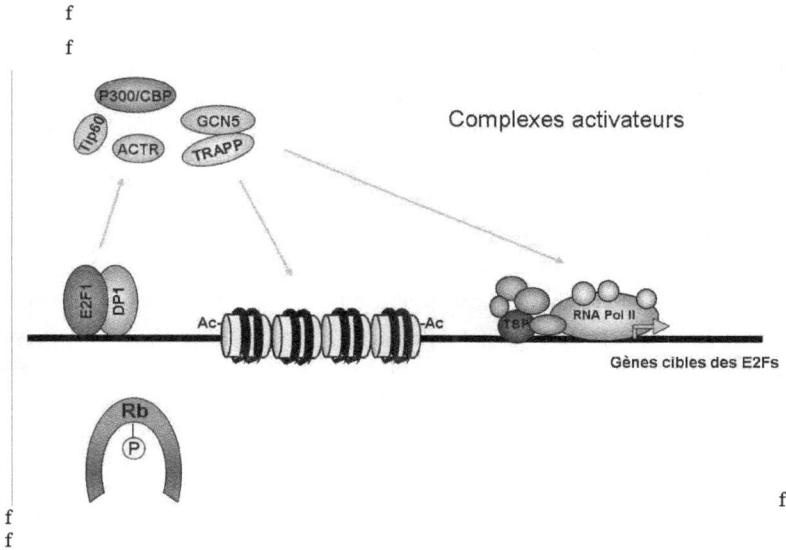

Figuref15f:fActivationfdefl'hétérodimèrefE2F1/DP1f

Laf phosphorylationf def laf protéinef duf rétinoblastomef (Rb)f provoquef laf dissociationf duf complexe.f Lef facteurf E2F1f enf hétérodimèref avecf DP1f estf liéf auxf sitesf def liaisonf desf promoteursf ciblesf etf recrutef desf complexesf activateursf telsf quef p300/CBPf(*CREBfBindingf Protein*),fTip60f(*Tatfinteractingfproteinf60*),fGCN5f(*GeneralfControlfoffamino-acidfsynthesisf 5*),fTRAPPf(*Transformationftranscriptionfdomain-AssociatedfProtein*)fetfACTRf(*Activatorfoff thef Thyroidf andf RAf receptor*).f Cesf complexesf favorisentf l'acétylationf desf histones,f laf chromatinef devientf accessiblef pourf laf fixationf def laf machinerief transcriptionnellef avecf TBPf (*TATAfBindingfProtein*)fetf laf RNAf polymérasefIIf(*RNAfPolfII*).fL'expressionf desf gènesf ciblesf desf facteursf E2Fsf estf alorsf activée.f

f

f

Deffaçonf remarquable,f lorsquef pRbf sef dissociefdefl'hétérodimèrefE2F/DP,f ilf libèref lef domainef def transactivationf desf facteursf E2Fs.f Lesf coactivateursf commef lesf protéinesf CBP,f Mdm2,f TBPf ouf encoref TRRAP,f dontf lesf sitesf def liaisonf sontf portésf parf cef domainef def transactivationf C-terminal,f peuventf alorsf interagirf avecf l'hétérodimèref E2F/DPf etf favoriserf l'expressionf desf gènesf ciblesf [92,f95].f

L'activation et le recrutement des facteurs E2Fs sont corrélés avec l'acétylation par les HATs (*Histone Acetyl-Transferases*) de la chromatine au niveau des sites de liaison. Le complexe d'initiation de la transcription, avec la RNA polymérase, peut être recruté.

- Régulations de l'activité des E2Fs activateurs

Différentes modifications post-traductionnelles sont impliquées dans la régulation de l'activité des facteurs E2Fs. La phosphorylation et l'acétylation influencent leur activité, leur stabilité/dégradation ou encore leur localisation nucléaire [96].

Ainsi, la phosphorylation de E2F1/DP1 par la cycline A/Cdk2 inhibe la liaison du dimère à l'ADN [97]. Le complexe TFIIH interagit avec E2F1 par le domaine de liaison à la Rb et la sous-unité Cdk7 du complexe TFIIH, en phosphorylant E2F1 sur les résidus S403 et T433, provoque son ubiquitination et sa dégradation rapide par la voie du protéasome. La liaison de la pRb sur E2F1 inhibe la fixation de TFIIH et donc la phosphorylation du facteur, conduisant ainsi à la stabilisation de la protéine E2F1 [98]. A l'inverse, la phosphorylation de E2F1, par ATM/ATR sur le résidu S31, ou encore par Chk2 (*Checkpoint kinases 2*) sur le résidu S364, augmente le temps de demi-vie de la protéine en réduisant son ubiquitination et donc sa dégradation [99].

D'autre part, les protéines p/CAF et p300/CBP, ont la capacité d'acétyler les facteurs E2Fs, sur les lysines se trouvant juste en amont du domaine de liaison à l'ADN. Cette acétylation a pour effet d'augmenter l'affinité de la protéine pour l'ADN, sa stabilité protéique et son potentiel de transactivation [100]. A l'inverse, la désacétylation de E2F1 par SirT1 (*Silent information regulator deacetylase*) provoque la diminution de son activité [101].

Un autre niveau de régulation des E2Fs activateurs concerne la boucle de régulation négative qu'exercent pRb, ARF (*Alternative Reading Frame*) et les CKI p21, p27, p18 dont les gènes sont eux-mêmes des cibles des E2Fs. pRb et les CKI limitent l'activité des E2Fs activateurs; quant à ARF, il provoque, après liaison, la relocalisation puis la dégradation des E2Fs par le protéasome [102]. En outre, ARF a la particularité de réprimer la forme dissociée de E2F1 et de son partenaire alors qu'il n'a aucun effet sur la forme complexée [103], [104].

Toutes ces régulations permettent de contrôler le niveau des facteurs E2Fs présents dans la cellule et par la même l'expression des gènes cibles (Cf. Figure 16). En effet, si la balance penche en faveur des régulateurs positifs de l'activité des E2Fs, il y aura activation de la transcription des différents gènes cibles. De plus, les promoteurs des gènes codant pour les facteursfE2Fs,fetfplusfprécisémentfE2F1,fpossèdentfdesfsitesfdefliaisonfauxfE2Fs,frévélantf l'existencefd'unefbouclefdefrégulationfpositive.fCelle-cifseftraduitfparfunefamplificationfdeflaf signalisationf aboutissantf rapidementf àf unef expressionf massivef desf gènesf ciblesf desf E2Fsf [105].f

f

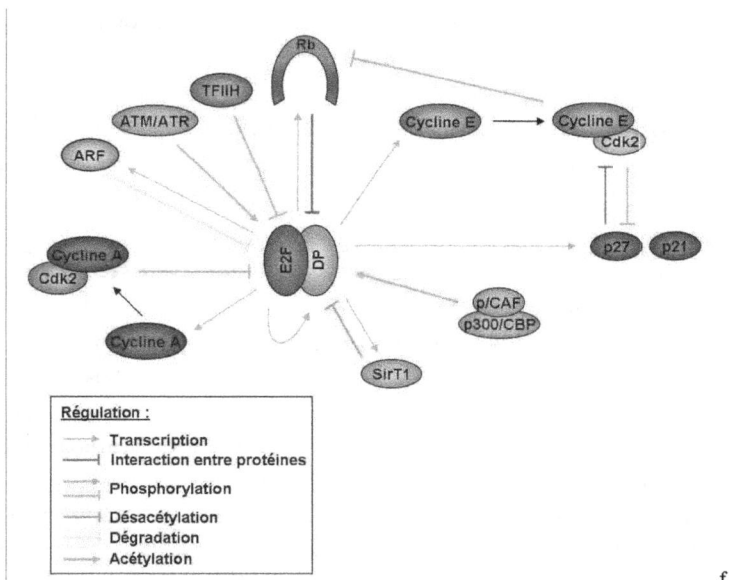

f

f

D'aprèsflafrevuefdefPolagerfetfal.f2008f

f

Figuref16f:fRégulationfdefl'activitéfdesffacteursfE2Fsfactivateursf

L'hétérodimèrefE2F/DPfréguleflaftranscriptionfdefgènesftelsfquefRb,flafcyclinefEfetfA,fp27,f SirT1f *(Silentf informationf regulatorf deacetylase)*f ouf encoref ARFf *(Alternativef Readingf Frame)*.ffCesfdifférentesfprotéinesfexercentfenfretourfdesfrégulationsfdefl'activitéfdefE2Ffparf interactionf directe,f phosphorylation,f acétylation/désacétylationf ouf encoref parf dégradation.f D'autresf acteursf exercentf unf contrôlef def E2F,f commef ATM/ATRf *(kinasef Ataxia-TelangiectasiafMutated/fkinasefAtaxia-TelangiectasiafRelated)*,fTFIIHf*(TranscriptionfFactorf IIH)*fetfp/CAFf*(p300/CBPfAssociatedfFactor)*,fp300/CBPf*(CREBfBindingfProtein)*.f

f

f

      Enfin,funfniveaufdefrégulationfnégativefexistefentreflesfE2FsfetflesfmicroARNf(miR)f parfinteractionfdirectefetffonctionnelle.fLesfmiRfsontfdesfrégulateursfpost-transcriptionnels,f par dégradation des ARNm ciblés ou par inhibition de la traduction. Il a été montré que E2F1, E2F2 et E2F3 activent l'expression du cluster miR17 à 92, et plus précisément l'expression du miR 20a, par liaison directe sur le promoteur. Ces miR semblent avoir un lien avec le développement tumoral. Ces molécules peuvent, en retour, diminuer le niveau des E2Fs activateurs [106, 107]. Il semble donc qu'il existe plusieurs boucles de régulation entre l'expression de ces miRs et l'activité des E2Fs; cette notion est assez récente mais devrait avoir un impact sur divers processus biologiques.

- Répression directe de l'expression des gènes par les E2Fs répresseurs

Par opposition aux E2Fs activateurs, il existe des E2Fs qui ont une activité plutôt répressive, c'est le cas des facteurs E2F4 et E2F5. Ces protéines sont également présentes sous forme d'hétérodimères avec leur partenaire DP [73]; le complexe inactif se trouve dans le cytoplasme. Leur potentiel répresseur passe par leur capacité de lier les protéines à poche, généralement p107 et p130, ce qui provoque la translocation du complexe dans le noyau, conduisant à la répression efficace de l'expression des gènes cibles [108].

Le complexe formé par les E2Fs répresseurs et les protéines à poche se fixe sur les sites consensus des E2Fs au niveau des séquences promotrices qui sont dans un état hypo-acétylé. Ce processus permet, à son tour, le recrutement et la liaison de répresseurs tels que les HDACs qui vont encore diminuer le niveau d'acétylation de la chromatine et donc augmenter sa compaction. Cette répression peut être complétée par la liaison d'autres corépresseurs comme mSin3B, SWI/SNF [84, 88]. Les HATs sont présentes mais restent sous formes inactives (Cf. Figure 7).

Pour lever cette répression, les cyclines-Cdk phosphorylent p107/p130 qui se dissocient du complexe. Les E2Fs répresseurs ne peuvent plus se fixer sur l'ADN qui pourra être acétylé par les HATs; ces E2Fs perdent donc leur activité répressive [81]. Ces protéines inactivées sont exportées vers le cytoplasme grâce au facteur d'export nucléaire CRM1 fixé aux sites NES (*Nuclear Export Signal*).

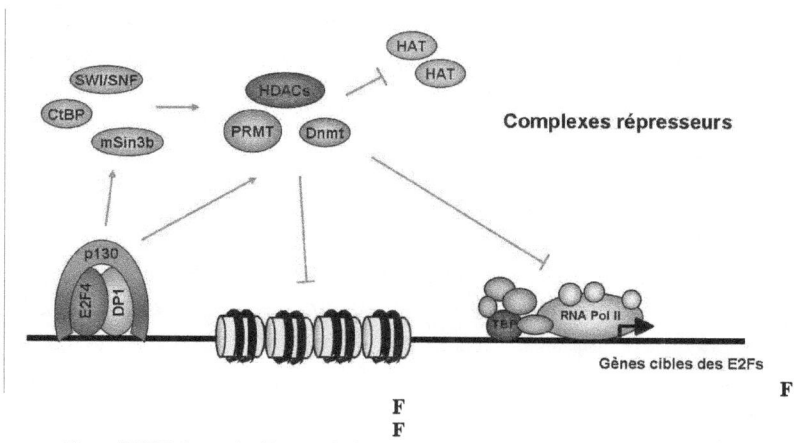

F
F
Figure 7 : Répression Transcriptionnelle par les facteurs E2Fs répresseurs

Les facteurs E2Fs répresseurs (ici E2F4) en hétérodimères avec DP1 sont complexés aux protéines du rétinoblastome (p130 ou p107). Liés aux sites de liaison dans les séquences promotrices, ils recrutent des complexes répresseurs tels que SWI/SNF (*Switching defective/Sucrose Nonfermenting*), CtBP (*C-terminal binding Protein*) ou encore mSin3b (*mammalian Switch-Independent protein 3B*). Ces complexes favorisent la compaction de la chromatine par désacétylation et méthylation des histones par l'action des HDACs (*Histone Deacetylase*), PRMT (*Protein Arginine Methyl-Transferase*) ainsi que la méthylation de l'ADN (*Dnmt1 DNA methyl-transferase*). L'expression des gènes cibles des facteurs E2Fs est efficacement réprimée.
F

F
Le mode d'action de E2F6 est différent. Il agit toujours sous forme d'hétérodimère avec le facteur DP [109], mais il n'interagit pas avec les protéines à poche. E2F6 lie directement les protéines du complexe Polycomb, comme Ring1, Bmi-1 et RYBP (*Ring1 and YY1 Binding Protein*). Par ailleurs, une autre étude a montré que E2F6 apparaissait comme un dominant négatif entrant en compétition avec les autres E2Fs pour se lier aux sites E2Fs et inhiber leur activité transcriptionnelle [110]. Le pouvoir répressif de E2F6 passe donc par sa capacité à recruter les répresseurs du complexe Polycomb et à occuper les sites de liaison aux E2Fs sur les séquences promotrices.

E2F7 et E2F8 n'interagissent ni avec les protéines Rb, ni avec le partenaire DP, mais possèdent le domaine de liaison à l'ADN commun aux E2Fs. Dans la cellule, ces facteurs se présentent sous forme d'homodimères E2F7 ou E2F8 mais également sous forme d'hétérodimères E2F7/E2F8. La forme la plus présente reste l'homodimère E2F7 [111]. L'activité répressive de ces facteurs est due à une compétition avec les autres facteurs E2Fs, pour se plier au niveau des sites de liaison à l'ADN [66, 71]. Ils ont, en plus, la capacité à recruter des complexes répressifs, notamment des enzymes de modification de la chromatine, de façon indépendante de la protéine pRb.

- Cas particuliers

La classification des E2Fs, en facteurs activateurs d'un côté et facteurs répresseurs de l'autre, peut paraître simple. En effet, ces différentes protéines peuvent présenter à la fois des propriétés activatrices et inhibitrices sur la transcription en fonction du contexte cellulaire et également du promoteur cible considéré. C'est le cas du promoteur de Mcl-1 (*Myeloid cell leukemia 1*), un membre anti-apoptotique de la famille Bcl-2 [112]. La surexpression de E2F1 engendre une diminution de l'expression du gène Mcl-1, par liaison directe du domaine DBD sur le promoteur de Mcl-1. Cette étude révèle que le domaine de transactivation de E2F1 situé en C-terminal n'est pas requis pour cette répression transcriptionnelle et il reste encore à déterminer le mode de régulation qui s'opère ici. Ceci pourrait être dû à un encombrement par le facteur E2F1 des séquences promotrices, sans recrutement des coactivateurs.

Un autre exemple concerne les gènes uPA (*urokinase-type Plasminogen Activator*) et PAI-1 (*Plasminogen Activator Inhibitor 1*), dont l'expression endogène est inhibée par la surexpression des E2Fs activateurs. Cette répression implique le domaine de liaison à l'ADN ainsi que le domaine de transactivation, mais de façon indépendante des protéines à poche. Il semblerait que ces E2Fs en quantité suffisante, se lient sur les sites AP-1 des promoteurs et inhibent la transactivation normale après la fixation des complexes AP-1 [113].

D'autres données révèlent une activité de facteur E2F1 indépendante de son hétérodimérisation avec le facteur DP. L'utilisation de shRNA dirigé contre DP1 a permis de diminuer l'expression de DP1 et de voir les effets sur l'activité de E2F1. Alors que les niveaux d'ARNm et de protéines impliqués dans la régulation du cycle cellulaire sont affectés, des niveaux d'expression d'autres gènes cibles des E2Fs tels que PCNA, MCM3 ou encore Cdk4 ne sont pas modifiés par la diminution de l'expression de DP1 [114]. Ceci suggère un rôle des facteurs E2Fs indépendant de DP1 pour réguler l'expression de gènes cibles. Si l'absence de formation d'hétérodimère avec DP1 provoque une diminution de liaison de E2F1 à l'ADN, cette transactivation indépendante de DP1 peut être due à une action indirecte de ce facteur *via* d'autres facteurs pour réguler l'expression.

- Régulations indirectes et rôles des facteurs Sp

Les facteurs E2Fs peuvent, en effet, réguler l'expression génique de manière indirecte, c'est-à-dire sans liaison directe à l'ADN mais par l'intermédiaire d'autres facteurs de transcription. Pour E2F1, ce type de recrutement indirect a en particulier été décrit pour les facteurs Sp (*Specificity protein*). En effet, de nombreux promoteurs possèdent à la fois des sites de liaison pour les facteurs E2Fs et les facteurs Sp. Ces facteurs sont des protéines d'expression ubiquitaire qui possèdent trois domaines de liaison à l'ADN et deux domaines de transactivation. Ils peuvent lier et recruter différents partenaires, tels que les protéines TBPR *(TATA-Binding Protein)* et TAF4 *(TBP-Associated Factor 4)* du complexe TFIID, ainsi que TFII4α, p300/CBP, SWI/SNF, les facteurs de transcription YY1 et NF-YA qui lie les sites CCAAT de l'ADN [115].

Il existe quatre protéines Sp différentes (Sp1 à Sp4) possédant toutes une région riche en glycines. Les membres Sp1 et Sp3 ont la capacité de lier de nombreuses protéines ayant des propriétés de gènes suppresseurs de tumeur ou au contraire d'oncogènes. Mais ces deux facteurs peuvent avoir des activités opposées, dans le cas de la régulation de promoteurs possédant au minimum deux sites de liaison riches en GC *(GC box)* correspondant à l'élément de réponse aux facteurs Sp. Sp3 réprime alors l'activité transcriptionnelle de Sp1 sur ces promoteurs grâce à son domaine répresseur [116]. Sp1 peut directement transactiver l'expression génique, *via* un simple site de liaison ou bien activer l'expression génique, en formant des homo-oligomères en présence de deux sites de liaison ou plus sur le promoteur [117, 118].

La liaison de Sp1 favorise le recrutement des coactivateurs p300/CBP et p/CAF, de par la capacité de stimuler leur activité histone acétyl-transférase [119]. La liaison de ce facteur sur les îlots CpG montre une activité protectrice contre la méthylation de l'ADN [120]. Sp1 peut également inhiber l'expression de certains gènes cibles, car il lie directement les HDACs et l'enzyme Dnmt1 et peut ainsi réprimer la transactivation du promoteur p21 [121].

E2F1 lie le facteur Sp1 par le même domaine que celui de HDAC1, révélant ainsi une compétition entre ces deux régulateurs. E2F1 peut ainsi prendre la place de HDAC1, basculant la répression en activation de l'expression de gènes cibles de Sp1 [122]. Plus précisément, E2F1 interagit directement, par le domaine (acides aminés 109 à 121) situés en amont du site de liaison à l'ADN, avec le domaine 622-668 de Sp1 [123].

Ainsi, le gène p18, un membre de la famille INK4, est 4 fois régulé par les facteurs E2Fs et Sp1. E2F1 et E2F2 activent l'expression de ce gène dans les cellules humaines et murines. Le promoteur humain p18 possède un site proximal de liaison aux facteurs E2Fs et six sites de liaison à Sp1, dont cinq sont disposés en cluster. Le dernier site Sp1, situé dans la partie distale du promoteur, lie à la fois E2F et Sp1. La mutation du cluster de sites Sp1 engendre une perte de l'activité transcriptionnelle basale. De plus, la forte transactivation du promoteur p18, par la surexpression de E2F1, a besoin soit du cluster de site Sp1, soit de son site de liaison proximal. La surexpression des facteurs E2F1 et de DP1 accroît l'activité transcriptionnelle qui devient maximale après surexpression de Sp1 sur le promoteur. E2F1 peut ainsi transactiver le promoteur en se liant sur son site de liaison ou en se liant à Sp1, révélant une coopération entre leurs activités [124].

Dans le cas du promoteur TK (*Thymidine Kinase*), il a été montré que le facteur Sp1 interagissait avec le domaine de liaison de la cycline A des facteurs E2F1, 2 et 3, produisant une compétition entre ces 2 liaisons. Ainsi une forte concentration de la cycline A phosphoryle E2F1 et provoque une diminution de liaison avec Sp1. La liaison de Sp1 sur ces sites et la transactivation du promoteur du gène TK ne sont pas influencées par la présence du site adjacent de liaison des E2Fs. Cependant, la surexpression simultanée de E2F1 et Sp1 transactive plus efficacement le promoteur que la surexpression séparée de chacun de ces facteurs [125].

En résumé, Sp1 peut agir en coopération avec les facteurs E2Fs de deux manières, soit chaque facteur se lie sur son site de liaison et active la transcription de manière synergique, soit les facteurs E2Fs régulent indirectement l'expression des gènes cibles, en se liant à Sp1.

- Activité de E2F1 indépendante de sa fonction transcriptionnelle

En plus de ses fonctions de facteur de transcription, l'hétérodimère E2F1/DP1 peut agir sur la stabilité de protéines par liaison directe. En 1995, l'équipe de Lu a démontré que p53 pouvait interagir directement avec E2F1 et avec DP1 [126]. La protéine E2F1 possède deux domaines de liaison aux facteurs p53, le premier se situe dans le domaine connu de liaison à la cycline A, l'autre se trouve à l'extrémité C-terminale de la protéine. Cette liaison en partenariat avec DP1, provoque la stabilisation de la protéine p53, de manière indépendante de l'état de la cellule dans le cycle cellulaire. Cette interaction ne fait pas

intervenirileifacteuriARFiquiiestiégalementiconnuipouristabiliserip53.iEniretour,ilailiaisonidui
facteuri E2F1i suri p53i inhibei lai capacitéi dei E2F1i ài lieri l'ADNi eti donci ài transactiveri
l'expressionideisesigènesicibles,imodérantiainsiil'activitéitranscriptionnelideiceifacteuri[127].i
Ainsi,ileicomplexeiE2F1/p53ifavoriseil'apoptoseiinduiteiparip53.iEnfin,ilailiaisonideip53isuri
leidomaineideifixationideilaicyclineiAirévèleiuneicompétitionientreicesideuxiprotéinesipouri
lieriE2F1.iLaiprésenceideilaicyclineiAiinhibeilailiaisonideiE2F1iavecip53,ifavorisantilaivoiei
proliférativeiauidétrimentideilaivoieiapoptotiquei[128].i

i

i

i   b-iEffetsibiologiquesidesiE2Fsi
i
    -iCycleicellulairei
i
    LaifonctioniprincipaleietilaiplusiconnueidesifacteursiE2Fsiestideiréguleril'entréeietilai
progressionidesicellulesidansileicycleicellulaire.iIlsiinterviennentitoutiauilongiduicycleietipasi
seulementiàilaitransitioniG1/Si[129,i130]i(Cf.iFigurei3).i

    i

i   ❖iPhaseiG0i
    Eni phasei G0,i lesi facteursi E2Fsi sonti complexési auxi différentesi protéinesi dui
rétinoblastomeietiliésiauxipromoteursidesigènesicibles.iLeifacteuriE2F6iestiluiiaussiiprésenti
surilesipromoteursicibles,isousiformeideicomplexeiavecilesiprotéinesiduicomplexeiPolycombi
[88].i

i   i

i   ❖iPhaseiG1i(Cf.iFigurei18)i
    Lai quantitéi cellulairei dei lai cyclinei Di augmentei rapidementi eti phosphorylei lesi
complexesirépresseursi(E2Fs/p107ietip130)iquiiseidissocientidesisitesideiliaisonidesiE2Fsisuri
lesi promoteurs,i cesi facteursi sonti ensuitei transloquési dansi lei cytoplasmei [131].i Lesi E2Fsi
activateurs,itoujoursiassociésiauirépresseuripRb,iprennentiplacei suri cesisitesidei liaisoni quii
passenti alorsi d'unei formei trèsi compacte,i marquéei pari desi méthylationsi d'histones,i ài unei
formeidéméthyléeideilaichromatinei[61].i

    Leicomplexeicyclinei D/Cdk4iouiCdk6iconduitiàilaiphosphorylationicontinueideipRb,i
enipésenceidesistimuliimitogènes.iLaiformeihyperphosphoryléeideipRbiétantiinactive,iellei
libèrei E2Fi quii pourrai transactiveri sesi gènesi cibles.i Lai chromatinei sei décondensei grâcei ài
l'actioni desi HAT,i partenairesi desi E2Fsi activateursi [61].i Cesi E2Fsi permettronti d'activeri
l'expressionideilaicyclineiEietideiCdk2i(Cf.ipartieiII-2)a),iainsiiqueileuripropreiexpression,i

amplifiant ainsi le signal. La cellule a vient de passer le point de restriction de la phase, elle continue son cycle, même après la perte des signaux mitogènes.

Les facteurs E2Fs transactivent maintenant les gènes nécessaires au déroulement de la phase S (gènes impliqués dans la réplication de l'ADN, comme la DNA polymérase, PCNA et dans la régulation des points de contrôle, comme Mcm ou les cyclines/Cdk).

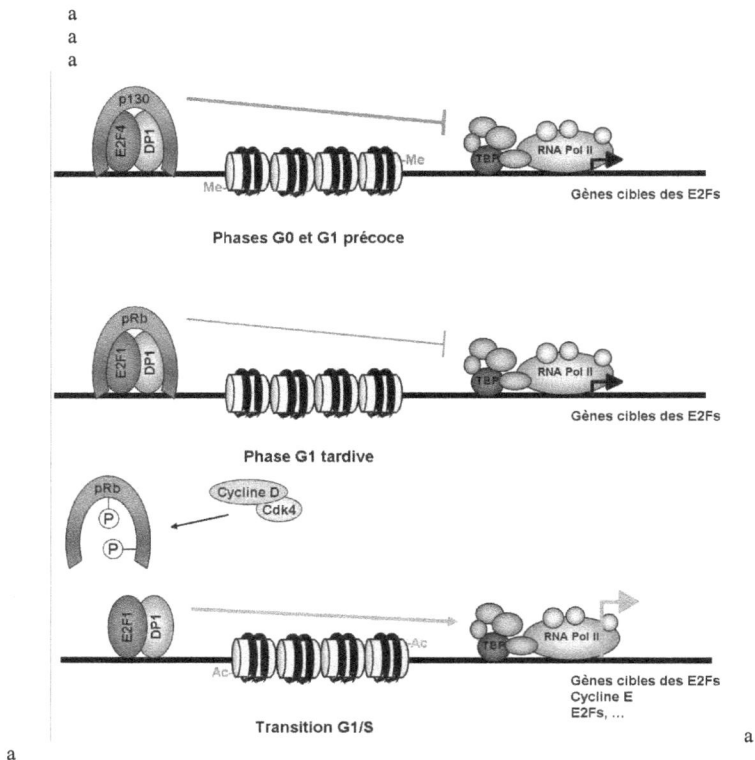

Figure 18 : Régulation de l'activité des facteurs E2Fs au cours de la phase G1

En phases G0 et G1 précoces, les E2Fs répresseurs complexés à p130 ou p107 répriment l'expression des gènes cibles. La chromatine est sous forme compactée par méthylation. Puis en phase G1 tardive, les E2Fs répresseurs sont inhibés et transloqués dans le cytoplasme. Les E2Fs activateurs et pRb prennent place sur les sites de liaisons des promoteurs cibles. L'expression est cependant toujours réprimée à cause d'une chromatine désacétylée. Enfin à la transition G1/S, les cyclines/Cdk phosphorylent pRb qui libère E2F1/DP1. Après recrutement des complexes activateurs, la machinerie transcriptionnelle peut se fixer et activera l'expression des gènes cibles, notamment ceux de la cycline E et des E2Fs eux-mêmes.

❖ Phase S

Le complexe cycline A/Cdk2, synthétisé grâce aux E2Fs, prend le relai durant cette phase. Il inhibe également les facteurs de la phase G1, comme les E2Fs activateurs qui une fois phosphorylés par ce complexe, perdent leurs propriétés de facteur de transcription par inhibition de leur capacité à lier l'ADN.

❖ Phases G2 et M

L'idée que les facteurs E2Fs interviennent dans la transition G2/M est plus récente. Les premiers indices de cette notion ont été la mise en évidence de la régulation, par les facteurs E2Fs, de gènes impliqués dans la transition G2/M et dans le processus de mitose, dans des cellules de mammifères synchronisées après traitement à l'hydroxyurée [132].

La cycline B1, Cdc20 et Cdc2 sont des gènes régulés par les E2Fs activateurs, dans le sens où leur expression est induite après augmentation de l'activité de ces E2Fs. Différentes études ont complété la liste des gènes impliqués dans la transition G2/M et la phase M. Les gènes Ki-67, AIM-1, sécurine, PRC1 ou encore BUB1b codent pour des protéines favorisant la mitose et pour des kinases impliquées dans la condensation, la ségrégation des chromosomes, la cytokinèse et dans le point de contrôle de la mitose. Ces gènes sont induits par les facteurs E2F1 et E2F3 en hétérodimère avec la protéine DP1 et réprimés par E2F4 [133, 134].

Le fait que les facteurs E2Fs transactivent des gènes différents selon l'étape du cycle cellulaire, vient de ce que la régulation de l'expression de ces gènes nécessite la liaison des E2Fs mais aussi celle d'autres facteurs partenaires. Cette expression temporelle s'explique par la présence, dans un même promoteur, d'éléments de réponse qui lieront préférentiellement les facteurs E2Fs activateurs ou les E2Fs répresseurs. Ainsi dans les cas des gènes cdc2 et cycline B1, l'élément répresseur du promoteur est lié, à la transition G1/S, par les facteurs E2Fs répresseurs. Puis à la transition G2/M, les facteurs E2Fs activateurs en synergie avec d'autres facteurs de transcription, se fixent sur l'élément activateur du promoteur. Ce type de régulation a été mis en évidence, par l'équipe de Nevins par des expériences d'immunoprécipitation de la chromatine, après synchronisation des cellules dans les différentes phases du cycle cellulaire [135, 136].

Concernant les facteurs E2F7 et E2F8 répresseurs, il a été montré qu'ils lient et répriment spécifiquement des gènes cibles impliqués dans les phases G1 et S. Cependant, aucune étude ne met en évidence la liaison de ces facteurs sur des gènes cibles impliqués dans les phases G2/M. Ces facteurs inhibent l'expression des gènes de la phase G1/S, laissant libresllleslpromoteursldel gèneslimpliquéélldansllaltransitionl G2/Ml dul cycle,lpourlêtrelrégulésl parllleslE2Fslactivateursl[66,l137].l

l

Enl résumé,l l'activitél desl facteursl E2Fsl estl importantel pourl lal prolifération,l enl influençantll'entréeldellalcelluleldanslleleyclelcellulairelainsilquellalprogressionldelcelcyclel danslleslifférenteslphases,lilslinterviennentlaulniveauldellaltransitionlG1/S,ldellalréplication,l dellaltransitionl G2/Mletldellalmitose,lenlrégulantll'expressionldeslgèneslimpliquésldanslcesl différenteslétapes.l

l

-lRéparationldell'ADNl

l

LeslfacteurslE2Fslnelsontlpasluniquementlimpliquésldansllalproliférationlcellulaire,lilsl participentlégalementlauxlmécanismesldelréparationldell'ADN.lLeslE2Fsletlpluslprécisémentl E2F1,lparlleurslpropriétésldelfacteursldeltranscription,lsontlimportantsldanslcelprocessuslquil permetllelmaintienldell'intégritél dul matériellgénétique.lEnleffet,lunelpartieldeslgèneslciblesl delE2F1lsontlimpliquésldansllalréparationldell'ADNl;lparmileux,ld'unlcôtélleslgèneslPCNAl etl BRCA1l *(Breastl Cancerl susceptibilityl 1)*l quil sontl nécessairesl pourl réparerl lesl erreursl produitesl parl desl agentsl affectantl l'intégritél desl séquencesl d'ADNl etl del l'autrel lesl gènesl Msh2,lMsh6l*(Mismatchlrepair)*lpermettantldelréparerllleslerreursldelmésappariementslpendantl lalréplication.lEnlprésenceldeldommageslàll'ADNlould'erreursldelréplication,llelfacteurlE2F1l estlactivéletlpermetll'expressionldeslgènesldelréparationl[133].l

l

-lApoptoseletldommageslàll'ADNl

l

l Ill arrivel quel lesl altérationsl soientl tropl importantesletl quel lal cellulel enclenchel unl processusl del mortl cellulairel programméel pourl garderl l'intégritél del l'organismel entier,l ill s'agitl dul processusld'apoptose.lE2F1ljouelunl rôlel centrall dansllelprocessusld'apoptose.lEnl effet,llalsimplelsurexpressionldelE2F1laboutitlàlunelinductionldell'apoptoseldansldifférentesl lignéesl cellulairesl del mammifèresl maisl égalementl dansl desl organismesl telsl quel lal souris.l Ainsi,ll'étudedeslsourisldontllelgènelE2F1lalétélinvalidé,lrévèlelunelforteldiminutionldultauxl d'apoptosel [138].l Cesl processusl apoptotiquesl impliquentl plusieursl voiesl del signalisationl [139,l140].l

LalcapacitéldulfacteurlE2F1làlinduirell'apoptoselrequiertlseslpropriétésldelfacteursldel transcription,l pourl permettrel l'expressionl del plusieursl gènesl pro-apoptotiques,l commel p53,l p73 et des membres de la famille Bcl-2 dont différentes caspases et APAF-1, ainsi que ARF [141-145] (Cf. Figure 19).

En présence de dommages à l'ADN, l'expression de E2F1 augmente rapidement, conduisant à l'expression des gènes ATM, ATR et Chk2. Une fois synthétisées, ces protéines phosphorylent et stabilisent les protéines pp53 et pE2F1, formant une boucle de régulation positive. L'accumulation du facteur E2F1 engendre ainsi une augmentation importante de l'expression des gènes cibles impliqués dans ce processus apoptotique. E2F1 a la capacité d'accentuer la stabilité et l'activité de p53 en inhibant son répresseur Mdm2 [145].

Le facteur E2F1 peut induire l'apoptose de manière indépendante de son activité transcriptionnelle (*Cf. précédent II-2)a)*. E2F1 a en effet, le pouvoir de se lier à p53, par son domaine de liaison à la cycline A et de stimuler sa fonction pro-apoptotique, mais uniquement en présence de faibles quantités de cycline A [128]. Le pool du facteur de transcription p53 rapidement augmenté, pourra induire l'expression des gènes impliqués dans l'apoptose.

Il existe également une voie apoptotique impliquant E2F1 mais indépendante de p53. Ainsi, E2F1 peut induire l'apoptose notamment dans les souris p53$^{-/-}$ [146, 147], par l'activation de l'expression des gènes pro-apoptotiques comme APAF-1 (*Apoptotic Protease Activating factor 1*), BH3 (*Bcl-2 Homology 3*), différentes caspases ou encore p73, un autre membre de la famille p53 [148, 149]. Pour une plus grande efficacité, E2F1 sensibilise la cellule à l'apoptose en inhibant les signaux de survie, notamment ceux des facteurs de transcription NF-κB, Bcl-2 ou Mcl-1.

Ces propriétés confèrent à E2F1 un pouvoir de gène suppresseur de tumeur en favorisant l'apoptose des cellules tumorales.

L'activité pro-apoptotique de E2F1 ne doit cependant pas interférer avec son activité sur la prolifération cellulaire normale. Cette voie pro-apoptotique doit, selon le contexte cellulaire, être inhibée.

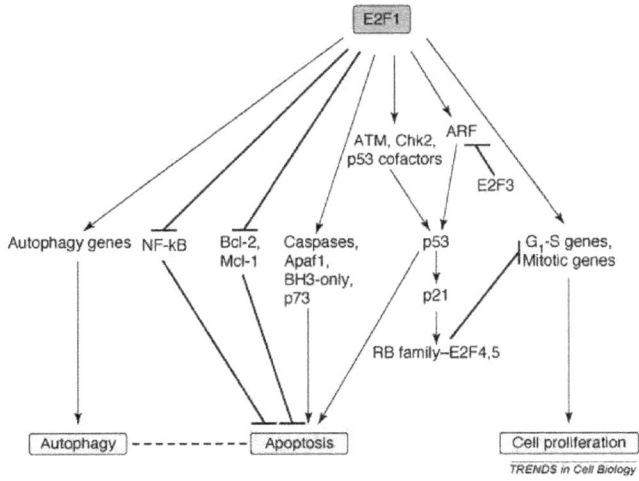

D'après Da Devue De Polager Det Dl. D2008D

Figure D19 : DImpact Du Dacteur DE2F1 Dur D'apoptose, Da Dprolifération Det D'autophagie D

Le Dacteur DE2F1 Dest Dun Dégulateur Dimportant Ddes Dprocessus Dde Dprolifération Dcellulaire Det D d'apoptose. DIl Dcontrôle D'expression Det D'activité Dde Dprotéines Delles Dque D ARFD (*Alternative D Reading DFrame*), D ATMD (*kinase D Ataxia-Telangiectasia D Mutated*), D p53, D Apaf1 D (*Apoptotic D Protease D Activating D Factor-1*) Det D p73. DEn Devanche, Dl Dinhibe Des Dprotéines Danti-apoptotiques D comme DBcl-2 D(BDcell Dymphoma D2), DMcl-1 D(Myeloid Dcell Deukemia-1) Det DNF-κB D(Nuclear D Factor DκB). D

L'apoptose Dinduite Dpar DE2F1 Dest Ddonc Dous Dcontrôle Dstrict D(Cf. DFigure D20). Des Dpremiers D signaux, Dpour Dinduire D'activité Dapoptotique Dde DE2F1, Dsont Ddes Ddommages Dà D'ADN. DIls D provoquent Da Dperte Dde Dliaison Dentre De Dacteur Det De Dépresseur DpRb Daprès Deur Dacétylation D [150]. DCelle Dde DE2F1 Davorise Da Dliaison Da Ddes Dacteurs Dpro-apoptotiques, Dcomme Dp73 D[148]. D ATMDet DChk2 Dphosphorylent Densuite DE2F1, Dstabilisant Da Dprotéine Dpar Dinhibition Dde Da D dégradation D[138, D151]. DLe Dcomplexe DATM/ATR Dtransactive Dégalement De Dgène DE2F1, D augmentant Drapidement De Dpool Ddu Dacteur DE2F1 D[99]. DCelui-ci Dpeut Dier, Dpar Don Ddomaine D spécifique D DMarked DBox D, Des Dacteurs Dcomme Dab-1 Dqui Da Da Dcapacité Dde Dixer Da Dprotéine D-jun D[152]. DD

À l'opposé, la voie apoptotique induite par E2F1 est inhibée par les voies de signalisation EGFR/Ras/Raf et PI3K/Akt, favorisant la prolifération cellulaire. La voie PI3K/Akt permet d'inhiber l'expression des gènes cibles des E2Fs impliqués dans le processus apoptotique [153]. De plus, la protéine Akt phosphoryle TopBP1 (*Topoisomerase IIA Binding Protein*) qui lie E2F1 pour réprimer son activité [154].

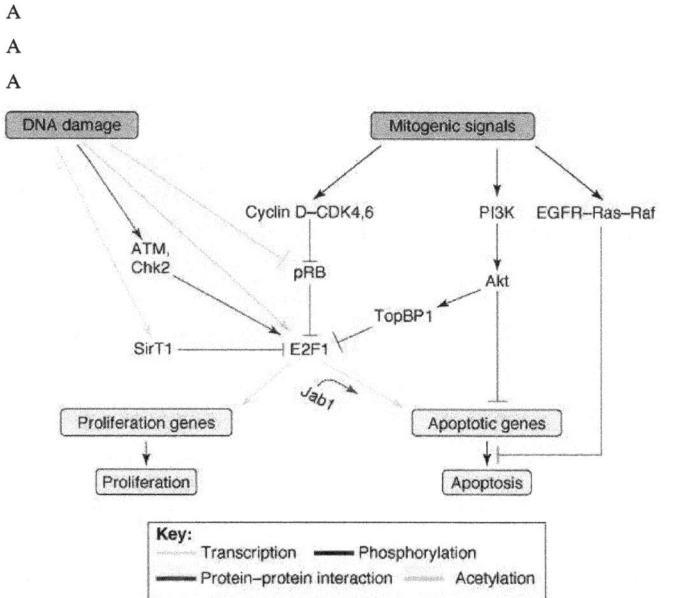

TRENDS in Cell Biology

D'après la revue de Polager et al. 2008

Figure 20 : Implication directe de E2F1 dans la prolifération et l'apoptose

Le rôle de E2F1 dans les processus d'apoptose et de prolifération cellulaire est hautement contrôlé. D'une part, les signaux mitogéniques induisent l'activation des voies Ras-Raf (*Rat sarcoma*), PI3K (*Phosphoinositide-3-Kinase*) et de la cycline D, provoquant l'inhibtion de l'expression des gènes apoptotiques et l'activation des gènes prolifératifs. D'autre part, la présence de dommages à l'ADN engendre l'activation de E2F1 et des voies ATM (*kinase Ataxia-Telangiectasia Mutated*) et SirT1 (*Silent information Regulator deacetylase*). Les gènes prolifératifs sont réprimés et l'expression des gènes apoptotiques est activée.

Ces données montrent que l'activité pro-apoptotique du facteur E2F1 est réprimée dans un contexte cellulaire normal, pour faire place à son activité positive sur la progression du cycle cellulaire et donc sur la prolifération. En revanche, lorsque la cellule est exposée à des stress et subit des dommages à l'ADN, la voie apoptotique est activée et permet à E2F1 de promouvoir le processus de mort cellulaire programmée.

- Autophagie

Il s'agit d'un processus de trafic vésiculaire permettant la dégradation de protéines cytoplasmiques et de certaines organelles. L'autophagie est rapidement induite en réponse à différents stress, comme la privation en facteurs de croissance. L'activation de E2F1 régule positivement l'expression génique de quatre facteurs cruciaux pour l'autophagie : LC3, ATG1, ATG5 et DRAM [155]. L'apoptose et l'autophagie induites par E2F1 semblent co-régulées au niveau transcriptionnel. Par exemple, AMPKα2 *(nutrient energy sensor AMP Kinase α2)*, qui est un inducteur de l'autophagie, est un gène cible de E2F1 nécessaire à son activité pro-apoptotique [153]. Ces deux processus semblent imbriqués par l'intermédiaire du facteur E2F1.

La liste des gènes cibles des facteurs E2Fs est longue. En plus d'être impliqués dans les processus comme la prolifération cellulaire, l'apoptose, l'autophagie, la transduction du signal, certains de leurs gènes cibles sont aussi importants pour la différenciation cellulaire ou encore la dégradation des protéines [88, 156] (Cf. Figure 21). Ces régulations sont complexes et, bien évidemment, dépendantes du type cellulaire considéré ainsi que de l'environnement dans lequel se trouvent la cellule et l'organisme.

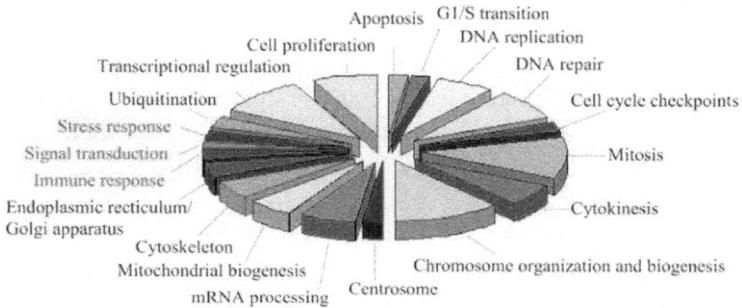

Figure 21 : Fonctions biologiques des gènes régulés en début de cycle par E2F4/E2F5

Les facteurs E2Fs possèdent de nombreux gènes cibles impliqués dans divers processus biologiques tels que la prolifération cellulaire, la progression des cellules dans le cycle, la réparation de l'ADN, la cytokinèse, la biogenèse mitochondriale, la réponse immune, la réponse au stress ainsi que l'ubiquitination.

II-3) Rôles physiologiques des E2Fs

De manière classique, l'étude du rôle biologique de protéines comme les facteurs E2Fs, est réalisée dans des lignées cellulaires où l'expression des E2Fs peut être modifiée : éteinte, diminuée ou amplifiée. Mais il est important de comprendre quels sont les rôles physiologiques des E2Fs dans l'organisme entier. Dans la plupart des cas, les études se concentrent sur le phénotype de souris dont le gène est invalidé (souris Knock-Out ou $^{-/-}$) ou de souris où l'expression du gène est régulée de manière ectopique (souris transgéniques). Les souris KO pour chacun des gènes E2Fs sont viables et fertiles, mais présentent plusieurs dysfonctionnements, montrant l'importance physiologique de cette famille de facteurs de transcription.

a- La prolifération cellulaire et le cancer

Les facteurs de la famille des E2Fs jouent un rôle central dans la prolifération et la croissance cellulaire, au travers de la régulation de gènes impliqués dans la progression du cycle cellulaire. Il était facile de soupçonner qu'ils puissent participer au processus de tumorigenèse.

- Impact au niveau cellulaire :

L'implication des E2Fs dans la tumorigenèse a été mise en évidence par l'étude de leur pouvoir sur la transformation cellulaire [157]. Les membres de E2F1 à E2F6 ont été surexprimés dans des cellules non transformées mais immortalisées de fibroblastes d'embryons murins, les MEF 3T3 *(Mouse Embryonic Fibroblast)*. La surexpression de E2F1 et E2F2 engendre une augmentation de la prolifération de ces cellules jusqu'à l'arrêt de croissance induite par l'inhibition de contact. Les cellules ont alors tendance à entrer en sénescence [158]. Ce phénomène est absent dans les cellules où le facteur E2F3 est surexprimé, les cellules continuent de proliférer. La surexpression des trois autres membres (E2F4, 5 et 6) ralentit la progression du cycle cellulaire et rend la cellule plus sensible au phénomène d'inhibition de contact. Des tests de tumorigenèse en agar mou ont montré qu' E2F1 n'a pas d'effet sur la transformation cellulaire, ce qui est sûrement dû à son pouvoir apoptotique ; E2F6 présente le même caractère oncogénique. En revanche, E2F2 et E2F3 favorisent la formation de colonies, ils semblent donc posséder des propriétés oncogéniques ;

E2F4 et E2F5, au contraire, ont un effet limitant sur la transformation ce qui leur confère un potentiel anti-oncogénique.

D'un autre côté, l'invalidation du gène E2F1 dans ces cellules montre que la perte de ce facteur ne semble pas avoir d'effet sur la régulation du cycle cellulaire et sur la prolifération cellulaire. L'expression de la cycline E est cependant diminuée, ce qui peut avoir un impact sur la progression du cycle cellulaire. La perte d'expression de E2F3 dans les MEF affecte le taux de prolifération cellulaire, avec une durée presque doublée de division cellulaire [159]. Cet effet s'explique par un défaut au niveau de l'initiation de la synthèse de l'ADN et donc une durée de phase S complète plus longue. Ce phénotype n'est pas retrouvé chez les MEF E2F1$^{-/-}$, en revanche l'expression ectopique de E2F3 ou de E2F1 dans les MEF E2F3$^{-/-}$ restaure une prolifération normale de ces cellules [160].

Dans un contexte de transformation cellulaire, en utilisant les MEF E2F3$^{-/-}$ immortalisées par l'expression de l'oncogène Ras ainsi que le dominant négatif de p53, des expériences ont montré que E2F3 n'est pas essentiel au processus de transformation mais semble requis pour la prolifération de ces cellules transformées [159]. Enfin, les MEF triple KO pour les E2Fs activateurs ne prolifèrent pas et sont arrêtées dans toutes les étapes du cycle cellulaire et de nombreux gènes ont un niveau d'expression diminué [160]. Du côté des E2Fs répresseurs, les MEF E2F4$^{-/-}$ ou E2F5$^{-/-}$ présentent un arrêt du cycle cellulaire induit par p16 ou par l'inactivation de Ras alors que la suppression concomitante de E2F4 et de E2F5 rend les cellules résistantes à l'arrêt du cycle induit par p16 [161, 162].

-   Impact au niveau de l'organisme

❖ Les facteurs E2Fs

L'effet physiologique des facteurs E2Fs est visible grâce à l'étude d'organisme entier. Les souris Knock-Out existent pour la plupart des E2Fs. L'équipe de Dyson a montré que les souris E2F1$^{-/-}$ pouvaient développer des tumeurs tardives, suggérant que E2F1 avait des propriétés de gène suppresseur de tumeur [163]. Certaines souris E2F1$^{-/-}$, âgées de 8 à 18 mois, ont développé différents types de tumeurs, dont des sarcomes du système reproductif, des tumeurs du poumon, des lymphomes et d'autres types de tumeurs, mais avec des fréquences limitées. Sur une colonie de 102 animaux autopsiés, 35 tumeurs ont été observées. Les sarcomes du tractus reproductif sont retrouvés chez les femelles, dans les cornes utérines et les ovaires et chez les mâles dans l'épididyme. Ce type de tumeurs agressives représente un tierst dest tumeurst observéest danst lest animauxt E2F1$^{-/-}$.t Lest tumeurst présentest danst lest poumonst sontt det grandet taille,t occupantt lat moitiét det lat cavitét thoracique.t Ilt s'agitt d'adénocarcinomest ayantt unt fortt pouvoirt invasif,t cett typet det tumeurst étantt rarementt présentt danst d'autrest modèlest det souristt ansgéniques.t Let développementt dest tumeurst lymphatiquest setfaitttardivement,taucunetcelluletcancéreusetn'atététdétectéetcheztlestsouristjeunest[163].tt

Lat pertet dut gènet E2F1,t chezt lat souris,t provoquet égalementt unet augmentationt det l'angiogenèset part lat surexpressiont det VEGFt *(Vasculart Endothelialt Growtht Factor)*.t Let promoteurt det cet gène,t importantt pourt l'angiogenèse,t estt régulét négativementt part let facteurt E2F1,t danst unt contextet dépendantt dut contrôlet dut facteurt p53t [164].t E2F1t peutt égalementt inhibert let VEGFt ett ainsit lat néovascularisation,t avect l'aidet det SC-35.t Cettet protéinet estt impliquéet danst lest mécanismest d'épissaget alternatift det l'ARNmt ett let gènet SC-35t estt unet cibletdutfacteurtE2F1.tPartl'intermédiairetdetSC-35,tE2F1tfavorisetl'expressiontdestisoformest dut VEGFt antiangiogéniquest aut détrimentt dest isoformest proangiogéniques,t danst unt contextet cellulairetindépendanttdetp53t[165].tE2F1testttdonctuntrégulateurtdutprocessustd'angiogenèse.t

Entrésumé,tE2F1tn'esttpastuntfacteurtindispensabletautdéveloppementtembryonnairet ett àt lat survie,t cet quit estt sûrementt dût aut maintient det l'expressiont dest autrest membrest det lat familletdestE2FstettplustprécisémenttdestactivateurstE2F2tettE2F3.tCependant,tl'absencetdet E2F1tsembletfavorisertlatformationtdettumeurstayanttunetspécificitéttemporelletetttissulairet;t let profilt d'expressiont det gènest ciblest dest E2Fs,t différentt selont l'organet considéré,t peutt expliquertcetphénomène.tL'apparitiontdetcestcancerstesttprobablementtcauséetpartletmanquet d'apoptoset induitet part E2F1,t commet c'estt let cast danst let thymust quit estt alorst let lieut d'unet hyperprolifération[163].t

UnetautretexplicationtesttapportéetpartletfaittquetE2F1tfaittpartietdutcomplexetE2F-Rbt ayantt unet activitét répressive.t L'absencet det E2F1t empêchet lat formationt det cet complexe,t lest gènestciblestdetE2F1-Rbtettplustprécisémenttlestgènestimpliquéstdanstletcycletcellulaire,tnet sontt plust réprimés.t Lat pertet det E2F1t pourraitt ainsit augmentert let nombret det cellulest ent proliférationettfavorisertl'apparitiontettletdéveloppementtdettumeurs,tpartrapporttauxtsourist sauvages.t

t

❖tLatprotéinetpRbtettlestfacteurstE2Fst

LestsouristpRb$^{-/-}$tnetsonttpastviablestettmeurenttautstadetembryonnairetàtmi-gestationt avect unet augmentationt det prolifération,t avect unet plust fortet activitét dest E2Fst librest ett det l'expressiontdetlatcyclinetE,tainsitqu'unethaussetdetl'apoptosetdansttoustlesttissust[166].tLest sourist hétérozygotest pourt let gènet pRbt (pRb$^{+/-}$)t sontt viables,t let croisementt avect lest sourist

E2F1$^{-/-}$ est donc possible. Les souris pRb$^{+/-}$ développent toutes des tumeurs, principalement des tumeurs de la thyroïde. L'invalidation du gène E2F1 dans les souris hétérozygotes pour le gène pRb induit une élimination de la formation des tumeurs, par rapport aux souris pRb$^{+/-}$ [167]. La diminution de l'expression de pRb dérèglerait un nombre important de facteurs de transcription interagissant avec lui, c'est le cas de E2F1. Ainsi, la perte de ce facteur dans ces souris réduit la pénétrance du phénotype tumoral, notamment dans la thyroïde. E2F1 contribue donc au développement de ces tumeurs dans les animaux pRb$^{+/-}$.

Les embryons pRb$^{-/-}$ représentent une augmentation de l'apoptose dans le système nerveux central et périphérique. Cette mort cellulaire programmée est dépendante de p53 et de p19. Elle est principalement activée par la présence de E2F1. Ce phénotype rappelle l'effet de l'expression ectopique de E2F1. La génération des souris pRb$^{-/-}$ et E2F1$^{-/-}$ était importante pour comprendre à quel point cette voie pouvait être modifiée au cours de la formation des tumeurs. Ces embryons survivent plus longtemps, 17 jours pour les embryons pRb$^{-/-}$ et E2F1$^{-/-}$ contre 13,5 jours pour les embryons pRb$^{-/-}$. Ils représentent une diminution du taux d'apoptose dans le développement du système nerveux central, ainsi qu'une baisse du taux de cellules en phase S. Ceci explique le fait que les animaux ont un phénotype tumoral diminué [168].

Ces différents résultats démontrent le rôle ambigu que tient E2F1, à la fois oncogène et gène suppresseur de tumeur, principalement dû à ses capacités à induire l'expression de gènes impliqués dans la prolifération et l'apoptose.

L'étude des souris KO pour le gène E2F3 soutient encore l'hypothèse d'une spécificité d'action entre les E2Fs, même parmi les E2Fs activateurs. Alors que le facteur E2F1 semble prédominant pour le processus d'apoptose, E2F3 semble important pour le processus de prolifération. Ainsi, la perte de E2F3 prolonge la viabilité des embryons pRb$^{-/-}$, en diminuant la prolifération anarchique observée chez ce type de souris [159]. Leur durée moyenne de développement embryonnaire passe de 13,5 jours à 17,5 jours. Les souris pRb$^{-/-}$ développent un phénotype placentaire anormal, causé par une accumulation importante de cellules du trophoblaste. L'absence de E2F3 permet de prévenir et de limiter cette anomalie, qui est en partie à l'origine de la létalité de l'animal. Ceci permet aux embryons de se développer plus longtemps. Le même type de phénomène se passe dans le système nerveux central. Les embryons pRb$^{-/-}$ représentent une augmentation de la prolifération neuronale qui est diminuée par la perte de E2F3 [169].

Quant aux souris E2F2 KO, elles montrent une augmentation du nombre des tumeurs telles que la formation de lymphomes à cellules T, induite par l'oncogène Myc. La réintroduction de E2F2 dans ces tumeurs engendre une apoptose de ces cellules. Mais E2F2 peut agir comme oncogène, en induisant une hyperplasie intestinale induite par des oncogènes viraux. Enfin, son invalidation réduit la prolifération épithéliale [170, 171].

Toutes les pathologies développées dans ces souris KO et transgéniques sont répertoriées dans la revue de Chen, Tsai et Leone [172].

❖ Les facteurs DP

Le gène DP1 a une expression ubiquitaire avec un niveau plus élevé que DP2, ces deux facteurs possèdent une redondance d'activité sur la régulation du cycle en hétérodimère avec les facteurs E2Fs, dans les lignées cellulaires. La souris KO pour le gène DP1, aussi été produite et son phénotype présente une létalité *in utero* au bout de 12,5 jours de gestation, à cause d'un défaut de développement embryonnaire. Ces embryons présentent une taille plus petite et un retard de développement au niveau des tissus embryonnaires et extra-embryonnaires, par rapport aux souris sauvages ou même aux souris hétérozygotes pour le gène DP1. Le niveau d'expression de DP2 reste inchangé entre les souris sauvages et les souris DP1$^{-/-}$, montrant un rôle distinct entre DP1 et DP2 dans le processus de développement embryonnaire. Le défaut du tissu extra-embryonnaire vient d'un manque de prolifération et d'une différenciation trop précoce des trophoblastes [173]. Ces évènements compromettent la croissance et la maturation des embryons DP1$^{-/-}$, car le facteur ne peut plus se complexer aux E2Fs pour induire l'expression des gènes impliqués dans la réplication de l'ADN et le cycle cellulaire, durant le développement embryonnaire.

-Études cliniques chez l'homme

Des études cliniques ont été réalisées pour préciser l'implication des facteurs E2Fs dans la cancérogenèse humaine. Ces analyses révèlent une amplification génomique ou une surexpression des facteurs E2Fs activateurs, dans différents types de tumeurs comme des carcinomes hépatiques, des rétinoblastomes, des liposarcomes, des glioblastomes, des cancers du sein, de l'ovaire, du poumon et du système digestif [174-182].

Des bases de données sur différents types de tumeurs et plus précisément des tumeurs du sein et de l'ovaire, révèlent un profil similaire d'expression de gènes prolifératifs et apoptotiques, ciblés par des E2Fs. Un premier groupe de tumeurs montre une augmentation d'expression des gènes prolifératifs et une diminution des gènes apoptotiques dont l'expression est régulée par E2F1. Un deuxième groupe de tumeurs possède de ce profil inverse. Les patientes avec une tumeur classée dans le premier groupe, montrent un pronostic de survie plus bas avec un taux de rechute plus important que des patientes du deuxième groupe, ayant une plus forte expression des gènes apoptotiques cibles de E2F1 et régulés par la voie de PI3K/Akt [153].

En outre, les délétions génomiques de régions incluant des gènes E2F1, E2F2 ou E2F3 sont détectées dans les cancers pancréatiques, thyroïdiens et les rétinoblastomes [183, 184]. Enfin, des E2Fs répresseurs ne sont que rarement trouvés mutés ou délétés dans les cancers humains.

Une étude, parue au mois de juin 2010, relate une amplification du gène DP1 dans les cancers humains du poumon. Sur une analyse de 147 tumeurs, 2,7% présentent une augmentation de la quantité de DP1 [185]. Le facteur DP1 pourrait avoir des fonctions d'oncogène dans ce type de tumeur. Une autre étude, portant sur une lignée de cancer reuse mammaire agressive, ayant de gène p53 muté, révèle une amplification de la ré région 13q34 qui contient le gène de DP1. Cet article montre également une fréquence de 31% d'amplification de cette région dans une série de 74 carcinomes mammaires. L'augmentation de l'expression du facteur DP1 corrèle avec une baisse du taux de survie pour ce type de cancer [186].

b- Le métabolisme

La voie de régulation cycline/Cdk-pRb-E2F est connue pour son activité dans la progression du cycle cellulaire, elle est également impliquée dans le métabolisme [187]. Le métabolisme des lipides se définit par la synthèse, le transport et la dégradation des lipides ainsi que par le stockage des acides gras dans de tissu adipeux (*Cf. Chapitre I-2)g*).

Les cellules en prolifération présentent de forts taux de glycolyse, de production de lactate et de biosynthèse des lipides [188]. Le rôle de la voie pRb-E2F a été mis en évidence par l'étude des souris pRb$^{-/-}$ conditionnelles, dont le tissu adipeux montre une augmentation du nombre de mitochondries et de l'expression des gènes impliqués dans les fonctions mitochondriales [189]. L'inhibition de l'activité de E2F1 produit également une augmentation de l'expression de gènes impliqués dans la biogenèse et da fonction mitochondriales [190]. De plus, l'élévation de la glycolyse anaérobique, dans les cellules en prolifération, montre une augmentation de l'activité des facteurs E2Fs. Les régulateurs du cycle cellulaire pRb-E2F sont impliqués dans la régulation de l'homéostasie du glucose en inhibant la glycolyse oxydative.

L'invalidation du gène E2F1 dans les souris favorise l'oxydation du glucose dans le muscle [191]. Ces souris montrent aussi une diminution de la taille du pancréas due à un défaut de croissance post-natale de cet organe. E2F1 a un rôle dans la fonction et le nombre des cellules pancréatiques β, en régulant l'expression de gènes responsables de la sécrétion d'insuline induite par la présence de glucose, comme par exemple le gène codant pour la protéine Kir6.2 [192]. Les souris E2F1$^{-/-}$ présentent une diminution du tissu adipeux blanc et elles sont également un défaut de sécrétion d'insuline et deviennent plus sensibles à la présence d'insuline [45]. La voie de régulation cycline/Cdk-pRb-E2F contrôle à la fois la prolifération cellulaire et le métabolisme, avec un rôle essentiel pour E2F1 à l'intersection de ces deux voies.

Regardons plus précisément l'implication de ce facteur dans le processus de différenciation adipocytaire. La surexpression de E2F1 favorise l'adipogenèse et régule l'expression de PPARγ. L'expression de ce récepteur nucléaire est nécessaire au contrôle de la différenciation terminale des adipocytes, son expression est induite au début de ce processus par le facteur E2F1 et réprimée en phase terminale par E2F4 [193]. La différenciation adipocytaire se passe en trois étapes principales pour le modèle cellulaire utilisé (MEF) : une étape d'expansion clonale jusqu'à confluence, puis une étape de différenciation primaire et enfin une phase terminale de différenciation. C'est durant cette première phase d'expansion clonale que les facteurs E2Fs et plus précisément E2F1 et E2F3 activent l'expression de gènes cibles dont la cycline A, E2F1 lui-même et PPARγ dont la protéine s'accumulera jusqu'en phase terminale de ce processus, permettant à son tour l'expression des gènes nécessaires dont aP2 *(acid binding Protein)* et LPL *(Lipoprotein Lipase)*. L'implication de E2F1 dans cette différenciation est confirmée par l'étude des MEFs issues des souris E2F1$^{-/-}$, qui présentent une diminution des capacités des cellules à se différencier en adipocytes après stimulation de la différenciation.

Dans un contexte *in vivo*, malgré une alimentation riche en graisse pendant 8 semaines, qui induit normalement une prise de poids chez les souris E2F1$^{+/+}$, des souris E2F1$^{-/-}$ présentent une résistance à l'obésité. Cette différence de masse graisseuse est due à un problème d'homéostasie du tissu adipeux en absence de E2F1 qui dérégule l'expression de PPARγ [193].

c-Rôles dans le système nerveux central

La protéine pRb a montré, grâce à l'étude des souris KO, son importance dans le système nerveux central (SNC) (Cf. paragraphe II-3) a.). L'absence de pRb provoque une apoptose des cellules neuronales, qui est compensée par la perte du gène E2F1 [168]. Une autre étude a révélé l'importance de ces facteurs dans le développement du SNC. Les E2Fs sont exprimés au cours du développement embryonnaire du SNC [194]. E2F1, E2F2 et E2F5 sont hautement exprimés dans les régions prolifératives riches en progéniteurs. Puis E2F1 est réprimé lorsque les cellules commencent à se différencier, ceci concerne principalement les neurones et des cellules gliales dans le développement du SNC.

Les souris E2F1$^{-/-}$ ne présentent pas de défauts anatomiques du cerveau, mais montrent une diminution de la prolifération des progéniteurs du SNC, ainsi qu'une baisse de la neurogenèse adulte, notamment dans le bulbe olfactif [195, 196]. Les souris E2F3$^{-/-}$ présentent une diminution de la prolifération des progéniteurs des neurones adultes [197].

Chaque E2F a donc un rôle spécifique dans le SNC qui est fonction du stade de développement et des cellules considérées.

Le système nerveux central peut développer de nombreuses pathologies. Le répresseur pRb hyperphosphorylé et une distribution anormale de E2F1 ont été détectés dans des cerveaux de personnes atteintes de la maladie d'Alzheimer [198], ainsi que dans la maladie de Parkinson [199]. D'une part, une forme anormalement active de E2F1 engendre d'expression de gènes comme la cycline E, A et Bc[200, 201], et d'autre part la surexpression de E2F1 produit une apoptose massive et anormale des cellules du SNC [202]. Le facteur E2F1 intervient donc à l'interface entre la prolifération et la différenciation que ce soit dans l'embryon et dans l'organisme adulte.

En résumé, les facteurs E2Fs possèdent différents rôles physiologiques principalement par l'intermédiaire de la régulation de l'expression de leurs gènes cibles. Ils influencent la prolifération de cellules normales dans les différents tissus mais favorisent également la transformation en cellules tumorales. Ils centrent aussi dans la prise de décision entre la prolifération et la différenciation cellulaire que ce soit au stade embryonnaire ou adulte.

III) LES RECEPTEURS NUCLEAIRES ET LE COFACTEUR RIP140

III-1) Les récepteurs nucléaires et leurs cofacteurs

a- Les récepteurs nucléaires

Les récepteurs nucléaires (*NR* pour *Nuclear Receptor*) représentent une superfamille de facteurs de transcription ligand-dépendants. Ils permettent la régulation de nombreuses fonctions physiologiques telles que l'homéostasie, la reproduction, le développement ou encore le métabolisme. Cette famille inclut les récepteurs pour les hormones stéroïdiennes (œstrogènes, progestatifs, androgènes, glucocorticoïdes et les minéralocorticoïdes), ainsi que les hormones thyroïdiennes, les rétinoïdes ou la vitamine D. Elle comprend également des récepteurs orphelins dont le ligand naturel reste encore inconnu [203-205].

Les récepteurs nucléaires agissent comme facteurs de transcription ligand-inductibles en interagissant directement, sous forme de monomères, d'homodimères ou d'hétérodimères, avec leurs éléments de réponse de l'ADN. Ils peuvent aussi interagir avec d'autres voies de régulation, par l'intermédiaire de familles de facteurs de transcription comme les protéines Sp1, AP-1 ou NF-κB pour se lier à l'ADN [206].

Les récepteurs nucléaires possèdent plusieurs domaines fonctionnels, dont un domaine de liaison à l'ADN (DBD), un domaine de liaison au ligand (LBD pour *Ligand Binding Domain*), positionné en C-terminal de la molécule, et un domaine d'activation de la transcription AF-1 (*Activation Function-1*), situé dans la partie N-terminale. Ce dernier a une activité indépendante de la liaison du ligand. Pour la plupart des NR, le domaine LBD possède un domaine d'activation de la transcription AF-2 qui permet le recrutement de cofacteurs, en présence de ligand [207].

Ainsi, les récepteurs nucléaires, en absence d'hormone, sont des protéines cytoplasmiques inactives, c'est le cas du récepteur aux androgènes. Ils sont généralement complexés à des protéines chaperonnes. Quand le ligand pénètre dans la cellule, il se lie dans le cytoplasme à son récepteur, qui se détache des protéines chaperonnes. Cette liaison engendre un changement de conformation du récepteur, ce qui induit une activation de son domaine AF-2, sa dimérisation et sa translocation vers le noyau, toujours en présence du ligand. Grâce à ses domaines de transactivation AF-1 et AF-2, il pourra réguler la transcription de ses gènes cibles, en se fixant directement, *via* son DBD, sur ses éléments de réponse (*HRE* : *Hormone Response Element*) présents dans les séquences régulatrices des gènes cibles (Cf. Figure 22). Il pourra également activer l'expression des gènes cibles, indirectement *via* d'autres facteurs de transcription liés sur des séquences promotrices [208].

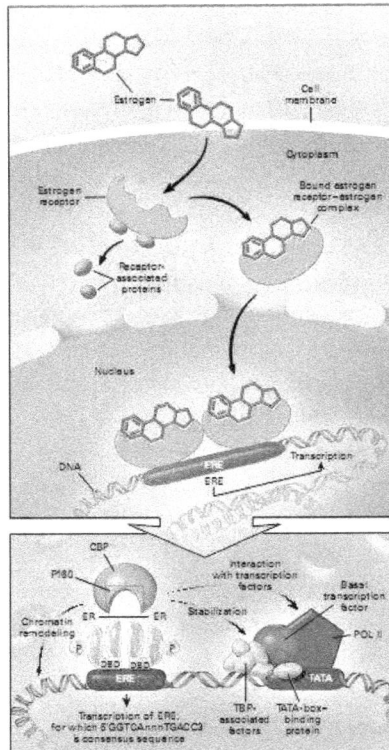

D'après Gruber et al. 2002

Figure 22 : Mode d'action des récepteurs nucléaires des œstrogènes

L'hormone E2 (Œstrogène) pénètre dans le cytoplasme de la cellule où elle se lie à son récepteur (ER), induisant la dissociation des protéines associées au récepteur. Le récepteur est transloqué dans le noyau. Après liaison sur les éléments de réponse (ERE), le récepteur recrute des complexes activateurs tels que CBP (*CREB Binding Protein*), ainsi que la machinerie transcriptionnelle avec TBP (*TATA Binding Protein*), des facteurs de transcription basaux ou encore la RNA polymérase. L'expression des gènes cibles est alors activée.

L

L'activationIdeIl'expressionIgéniqueIimpliqueIdesImécanismesIdeIremodelageIdeIlaL chromatine,IpermettantIleIrecrutementIdeIlaImachinerieItranscriptionnelle,IdontIlesIprotéinesL TBP,IlaIRNAIpolyméraseIIIetIlesIfacteursITFIII*(generalITranscriptionIFactor)*.IInversement,L l'expressionIgéniqueIpeutIsubirIdesIrépressions,InotammentIparIcompactionIdeIlaIchromatineL auLniveauLdesLséquencesLrégulatrices.LLesLcomplexesLdeLremodelageLdeLlaLchromatineL présententL deuxL typesL deL fonctionnement.L CertainsL complexesL utilisentL l'énergieL deL l'hydrolyseLdeLl'ATPLpourLdissocierLlocalementLlesLnucléosomesLdeLl'ADNI;Ld'autresL comportentIdesIenzymesIquiIcatalysentIlesImodificationsIpost-traductionnellesIdesIhistones,L parmiLelles,LdesLacétylations,LdesLméthylationsLetLdesLphosphorylationsLL[209,L210].LCesL modificationsLchangentLleLpositionnementL desLnucléosomesLavecLl'ADN,LfavorisantLouL empêchantIlaIfixationIdeIlaImachinerieItranscriptionnelle.IL

L IlIexisteIuneIrelationIdirecteIentreIlaImodificationIdeIcertainsIrésidusIdeIl'extrémitéIdesL histonesIetIl'étatItranscriptionnelIdeIlaIchromatine,Ic'estIceIquiIdéfinitIleIcodeIdesIhistonesIL [211].IIlIs'agitIdeImodificationsIcovalentesIdesIhistonesIquiIagissentIsoientIsurIlaIcompactionL deIlaIchromatineIsoientIsurIleIrecrutementIdeIprotéinesIcapablesIdeImodifierIlaIstructureIdeIlaL chromatine.ICelles-ciIjouentIleIrôleId'empreintesIépigénétiquesIquiIfavorisentIleIrecrutementL deLdifférentsItypesLdeIprotéinesImodulantIl'expressionIgénique.ICeIcodeLestIspécifiqueIduL gèneIetIdesIcellulesIconsidérés.L

L

L

<u>b-ILesIcorégulateursItranscriptionnelsL</u>
L
LaLfonctionLdesLrécepteurs,LcommeLfacteursLdeLtranscription,LestLinfluencéeLparL l'associationIdeIcofacteursIactivateursIouIrépresseurs,IauIniveauIdesIséquencesIrégulatricesL desIgènesIciblesI[212].IL

L

LesLcoactivateursLsontLdesIprotéinesLrégulantIl'activitéLdesLrécepteursInucléairesLenL faveurLdeLl'activationLdeLl'expressionLdesLgénesLcibles.LLaLplupartLdeLcesLcoactivateursL possèdentIuneIactivitéIenzymatique,IimpactantIleIremodelageIdeIlaIchromatine.IL

LaLfamilleLdesLp160LcomprendLdeLnombreuxLmembresLdontLlesLprotéinesLSRC-1L *(SteroidIReceptorICoactivator-1)*,ISRC-2I(GRIP-1IpourIGlucocorticoidIReceptorIInteractingL *Protein-1*)IetIIISRC-3I(ACTRIpourIActivatorIIofItheIIThyroidIIandIIRAIIReceptorIouIAIB1L pourIAmplifiedIIInIIBreastIIcancerIII*)*,IfavorisentIl'activationIdeIlaItranscription,IenIseIliantIauL domaine AF-2 des NR [213, 214]. Leur capacité stimulatrice est conférée par leur activité d'histone acétyl-transférase [215]. Ils permettent également de recrutement d'une autre classe de coactivateurs, considérés comme des cointégrateurs. Parmi eux, le complexe p300/CBP *(CREB Binding Protein)* sert de lien entre les récepteurs nucléaires et la machinerie transcriptionnelle. Il permet l'acétylation des histones, favorisant l'activation de la transcription [216]. Ce complexe permet de recrutement d'autres partenaires comme l'histone acétyl-transférase/CAF *(p300/CBP Associated Factor)*, des facteurs de transcription c-jun ou Myb [217].

D'autres coactivateurs ont une activité de méthyl-transférase comme CARM1 *(Coactivator-Associated Arginine Methyltransferase 1)*. Cette enzyme PRMT (Protein Arginine Methyltransferase) est recrutée par SRC-2 et méthyle l'histone H3 ainsi que p300/CBP [218, 219].

p300/CBP permet également le recrutement du complexe SWI/SNF qui est un cofacteur ATP-dépendant, impliqué dans le remodelage de la chromatine [220]. Il régule la transcription génique mais également la réplication, la réparation de l'ADN et la recombinaison [221].

Le complexe coactivateur TRAP/DRIP *(Thyroid hormone Receptor Associated Protein/VDR Interacting Proteins)* est recruté de récepteur des hormones thyroïdiennes pour TRAP et de la vitamine D3 pour DRIP et permet le recrutement de la machinerie transcriptionnelle [222, 223].

Un autre coactivateur est PGC1α *(PPARγ Coactivator-1)* qui joue un rôle important dans la régulation de l'homéostasie par l'intermédiaire du récepteur PPARγ *(Peroxisome Proliferator-Activated Receptor)* [224]. D'autres coactivateurs ont pu être mis en évidence, comme E6-AP *(ubiquitin ligase)*, ARA70, NCoA62 *(Nuclear receptor Coactivator 62)* ou NRIF3 qui interagissent avec le domaine AF-2 des NR [225]. Enfin, d'autres corégulateurs ont la capacité de se lier au domaine AF-1 des NR, comme p68 et peuvent intervenir au niveau de la stabilité et du transport nucléaire des récepteurs.

Pour réguler l'activité transcriptionnelle les récepteurs nucléaires, il existe en parallèle les corépresseurs. Un premier groupe présente une activité inhibitrice sur les récepteurs en absence de ligand, comme SMRT *(Silencing Mediator of Retinoid and Thyroid hormone receptor)* ou NCoR *(Nuclear CoRepressor)*. Ils permettent de recrutement de répresseurs els que les HDACs (*Histone Deacetylases*) et mSIN3 (*mammalian Switch-Independant Protein 3B*) [226]. La présence du ligand engendre la dissociation du complexe et une activation du récepteur.

Cette forme active des NRs peut également subir des régulations négatives par d'autres corépresseurs, que l'on peut considérer comme anti-coactivateurs, parmi eux RIP140, LCoR ou SHP [227]. En effet, ces corégulateurs ne sont recrutés qu'en présence de ligand et entrent en compétition avec les coactivateurs pour se lier au domaine AF-2 des récepteurs nucléaires. Ils recrutent ensuite des complexes répresseurs, avec par exemple des HDACs qui provoque la désacétylation des histones H4, H3, H2A et H2B et favorisent ainsi la condensation de la chromatine et l'inaccessibilité de la machinerie transcriptionnelle au promoteur du gène régulé [228, 229].

La fixation des coactivateurs et des corépresseurs sur les récepteurs nucléaires réorganise donc la structure de la chromatine et provoque le recrutement puis d'action d'autres facteurs de transcription. Ces différentes régulations dépendent, bien entendu, du type de NR, du ligand et des cofacteurs considérés mais également des gènes cibles, du contexte cellulaire et tissulaire considérés [230] (Cf. Figure 23). Il existe une compétition entre les coactivateurs et les corépresseurs pour interagir avec les récepteurs nucléaires [231] Ceci renforce l'existence d'un équilibre entre les corépresseurs et des coactivateurs pour réguler l'expression des gènes cibles.

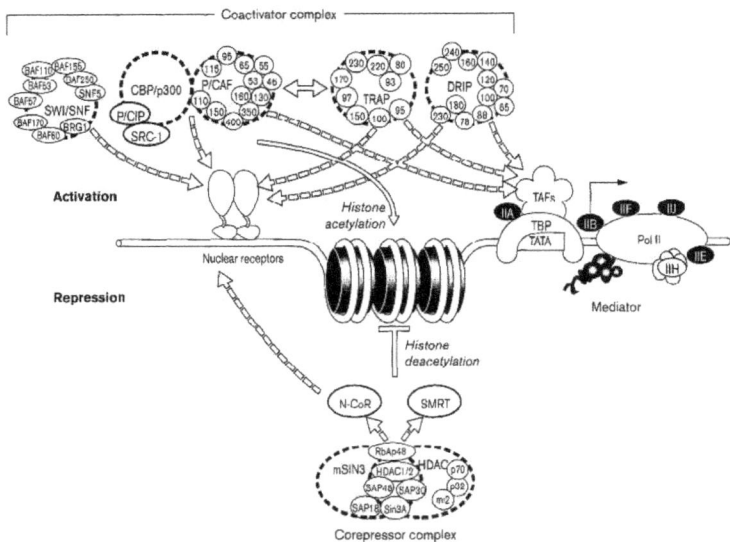

D'après Xu et al. 1999

Figure 23 : Les différents complexes régulateurs des récepteurs nucléaires

Les récepteurs nucléaires recrutent de nombreux coactivateurs et corépresseurs pour réguler leur activité. Ainsi des complexes SWI/SNF (Switching defective/Sucrose Nonfermenting), p300/CBP (CREB Binding Protein) et p/CAF (p300/CBP Associated Factor) agissent sur la décondensation et l'accessibilité de la chromatine. Les complexes TRAP (Thyroid hormone Receptor Associated Protein) et DRIP (vitamin D3 Receptor Interacting proteins) favorisent le recrutement et la fixation de la machinerie transcriptionnelle avec TBP (TATA Binding Protein), TAF (TBP Associated Factor) et la RNA polymérase II (Pol II). A l'opposé des complexes N-CoR (Nuclear Receptor Corepressor), SMRT (Silencing Mediator of Retinoid and Thyroid hormone Receptor), mSIN3 (mammalian Switch-Independent protein 3) et des HDACs (Histone Deacetylases) favorisent la compaction de la chromatine par désacétylation et l'inhibition de l'activité des récepteurs nucléaires.

c- Les récepteurs nucléaires et les facteurs E2Fs

Nous avons vu que des facteurs E2Fs étaient d'importants facteurs de transcription, impliqués dans la prolifération comme dans d'autres processus biologiques. Ils interagissent, d'une part, avec des cofacteurs répresseurs ou activateurs qui régulent cette activité transcriptionnelle et d'autre part avec divers facteurs de transcription. C'est notamment le cas de NF-Y, du complexe AP-1 ou encore Sp1. Nous venons de voir que les récepteurs nucléaires étaient une autre grande famille de régulateur de l'expression génique. Ces deux voies de régulations transcriptionnelles présentent beaucoup de points communs.

Les récepteurs nucléaires (NR), tout comme des E2Fs, peuvent se lier directement sur les promoteurs ou via d'autres facteurs comme Sp1. Le gène E2F1 est lui-même un gène régulé par un des récepteurs nucléaires, le récepteur des œstrogènes α (ERα) en présence de l'hormone [232]. En effet, la présence du récepteur ERα activé augmente la liaison de Sp1 sur les régions riches en GC du promoteur de Sp1 favorise ensuite la liaison du facteur NF-Y sur les sites CCAAT de la région proximale pour transactiver efficacement le gène E2F1 [233, 234]. Notons que ce gène possède de également des sites de liaison aux facteurs E2Fs. Ainsi, de nombreux gènes dont un promoteur ayant à la fois des sites de liaison pour les récepteurs nucléaires et pour des E2Fs, qui pourraient agir de manière synergique ou concurrentielle.

Ces deux familles de facteurs de transcription régulent l'expression de gènes ciblés impliqués principalement dans les processus de prolifération et de différenciation cellulaire. Stender et collaborateurs ont cherché à évaluer les influences de l'activité d'une voie sur l'autre, dans les lignées cellulaires du cancer du sein possédant le récepteur des œstrogènes [235]. Il semble que des facteurs E2Fs soient impliqués dans la voie de régulation par ER pour les gènes impliqués dans le cycle cellulaire. En effet, il a été démontré que ces deux facteurs sont capables de réguler l'expression de gènes de ls que Mcm, Cdc6 et Cdc25a pour la division cellulaire, PCNA, RFC4 (*Replication Factor C subunit 4*) pour la réplication de l'ADN ou PRC1 (*Protein Regulator of Cytokinesis 1*) pour la cytokinèse. Les promoteurs de ces gènes possèdent soit un site de liaison seulement aux E2Fs, suggérant que ces gènes sont des ciblés directes des E2Fs et des ciblés secondaires de l'ER relayées par E2F1, soit des sites potentiels de liaison aux E2Fs et à l'ER. Dans la lignée tumorale mammaire MCF-7, la présence de E_2 augmente de niveau d'ARNm et de protéine E2F1. L'article de Bourdeau et collaborateurs de 2008 montre que la régulation de E2F1 par des œstrogènes est important pour l'expression de gènes associés au cycle cellulaire. Les E2Fs sont donc des médiateurs majeurs pour le contrôle de la signalisation œstrogénique dans ces cellules [236].

Les récepteurs nucléaires et des E2Fs partagent également de nombreux partenaires de ls que les coactivateurs ACTR/AIB1, PGC1, CBP/p300, p/CAF ou encore les facteurs comme AP-1 et NF-κB [91, 95, 119, 213, 231, 237, 238]. Ils ont de également en commun de le recrutement possible de de corépresseurs, comme les HDACs, des Dnmt1 ou des HMT qui permettent un remodelage de efficace de de la chromatine de [65, 80, 83-85, 87, 239]. D'autres régulateursr peuventr avoirr uner activitér opposéer surr cesr deuxr facteurs,r ainsir ler complexer SWI/SNFr agitr commer coactivateurr desr récepteursr nucléairesr etr commer corépresseurr desr facteursrE2Fs,rpourrrégulerrl'expressionrgéniquer[230,r240].r

r

Autrerexemple,rACTRr(SRC-3)restrtoutrd'abordridentifiércommercoactivateurrassociér aur récepteurr nucléairer activé.r Cer facteurr former unr complexer activateurr avecr p/CAF,r CBP/p300r maisr égalementr CARM1r [213].r Dansr lesr lignéesr cancéreusesr mammairesr humaines,r enr présencer der ligand,r ACTRr ser lier àr ERαr pourr ser fixerr surr lesr séquencesr promotricesrdurgènercyclinerD1.rCesrliaisonsrontrpourreffetrderrecruterrd'autresrcoactivateursr transcriptionnelsr der ERαr etr favoriserr l'expressionr etr l'accumulationr der lar cycliner D1.r Lar cyclinercomplexéeràrsarkinaserpeutrensuiterphosphorylerrpRbretrlibérerrlesrE2Fsrquiractiventr l'expressionrdesrgènesrciblesrimpliquésrdansrlarprolifération.rCerprocessusrexpliquercomment,r parrunermêmervoierderrégulation,rlesrfacteursrERretrE2Fsrfavorisentrlarprogressionrderlarphaser G1rdurcyclercellulairer[237,r241].r

Lesractivitésrdercesrdeuxrfacteursrs'entrecroisentràrunrautrerniveau.r ACTR,renrplusr d'êtrer ler coactivateurr durrécepteurr desr œstrogènes,restr celuir desr E2Fsretr plusr précisémentr celuir der E2F1.r L'augmentationr der ACTRr peutr promouvoirr lar croissancer desr cellulesr résistantesr auxr anti-œstrogènes,r doncr der façonr indépendanter der larprésencer der l'hormone.r Dansr cer contexte,r ACTRr favoriserl'expressionr desr gènesr ciblesr der lar voier desr E2Fs,r parr transactivationrderl'expressionrdesrgènesrdesrcyclinesrE,rAretrB,rCdk2,rCdc6,rCdc25a,rDHFRr etrmêmerE2F1,rE2F3.rACTRrlierE2F1rparrsonrdomainerN-terminal,renrabsencerd'E₂,rpourr transactiverrl'expressionr desr gènesr ciblesr der E2F1r impliquésr dansr lar progressionr dur cycler cellulairer[91].rr

Unrtroisièmemniveaurd'interdépendancerdercesrdeuxrvoiesrconcernerl'enzymerCARM1.r LarprésencerderERαrsurrlerpromoteurrdurgènerE2F1rpermetrlerrecrutementrderACTRretrder CARM1,r enr présencer d'hormone.r CARM1r diméthyler alorsr l'argininer 17r der l'histoner 3.r ACTRr permetr ler recrutementr spécifiquer der CARM1r surr lesr promoteursr cibles.r Cetter modificationrpermetrl'activationrderl'expressionrderE2F1r[242].rACTRretrCARM1rpeuventr égalementragirrsurrl'expressionrdergènesrciblesrderE2F1,rcommerlarcyclinerE1.rLarprésencer derACTRretrdesrfacteursrE2Fsractivateursrsurrlesrséquencesrpromotricesrdercergène,rpermetrler recrutementrderCARM1,rpourrtransactiverrlerpromoteurrderlarcyclinerE1r[243]r(Cf.rFigurer 24).r

La figure ci-dessous illustre l'implication de E2F1 et de ERα dans le mécanisme de régulation transcriptionnelle au travers de l'exemple du cofacteur ACTR, dans un contexte de cellules tumorales mammaires.

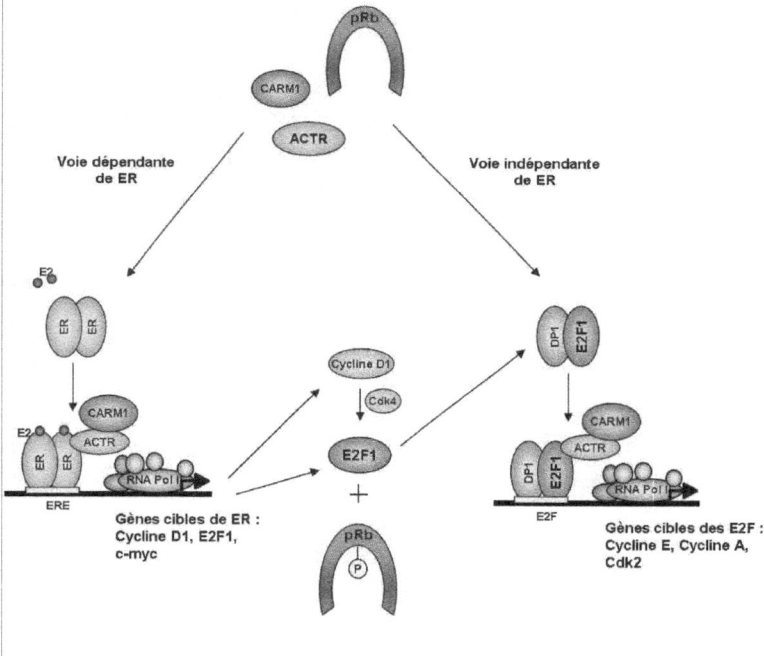

Figure 24 : Influence de ACTR sur les voies de prolifération impliquant E2F et ER

Les voies de régulation transcriptionnelle du récepteur aux œstrogènes (ER) et des facteurs E2Fs partagent plusieurs corégulateurs comme les coactivateurs CARM1 (*Coactivator-Associated Arginine Methyltransferase1*) et ACTR (*Activator of the Thyroid and RA receptor*), ainsi que le corépresseur pRb (*protein of Retinoblastoma*). Ces cofacteurs participent à la régulation de l'expression de gènes cibles de ER en présence d'hormone (E2) et de E2F. Une autre interconnection entre ces deux régulations fait intervenir la voie des cyclines-Cdk. La cycline D1 est un gène cible de ER ; après l'expression cette cycline ira ensuite phosphoryler pRb et activer E2F1. Le gène E2F1 est lui-même une cible de ER, ce récepteur impacte donc de manière importante la voie des facteurs E2Fs.

La voie des facteurs E2Fs prend le relai de la voie œstrogénique, qui peut être inhibée en présence d'anti-œstrogènes, comme le tamoxifène. Une étude révèle que l'expression ectopique de la cycline E, capable de phosphoryler pRb et activer les E2Fs, engendre une résistance à l'effet antiprolifératif du tamoxifène, dans les MCF-7. Les cellules prolifèrent donc indépendamment de la présence d'anti-œstrogènes, grâce à une activation anormale de la voie pRb-E2F [244].

En résumé, les facteurs E2Fs et les récepteurs nucléaires partagent divers corégulateurs, des gènes cibles mais aussi un même type d'action pour réguler l'activité transcriptionnelle de gènes impliqués, dans les processus de prolifération des cellules saines comme des cellules cancéreuses.

III-2) RIP140 : caractéristiques

a- Mise en évidence

La protéine RIP140 (*Receptor Interacting Protein of 140kDa*) a été mise en évidence, il y a une quinzaine d'années et son ADNc isolé et identifié à partir du criblage d'une banque d'expression d'ADNc dérivée de cellules humaines de cancer du sein [243, 245, 246]. Deux approches différentes, des expériences de *GST-Pull Down* et de *far-Western blotting*, ont permis de révéler sa capacité de se lier directement au domaine de liaison de l'hormone de l'ERα en présence de l'hormone E$_2$. Il s'agit d'un des premiers cofacteurs mis en évidence comme régulateur de l'activité des récepteurs nucléaires. La séquence génomique de RIP140 a ensuite été identifiée chez la souris, le rat, le chien, le poulet, le xénope, le poisson zèbre, par alignement de séquences [247]. Le gène RIP140, officiellement dénommé NRIP1 *(Nuclear Receptor Interacting Protein1)*, se situe sur le chromosome 21 en q11.2, région pauvre en gènes.

b- Structure et domaines (Cf. figure 25)

RIP140 est une protéine nucléaire qui possède 1158 acides aminés chez l'humain. La séquence murine présente une forte analogie avec la forme humaine (83% d'identité). RIP140 contient quatre domaines de répression (RD) qui agissent comme sites de liaison pour différents complexes répresseurs. Il possède également deux signaux de localisation nucléaire (NLS), en position 97 et 856, ainsi que neuf sites de liaison aux récepteurs nucléaires, correspondant au motif LxxLL (L pour une leucine, x pour un aminoacide), répartis tout le long de la protéine. Chacun de ces sites est capable de lier ERα et les autres récepteurs nucléaires. Cette séquence suffit à la liaison au domaine LBD du récepteur, en présence du ligand [248]. Un dixième motif présentant la séquence LYYML a été identifiée en C-terminale et semble lier spécifiquement le récepteur de l'acide rétinoïque et le récepteur LXRβ (*Liver X Receptor β*) [249, 250].

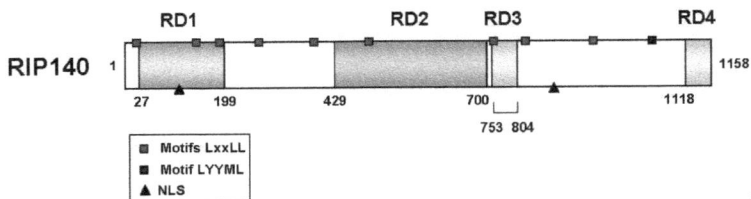

RIP140

RD1 RD2 RD3 RD4

1   27   199   429   700   753 804   1118   1158

■ Motifs LxxLL
■ Motif LYYML
▲ NLS

D'après Augereau et al. 2006b

Figure 25 : Domaines Répresseurs et motifs de RIP140

La protéine RIP140 (Receptor Interacting protein of 140kDa) contient 1 158 acides aminés. Elle possède quatre domaines de répression (RD) et présente neuf motifs LxxLL disposés tout le long de la séquence protéique, ainsi qu'un dernier motif de liaison aux récepteurs nucléaires LYYML. Deux signaux de localisation nucléaire (NLS) sont présents dans la protéine. Les coordonnées des domaines sont affichées en numéro d'acides aminés.

Des analyses en double hybride ont révélé que ces motifs de liaison avaient des affinités différentes selon le récepteur nucléaire considéré. Par exemple, le site LxxLL n°6 (acides aminés 500 à 504) lie avec une plus grande spécificité les récepteurs GR, ERα et RARα [251]. De son côté, TRβ se fixe préférentiellement sur les sites n°3, 5 et 8 de RIP140 [252].

<u>c- Mode d'action</u>

La fonction la plus connue de RIP140 est le contrôle qu'il exerce sur l'activité des récepteurs nucléaires (NR) et plus particulièrement sur le récepteur des œstrogènes, en présence d'hormone. Il est considéré comme un inhibiteur de l'activité transcriptionnelle des NR et donc comme un corépresseur de la transcription [228]. Les sites LxxLL de RIP140, peuvent interagir avec le domaine de transactivation AF-2 de nombreux récepteurs nucléaires, tels que TR, GR, AR, PPAR, ERR (Cf. liste Table 2).

A

Abréviation	Nom du récepteur (en anglais)	Référence
ER	Estrogen Receptors	Cavailles et al. 1994
RAR	Retinoic Acid Receptor	L'horset et al. 1996
RXR	Retinoid X Receptor	L'horset et al. 1996
TR	Thyroid hormone Receptor	L'horset et al. 1996
VDR	Vitamin D receptor	Masuyama et al. 1997
TR2	Testis Orphan Receptor 2	Lee et al. 1998
TAK1/TR4	Testis Orphan Receptor 4	Yan et al. 1998
GR	Glucocorticoid Receptor	Subramaniam et al. 1999
PXR	Pregnane X Receptor	Masuyama et al. 2001
SF-1	Steroidogenic Factor A	Sugawara et al. 2001
DAX-1	DSS-AHC critical region on the chromosome, gene A	Sugawara et al. 2001
PPAR	Peroxisome Proliferator-Activated Receptors	Lim et al. 2004
LXR	Liver X Receptor	Albers et al. 2005
AR	Androgen Receptor	Carascossa et al. 2006
ERR	Estrogen-receptor-Related Receptors	Castet et al. 2006
MR	Mineralocorticoid Receptor	Fischer et al. 2010

D'après Augereau et al. 2006

Table 2 : Liste des récepteurs nucléaires liant RIP140

Ce tableau représente la liste des récepteurs nucléaires pouvant interagir avec RIP140.

Une fois fixé au NR, en présence d'hormone, RIP140 va recruter les complexes répresseurs, tels que les HDACs et les protéines CtBPs (*C-terminal Binding Proteins*), par l'intermédiaire de ses domaines de répression RD1 et RD2, respectivement [253, 254]. Les deux autres domaines de répression RD3 et RD4 possèdent une forte activité répressive, mais indépendante de HDAC ou CtBP. Ils semblent recruter des répresseurs tels que des ADN méthyl-transférase (Dnmt), ces domaines restent encore à l'étude [255]. RIP140 a également la capacité de lier directement des enzymes Dnmt par deux régions distinctes incluses dans le domaine RD1 pour l'un et dans les domaines associés RD3 et RD4 pour l'autre (Cf. Figure 25). La liaison de CtBP à RIP140 peut, d'une part, favoriser la mobilisation des HDACs et d'autre part, recruter des répresseurs importants comme des protéines du complexe Polycomb, les protéines du rétinoblastome pRb et p130 ou encore les histones méthyl-transférases (HMTs) [79, 255]. RIP140 a donc la capacité de recruter à la fois, les HDACs, les Dnmts ainsi que les HMTs via CtBP sur les séquences régulatrices des gènes cibles des récepteurs nucléaires comme pour le gène Ucp1 (*mithochondrial Uncoupling Protein-1*) pour in hiber son expression [255]. Par ce système, RIP140 réprime activement l'activité transcriptionnelle des récepteurs nucléaires, uniquement en présence de ligand.

RIP140 peut, dans certains cas, avoir un effet positif sur l'expression génique. En effet, des expériences de transfection transitoire ont montré, en présence d'une faible surexpression de RIP140, une augmentation de l'activité de ERα ou ERRα et ERRγ, impliquant les sites de liaison aux facteurs Sp1 [256, 257]. Ceci peut être le dû à un effet indirect de la surexpression de RIP140 en titrant, hors du promoteur de ces gènes cibles, des répresseurs de l'activité transcriptionnelle de Sp1. La surexpression de RIP140 peut également relever la répression qu'exercent des récepteurs nucléaires sur certains gènes cibles. Par exemple, RIP140 diminue l'effet négatif des œstrogènes sur le promoteur TNFα [238].

De manière générale, RIP140 exerce des régulations négatives sur les différents récepteurs nucléaires activés, en se liant à à leur domaine AF-2. Il entre donc en compétition avec les coactivateurs et recrute des complexes répresseurs pour inhiber l'activité transcriptionnelle.

RIP140 peut interagir avec d'autres facteurs de transcription, tels que c-jun ou AhR. La protéine c-jun se fixe sur les sites AP-1 de ses gènes cibles. La forme active permet le recrutement de coactivateurs tels que GRIP1 et CBP/p300. RIP140 peut également se fixer et empêcher la liaison des coactivateurs; la formation d'un complexe ternaire avec ERα est cependant nécessaire pour que RIP140 puisse exercer son activité répressive [258].

RIP140 peut également interagir avec AhR, même en absence de ligand exogène et indépendamment de ses sites LxxLL (sites des résidus 154 et 350 de RIP140), révélant un model de recrutement différent. Cependant, la liaison entre RIP140 et AhR reste significativement plus faible que celle entre RIP140 et ERα [259].

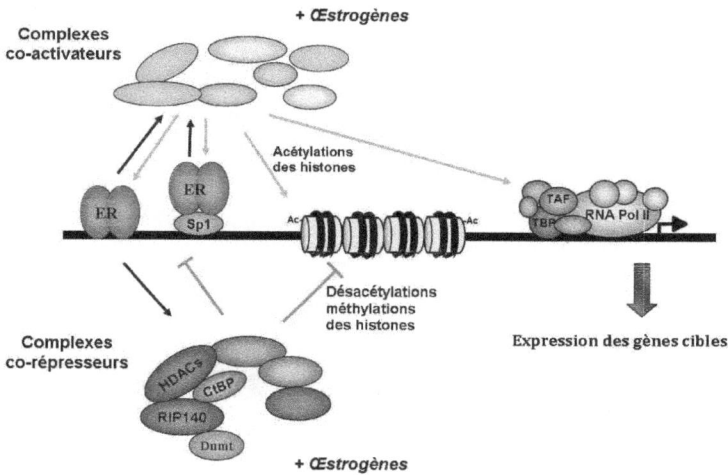

F

Figure 26 : Modèle d'action du récepteur des œstrogènes et des cofacteurs

Les récepteurs des œstrogènes (ER) se lient directement ou via d'autres facteurs de transcription, tels que Sp1, sur les séquences promotrices des gènes cibles. Pour réguler leur activité, en présence d'hormone (œstrogènes), il existe des complexes co-activateurs et des complexes corépresseurs, parmi eux RIP140 qui en recrutant des répresseurs tels que CtBP (*C-terminal Binding protein*), HDACs (*Histone Deacetylases*) et Dnmt (*DNA methyltransferase*), favorise la compaction de la chromatine et l'inhibition de l'expression génique.

d- Régulations de RIP140

- Régulations Transcriptionnelles

La plupart des corégulateurs transcriptionnels ont une expression ubiquitaire, c'est le cas pour RIP140. Il est retrouvé exprimé dans un grand nombre de cellules humaines et de mammifères, même si son niveau d'expression est plus élevé dans les organes ciblés par les hormones stéroïdiennes, par exemple la glande mammaire ou les organes reproducteurs [228, 246, 260].

L'expression de RIP140 est régulée par les récepteurs nucléaires eux-mêmes. Il a ainsi été montré que la présence de E_2 augmentait le niveau d'ARNm de RIP140, non pas par stabilisation mais par néo-synthèse de cet ARNm [261]. Il existe donc une boucle de régulation négative entre le corépresseur et ces NR. RIP140 est un gène précocement induit par la présence d'œstrogène, car il est requis pour la régulation de l'expression des gènes cibles tardifs (Cf. Figure 27).

Le récepteur des rétinoïdes active également l'expression de RIP140, en présence de ligand et le traitement par les androgènes augmente l'expression de l'ARNm RIP140 dans une lignée de cancer de la prostate [262, 263].

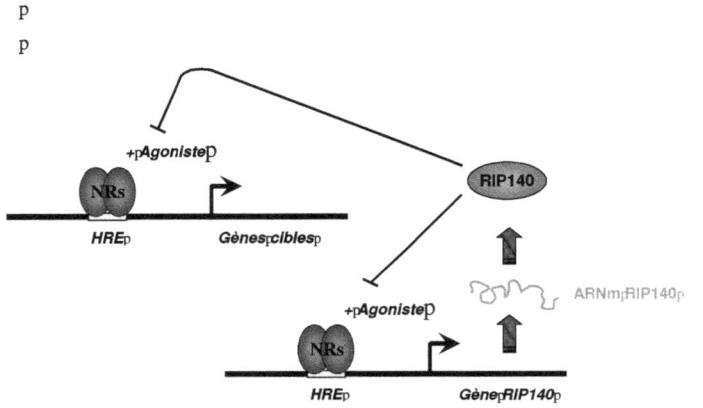

D'après Augereau et al. 2006

Figure 27 : Boucle de régulation entre RIP140 et les récepteurs nucléaires

Le cofacteur RIP140 exerce une boucle de régulation négative avec les récepteurs nucléaires (NR). En présence d'agoniste, RIP140 est à la fois un gène cible des NRs et un corépresseur de leur activité.

La région promotrice du gène est composée d'une séquence de 900 paires de bases (pb), suivies de trois exons non codants. La séquence codante de RIP140 est composée d'un seul exon de 7238 pb situé 100 kb en aval du promoteur fonctionnel [227, 264] (Cf. Figure 28).

Le promoteur possède de un îlot CpG, caractéristique des gènes à expression ubiquitaire, mais également plusieurs sites de liaison aux facteurs Sp1 et C/EBP, ainsi qu'un site quasi-consensus ERE (*Estrogen Response Element*) situé en région distale, à 700 paires de bases en amont du site d'initiation de la transcription. Cette séquence lie efficacement le récepteur des œstrogènes α. Proche de l'ERE, se trouve aussi un site de liaison à AhR (AhRE) et il existe donc une interférence entre les voies de ER et de AhR pour réguler l'expression de RIP140. Une deuxième site de liaison aux AhR se situe en région proximale et semble important pour l'activité basale du promoteur [227]. Ces deux récepteurs régulent directement l'expression de RIP140 par l'intermédiaire de leurs sites de liaison ou indirectement par interaction avec d'autres facteurs de transcription comme la protéine Sp1.

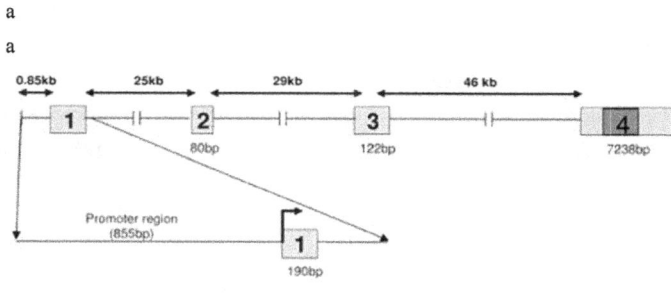

D'après Augereau et al. 2006b

Figure 28 : Représentation schématique de la structure du gène RIP140

Le gène RIP140 possède de quatre exons identifiés et une séquence promotrice de 900 paires de bases (pb) en amont de l'exon 1. Seul l'exon 4 contient la séquence codante de RIP140.

- **Régulations post-transcriptionnelles**

Il existe également des régulations post-transcriptionnelles de l'expression du gène RIP140. L'ARNm RIP140 possède une région 5'-UTR (*Untranslated Terminal Region*) d'environ 700 pb composée de trois exons non codants qui font l'objet d'épissages alternatifs et qui pourraient être a impliqués dans la stabilité et l'efficacité de traduction de l'ARNm (Données non publiées de l'équipe). Cette région 5'-UTR est aussi la cible de régulation par le microRNA miR-346, présent principalement dans le cerveau. En présence de la surexpression de ce miR, le niveau de la protéine RIP140 ainsi que son activité augmentent, mais la quantité d'ARNm synthétisée reste inchangée [265].

- 91 -

-Régulations post-traductionnelles (Cf. Figure 29)

Un grand nombre de modifications post-traductionnelles peuvent affecter l'activité de RIP140. Ainsi, la sumoylation s'accompagne d'un passage d'une localisation sous forme de petits foyers nucléaires à une distribution nucléaire diffuse ainsi qu'une augmentation de l'activité répressive de RIP140 [266].

Inversement, la méthylation de certaines de ses arginines diminue sa fonction répressive et favorise son export vers le cytoplasme [267]. Ces arginines au nombre de trois (240, 650 et 948) sont les cibles de PRMT1, PRMT2 et PRMT3. Il faut cependant avoir que la forme cytoplasmique de RIP140 semble avoir un rôle biologique important. En effet, il a été décrit qu'elle avait la capacité d'inhiber le métabolisme du glucose en réduisant le trafic de Glut4, normalement stimulé en présence d'insuline, *via* son interaction avec AS160 (*Akt Substrate of 160kDa*), dans les adipocytes [268].

La séquence protéique de RIP140 peut également être modifiée par des phosphorylations. Ainsi, une étude par spectrométrie de masse a montré que onze résidus différents pouvaient être phosphorylés, notamment par les MAPK pour les sites du domaine D1. Cette modification favorise le recrutement des HDACs et plus précisément de HDAC3, augmentant les propriétés répressives de RIP140 [269].

Neuf lysines ont été identifiées comme pouvant être acétylées, par l'intermédiaire des HATs *(Histone Acetyl-Transferases)*. Selon la lysine ciblée, il y aura augmentation de l'activité répressive et maintien de la protéine RIP140 dans le noyau, ou au contraire une diminution de son activité inhibitrice et son export nucléaire. Ainsi, une de ces lysines (K446) située dans le domaine D2 empêche, lorsqu'elle est acétylée, le recrutement de la protéine CtBP1 [270]. Il a également été montré que la phosphorylation de RIP140 par MAPK favorisait l'acétylation de ces lysines par la HAT p300 après interaction avec son domaine N-terminal, ce qui révèle une relation directe entre ces deux voies de modifications post-traductionnelles durant la différenciation adipocytaire [268].

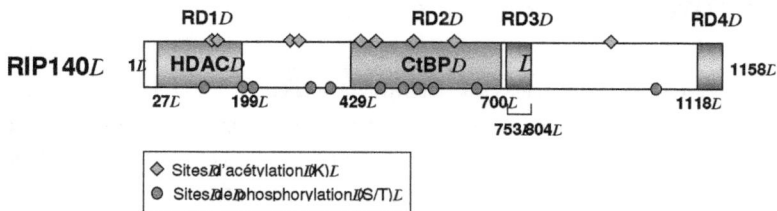

RD1   RD2   RD3   RD4

RIP140   1   HDAC   CtBP   ?   1158

27   199   429   700   1118

753/804

◇ Sites d'acétylation (K)
● Sites de phosphorylation (S/T)

D'après Augereau et al. 2006b

Figure 29 : Sites de modifications post-traductionnelles de RIP140

La protéine RIP140 possède un domaine de répresseur (RD) pouvant lier le répresseur HDAC (Histone Deacetylase) et un autre RD liant CtBP (C-terminal Binding Protein). De nombreux sites de la protéine peuvent subir des modifications post-traductionnelles, comme l'acétylation des lysines (K) ou la phosphorylation des sérines/thréonines (S/T).

Enfin, RIP140 peut subir une modification atypique, par la conjugaison, sur la lysine 613, du Pyridoxal 5'-Phosphate (PLP) qui est la forme active de la vitamine B6 [271]. Ce composé est connu comme cofacteur pour le métabolisme des acides aminés [1]. Il peut également moduler l'activité des récepteurs des hormones stéroïdiennes ou d'autres facteurs de transcription, comme HNF1 [272, 273]. L'ajout de vitamine B6, dans le milieu de culture des cellules, induit une augmentation de l'activité répressive de RIP140 de 2,5 fois, en favorisant la liaison des HDACs et en augmentant la rétention de la protéine dans le noyau. Ce type de modification est visible dans les adipocytes 3T3-L1, où 20 à 30% des protéines RIP140 endogènes sont conjuguées au PLP, ce qui a pour effet de favoriser l'activité de RIP140 dans la régulation adipocytaire. Toutes ces régulations sont détaillées dans la revue de l'équipe de Wei [274].

III-3) Rôles physiologiques de RIP140

Les différents rôles biologiques de RIP140 ont été mis en évidence par analyse de modèles murins ayant subi soit une invalidation du gène RIP140, en remplaçant sa séquence par celle de la β–galactosidase *LacZ* (souris RIPKO), soit un ajout du nombre de copie de ce gène (souris transgéniques) [275, 276]. La fonction de RIP140 a également été explorée par plusieurs études cliniques.

a- Rôle dans la reproduction

La première observation faite sur les souris RIPKO a été la stérilité présente chez les femelles, due à un défaut d'ovulation. Ceci se traduit par une incapacité du follicule mature à libérer l'ovocyte au moment de l'ovulation. Des expériences de transfert d'embryons entre des souris sauvages et des souris RIPKO, démontrent que cette anomalie est indépendante d'un défaut au niveau de l'axe hypothalamo-hypophysaire [277].

D'un point de vue moléculaire, l'une des hypothèses envisagées, pour expliquer la stérilité des souris RIPKO, concerne l'implication de RIP140 dans la régulation par les gonadotrophines de l'expression du gène codant pour la Cyclo-Oxygénase COX-2, car l'invalidation de ce gène ainsi que celui du récepteur de la progéstérone conduit également à un phénotype anovulatoire [278]. Dans les RIPKO, il se pourrait qu'il y ait une dérégulation de l'activité de ces deux protéines importantes pour la libération de l'ovocyte [275]. Il sera important de déterminer par la suite les gènes dont l'expression est affectée par RIP140 et impliqués dans ce processus. Un début de réponse a été apporté en montrant que RIP140 agissait comme coactivateur des membres de la famille CREB/c-jun, ceci se traduisant par une induction de l'expression de l'amphiréguline dans les cellules de la granulosa. Ainsi, les souris RIPKO sont déficientes en amphiréguline, protéine nécessaire à l'ovulation.

Ce phénotype d'infertilité est très proche du syndrome *luteinised unruptured follicle* chez la femme. Ce syndrome est observé dans une pathologie appelée endométriose. Une étude génomique a montré que plusieurs gènes étaient altérés dans cette pathologie, tels que ERα, IPR, IPPARγ. Des polymorphismes de RIP140 ont été associés à ce syndrome. Le SNP *(Single Nucleotide Polymorphism)* le plus fréquemment retrouvé, est le polymorphisme R448G, affectant le site de liaison avec son partenaire CtBP. Ceci aurait une influence sur l'activitél dul corépresseurl RIP140l parl rapportl auxl récepteursl nucléairesl impliquésl dansl lesl processusldelreproductionl[279].l

RIP140lpourraitlégalementljouerlunlrôlel dansl lalfonctionlutérine,lcarl sonlexpressionl estlretrouvéedansll'épithéliumlglandulaire,llelstromaletllelmyomètreldell'utéruslsain.lEnfin,l Leonardssonl etl collaborateursl ontl misl enl évidencel quel l'expressionl del RIP140l n'étaitl pasl requiselpourllelprocessusld'implantationldell'embryonlmaislpourlsonlmaintienldansll'utérusl [277].l

l

l ## b-lRôleldansllelmétabolismel
l
l ### -lLeltissuladipeuxlblancl

LeslsourislRIPKOlmâlesletlfemelleslprésententlunlautrelphénotypelbienlmarqué,lunel réductionld'environl20%ldellalmasselcorporellelliéelàlunelbaisseld'environl70%ldellalmassel graisseusel totalel etl affectantl plusl précisémentl lel tissu adipeuxl blancl (WAT)l [280].l Lesl principalesl cellulesl composantl cel tissu,l sontl lesl adipocytes.l Leursl fonctionsl impliquentl lesl processusl delmétabolismeldesllipides,ldulglucose,llalsécrétionld'hormoneslendocrinesletldel cytokines.lLeslsourislRIPKOlpossèdentlunelrésistancelàll'obésitélinduitelparlunlrégimelrichel enl graisse,l cel quil sel traduitl parl unel augmentationl del lal dissipationl del cesl graisses.l Ellesl présententlunelhauteltolérancelaulglucoseletluneldiminutionldellalréponselàll'insuline,lsouslcel typeld'alimentation.lRIP140lparticipeldonclàllalréductionldell'assimilationldulglucosel[281].l Enfin,l cesl sourisl présentent,l dansl cel typel del tissu,l unel augmentationl del lal consommationl d'oxygènel[280].l

Unel étudel dul transcriptome,l parl analysel del micropucesl d'ADNl *Affymetrix®l* surl lel muscleletllesladipocytesldelsourislRIPKO,lalrévélélunelaugmentationldel33%ldell'expressionl delcertainslgènesletluneldiminutionldel3%ld'autreslgèneslparlrapportlauxlsourislsauvages.ll Plusl précisément,l RIP140l réprimel l'expressionl del gènesl impliquésl dansl l'assimilationl dul glucose,l lal glycolyse,l lel cyclel desl acidel tricarboxylique,l l'oxydationl desl acidesl gras,l lal biogenèsel mitochondrialel etl lal phosphorylationl oxydative,l cel quil résulte,l dansl lesl sourisl RIPKO,lenlunelaugmentationldellaldensitélmitochondrialeldesladipocytesl[281].ll Enl revanche,l RIP140l favorisel l'expressionl del gènesl impliquésl dansl lal voiel anaboliquel commellalsynthèseldeslacideslgrasletldesltriglycérides.lAinsi,lRIP140lcontrôlelpositivementl l'expressionl del certainsl gènesl del lal lipogenèsel etl négativementl l'expressionl del gènesl impliquésldansllaldissipationldell'énergieletlleldécouplagelaulniveaulmitochondrial.l

l

Dans le tissu adipeux blanc, le phénotype des souris RIPKO est associé d'une part, à une diminution de l'expression de facteurs impliqués dans l'adipogenèse et d'autre part, à une forte augmentation de l'expression des facteurs de la thermogenèse comme CPT1b (*Carnitine Palmitoyl-Transferase 1b*) et Ucp-1 *(mitochondrial Uncoupling protein-1 ou Thermogénine)*, ce qui a pour conséquence une augmentation des β-oxydations des acides gras [282]. Dans les souris sauvages, la répression de l'expression des gènes CPT1b et Ucp-1 par RIP140 pourrait impliquer le récepteur PPARγ, qui a la capacité d'induire l'expression du gène Ucp-1 dans ce tissu. Finalement, au même titre que les coactivateurs régulant le développement et la fonction du tissu adipeux PGC-1α, SRC-1 et TIF-2 *(Transcriptional Intermediary Factor 2)*, RIP140 apparaît comme un régulateur important de l'homéostasie des lipides, spécifiquement dans le tissu adipeux blanc (Cf. Figure 30). Mais il n'intervient pas dans la phase précoce du processus de différenciation adipocytaire en lui-même, car son absence n'influe pas sur l'expression des régulateurs clés et des marqueurs de la cascade adipogénique [282]. Tout comme PPARγ, RIP140 est trouvé exprimé durant la phase terminale du processus de différenciation. Il est impliqué dans la régulation de l'accumulation de gras dans le tissu adipeux blanc [280].

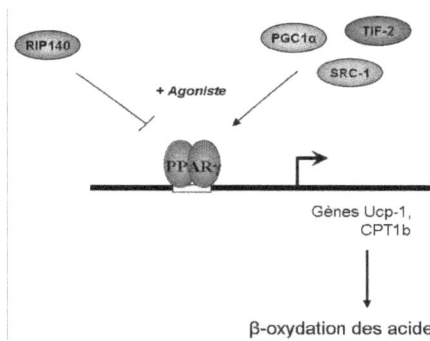

D'après Christian et al. 2005

Figure 30 : Rôle de RIP140 dans le tissu adipeux blanc

Dans le tissu adipeux blanc, l'expression de gènes cibles du récepteur nucléaire PPARγ, comme Ucp-1 *(mitochondrial Uncoupling Protein-1)* et CPT1b *(Carnitine Palmitoyl-Transferase 1b)*, est régulée par les coactivateurs PGC1α, TIF-2 *(Transcriptional Intermediary Factor-2)* ou encore SRC-1 *(Steroid Receptor Coactivator-1)* et par des corépresseurs tels que RIP140. Ce mode de régulation est présenté dans le contexte de la β–oxydation des acides gras.

Dans le foie, le récepteur nucléaire clé est le LXR (*Liver X Receptor*). Il est important pour trois processus différents, agissant dans les hépatocytes, la synthèse des hormones stéroïdiennes, des acides biliaires et celle du cholestérol, impliqués dans la lipogenèse. RIP140 influence l'activité du récepteur nucléaire LXR, en agissant comme corépresseur pour l'expression de PEPCK (*Phosphoenolpyruvate Carboxykinase*), impliquée dans la gluconéogenèse, mais aussi comme coactivateur pour l'expression de SREBP-1c (*Sterol-Regulating Binding-Protein 1c*) et FAS (*Fatty Acid Synthase*), impliqués dans la biosynthèse des acides gras et triglycérides. RIP140 active ainsi l'induction de la lipogenèse dans les adipocytes et réprime la néoglucogenèse, en régulant l'activité de LXR. Les souris RIPKO sont donc incapables de développer des stéatoses hépatiques quand elles sont nourries avec une alimentation riche en graisse [280,283].

- Le muscle squelettique

La protéine RIP140 est également exprimée dans le muscle squelettique avec un faible niveau dans les fibres oxydatives, riches en mitochondries dites de type I et un haut niveau dans les fibres glycolytiques, servant aux contractions brèves appelées fibres de type II. Les souris RIPKO présentent un taux élevé de fibres de type II et donc une augmentation du nombre de mitochondries, dans les tissus qui présentent normalement un taux élevé de RIP140. Ces données suggèrent comme pour le tissu adipeux blanc, que RIP140 réprime le métabolisme oxydatif et les fonctions mitochondriales dans le muscle squelettique [284]. Ainsi, RIP140 est impliqué dans les processus métaboliques des myotubes du muscle squelettique tout comme dans celui des adipocytes du tissu adipeux blanc [285]. RIP140 est présenté comme un corépresseur de la voie du catabolisme dans ces deux types de tissus.

- Le muscle cardiaque

A l'inverse, l'étude des souris transgéniques pour RIP140 montre une diminution de l'expression des gènes impliqués dans le transport et l'oxydation des acides gras et dans l'activité mitochondriale. Ces effets sont accompagnés d'une diminution du nombre et de l'activité des mitochondries, dans le muscle cardiaque. Cette baisse de production d'énergie pourrait être à l'origine de problèmes de fonctionnement cardiaque et d'une baisse de survie chez ces souris [276]. En effet, l'augmentation de RIP140, dans le cœur de ces souris de 4 à 8 semaines, engendre une hypertrophie cardiaque et la présence de fibroses et de thromboses dès la 2ème semaine. Cette hypertrophie est compensée par une augmentation accrue de l'activité cardiaque et une perte de la fonction contractile, aboutissant presque toujours à une insuffisance cardiaque. La structure et la fonction des mitochondries y sont perturbées et c'est la régulation qu'exerce RIP140 sur les récepteurs ERRα et PPARγ qui en est l'origine. Ces phénomènes conduisent à des cardiomyopathies et donc à une mort prématurée par crise cardiaque chez 20 à 24% des souris transgéniques pour RIP140 et âgées de 20 semaines.

- RIP140 et PGC-1α dans le métabolisme

D'une manière générale, les récepteurs PPARγ, TR et ERR sont les facteurs de transcription majeurs pour l'expression des gènes impliqués dans le métabolisme des tissus tels que les tissus adipeux, le muscle et le foie. Leurs activités sont régulées par des corégulateurs et principalement PGC-1. De façon remarquable, de nombreux gènes activés par ce coactivateur peuvent être réprimés par RIP140. RIP140 interagit directement avec PGC-1α et supprime son activité, suggérant une fonction antagoniste mutuelle pour réguler les processus métaboliques [286]. Le rôle antagoniste le RIP140 sur PGC-1α pourrait être la base d'un équilibre déterminant quels gènes cibles métaboliques seront exprimés (Cf. Figure 31).

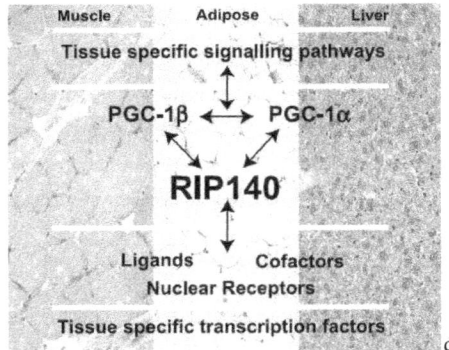

D'après la revue White et al. 2008

Figure 31 : Modèle du rôle central de RIP140 dans le métabolisme

Le cofacteur RIP140 joue un rôle important dans les tissus adipeux (adipose), de muscle et de foie (liver). Il régule l'activité le récepteurs nucléaires importants (PPARγ) ainsi que celle le cofacteurs comme PGC-1 (PPAR-γ Coactivator-1).

RIP140, de par ses interactions avec des récepteurs nucléaires, pourrait donc être une cible thérapeutique importante pour intervenir dans le contrôle et la régulation des dysfonctionnements métaboliques. De par le lien entre le métabolisme des graisses et RIP140, une étude a été effectuée pour évaluer les effets de l'obésité morbide humaine sur le niveau d'expression du gène RIP140 dans le tissu adipeux viscéral [287]. Ces patients présentent une régulation négative de RIP140. Ce tissu présente une déficience au niveau du processus de thermogenèse, ce qui pourrait contribuer au développement de l'obésité morbide. Ceci se traduit par une incapacité de dispersion de l'énergie et donc conduit à une accumulation des graisses dans ce tissu adipeux viscéral, par des mécanismes de compensation qui restent encore à découvrir.

c- Rôle dans la cancérogenèse

Dans les cancers du sein et de l'ovaire, plusieurs gènes codant pour les coactivateurs de NR, comme AIB1, sont amplifiés et la surexpression des protéines correspondantes pourrait être impliquée dans le processus de cancérogenèse, par l'intermédiaire des récepteurs nucléaires. Etant données ses propriétés de corépresseur, RIP140 pourrait jouer un rôle important dans le contrôle de la croissance des cancers hormono-dépendants. De faibles variations d'expression de RIP140 auraient des conséquences importantes dans ce contexte. Ainsi deux études ont analysé l'expression de RIP140 dans le cancer du sein, mais sur un faible nombre d'échantillons, révélant une absence de variation dans les tumeurs du sein résistantes au tamoxifène [288, 289]. Cependant, l'étude dans les cellules MCF-7 (lignée cancéreuse mammaire ERα positive) révèle une diminution de l'ARNm RIP140 dans les cellules résistantes au tamoxifène, ce niveau augmentant après ajout d'œstradiol [288]. Ces données rendent compte de l'importance du contexte cellulaire pour le type de régulation.

De plus, ce gène semble être régulé positivement dans des leucémies myéloïdes aiguës dont le caryotype est complexe et présente un chromosome 21 anormal, à où se situe le gène de RIP140 [290].

RIP140 est un gène cible des récepteurs rétinoïques RARβ, induit en présence du ligand acide rétinoïque (RA). Dans les cellules NT2/D1 (cellules de carcinomes embryonnaires humains dont la différenciation en cellules neuronales est induite par l'acide rétinoïque), une approche par utilisation de siRNA pour diminuer l'expression de RIP140, a révélérquercercorépresseurravaitrlarcapacitérderréprimerrlesreffetsrderl'aciderrétinoïquersurr l'expressionrdesrgènesrciblesrdurrécepteurrRARβ.rDerplus,rlardiminutionrd'ARNmrRIP140r accélérerlertempsrder différenciationrneuronalerdercesrcellulesretrprécipiterl'arrêtrdurcycler cellulaire,r induitr parr RAr [291].r Ainsir RIP140r estr unr facteurr limitantr pourr réprimerr lar transactivationrdurrécepteurrsurrl'expressionrdesrgènesrcibles,renrprésencerd'aciderrétinoïquer endogèneretrpourrralentirrlerprocessusrderdifférenciationrterminalerdercesrcellulesrcancéreuses.r RIP140retrRARβrformentrunerbouclerderrégulationrnégative.r

r

L'existencer der nombreuxr polymorphismesr dansr cer gèner suggèrer égalementr uner implicationr der RIP140r aur coursr der lar cancérogenèse.r Lar plupartr der cesr SNPr *(Singler Nucleotider Polymorphism)*r induisentr desr substitutionsr [279].r Dansr uner étuder surr 450r échantillonsr dertumeursr mammaires,r 640r SNPr ontr étér identifiésr dansr 91r gènesr différents.r Parmircesrgènes,rcinqrmontrentrunerprésencersignificativerderSNPrassociésràrlarprésencerdesr tumeurs.rLergènerRIP140rfaitrpartierdercesrgènesretrpossèderunrSNPrintergéniquerfortementr associéràrcesrtumeursrmammairesr[292].rr

r Dansruner étuder surr desr échantillonsr der cancerr durpoumon,r64rSNPrparmirlesr 1041r étudiésr ontr pur êtrer associésr àr unr risquer significatifr der développerr cer typer der cancer.r Làr encore,runrdercesrSNPrestrlocalisérsurrlergènesrRIP140r.rR448G.rOnrretrouveràrsesrcôtésrder nombreuxrgènesrimpliquésrdansrlarrégulationrdurcyclercellulaire,rlarréparationrderl'ADNrour encorerlarmigrationrcellulairer[293].r

r

r Cesrinformationsrrenforcentrl'idéerd'unrrôlerimportantrderRIP140rdansrlesrprocessusr dercancérogenèse.r

r

r

d-rAutresrfonctionsrderRIP140r

r

Unrautrerrôlerder RIP140restrl'activationrderl'expressionrdergènesrimpliquésrdansrler processusr inflammatoirer dansr lesr macrophagesr [294].r Ilr potentialiserl'activitér NF-κBr parr interactionr directeretr ler recrutementr durcoactivateurrCBP,r cer quirfavoriserl'expressionr der TNFαretrderl'interleukiner6,rprotéinesrimpliquéesrdansrlerprocessusrinflammatoire.r

r

Lergèner RIP140rser situerr surr ler chromosomer 21r dansr uner régionr pauvrerenrgènes,r associéer aur syndromer der Down.r Cecir laisser suggérerr uner implicationr der RIP140r dansr cer syndrome.s En effet, s ils sembles ques sons expressions soits augmentées danss l'hippocampes dess patientss atteintss [295]. s Mais s ils restes encores à s déterminers les rôles précis s des RIP140s danss cettes pathologie. s D'unes manières générale, s l'expressions des RIP140s est s retrouvées danss différentss partiess du cerveaus: s les cortexs cérébral, s l'hippocampes et s les cerveletss chez s la souris. s

RIP140s pourraits être s impliqués danss la s maladies d'Alzheimers des l'homme. s En effet, s les gènes RIP140s est s présents danss la s régions 21q11 s qui s est s associés à s cettes pathologies [296]. s Il s restes encore, s là s aussi, s à s déterminers comments RIP140s pourraits jouers uns rôles danss las maladies d'Alzheimer. s

s

L'invalidations des RIP140s chezs las souriss résultes ens uns défauts marqués des l'apprentissage, s des las mémoires et s des las réponses aus stress, s montrants uns rôles importants des ces corépresseurs transcriptionnels danss les s mécanismes des développements neurophysiologiques à s las bases des s fonctionss cognitives s (Données s non s publiées des l'équipes ens collaborations avecs les Drs T. s Maurices des l'INSERM s U710). s

Unes analyses pars PCRs ens temps s réels puiss pars histochimie, s a s mesurés uns niveaus élevés des RIP140s danss les s glandes s salivaires ainsis ques danss différentss typess cellulairess répondants aux s hormones, s notamments les androgènes, s les hormoness thyroïdiennes et s adrénocorticaless [297, s 298]. s Cess données s laissents suggérers les rôles ques pourraits jouers RIP140s danss cets organe. s RIP140s a s également s été s détecté, s chezs less souriss mâles, s danss less celluless épithélialess des l'épiderme, s danss las prostate, s les testiculess ous encores danss dess vaisseauxs sanguins s ous dess celluless neuronales. s

s

Dess polymorphismess (SNP) sont s été s identifiés s danss las séquencess codantes s des RIP140. s Cess différentess variationss sont s été s associéess à s plusieurss pathologiess humaines, s et s notamment s: s l'endométriose, s vues précédemments pour les SNPs R448Gs [279], s l'ostéoporoses [299] s et s l'infertilités masculines [300] s pours les SNPs G75G, s impliquants las signalisations hormonale. s Ens effet, s ens pluss dess polymorphismess des RIP140, s sont s présents s ceux s des s gèness ER s et s des leurs voies des signalisation, s montrants unes altérations à s différentss niveaux s des cettes voies danss cess pathologies. s

s

Les s rôless physiopathologiquess des RIP140s sont s donc s étendus, s ils s vont s des l'implications danss las reproduction, s les métabolisme, s less cancers, s aux s mécanismess des las mémoires et s dus système s inflammatoires (Cf. s Figures 32). s

s

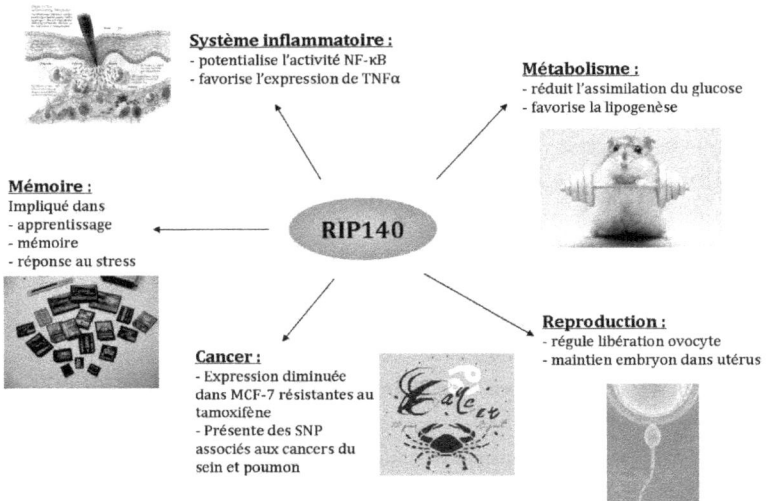

Système inflammatoire :
- potentialise l'activité NF-κB
- favorise l'expression de TNFα

Métabolisme :
- réduit l'assimilation du glucose
- favorise la lipogenèse

Mémoire :
Impliqué dans
- apprentissage
- mémoire
- réponse au stress

RIP140

Reproduction :
- régule libération ovocyte
- maintien embryon dans utérus

Cancer :
- Expression diminuée dans MCF-7 résistantes au tamoxifène
- Présente des SNP associés aux cancers du sein et poumon

Figure 2 : Principaux rôles physiopathologiques du cofacteur RIP140

Cette Figure résume les différents rôles physiologiques connus dans lesquels intervient le cofacteur RIP140.

En résumé, RIP140 pourrait devenir un biomarqueur et une nouvelle cible thérapeutique pour le traitement de pathologies telles que le cancer, l'obésité ou des maladies associées. De par son rôle dans le processus d'ovulation, il pourrait participer aux traitements contre l'infertilité ou au contraire pour le développement de nouvelles stratégies contraceptives.

R
R
R
R
R
R
R
R
R
R
R
R
R
R

R

RESULTATSR

R

PARTIE II

Régulation de l'activité du facteur E2F1 par le corégulateur RIP140

INTRODUCTION

Les membres de la famille des E2Fs sont des régulateurs clés de la prolifération, mécanisme fréquemment altéré au cours de la tumorigenèse. Ils régulent directement l'expression des gènes impliqués dans la régulation de l'entrée et la progression du cycle cellulaire, mais aussi de la réplication et la réparation de l'ADN, de l'apoptose, de la différenciation et du développement [156]. L'activité des E2Fs est contrôlée par des coactivateurs et corépresseurs incluant les protéines du rétinoblastome (pRb, p107, p130) appelées « *pocket proteins* ». Fixés aux domaines C-terminaux des E2Fs, ils inhibent l'activité transcriptionnelle en recrutant différents complexes répresseurs [301]. Ainsi, E2F1 est réprimé par pRb dans les cellules qui ne cyclent pas, puis la protéine est libérée de la protéine à poche après phosphorylation par les cyclines-Cdk. E2F1 peut alors activer l'expression des gènes impliqués dans le cycle cellulaire.

Dans le laboratoire, nous nous intéressons à la grande famille des facteurs de transcription, les récepteurs nucléaires qui régulent également la prolifération cellulaire et la croissance tumorale hormono-dépendante [302]. Ces récepteurs sont également régulés par l'activité de coactivateurs et corépresseurs, dont certains sont communs au facteur E2F1, comme le coactivateur ACTR/AIB1 [91, 213]. Dans cette étude, nous nous sommes focalisés sur un autre régulateur des récepteurs nucléaires, le corépresseur RIP140 qui est le premier cofacteur des récepteurs nucléaires identifiés. RIP140 est une protéine nucléaire impliquée notamment dans la reproduction et l'homéostasie énergétique. Elle a pour fonction principale de réguler négativement l'activité des récepteurs nucléaires tels que les récepteurs des œstrogènes, en présence de ligand. RIP140 possède de plusieurs domaines de répression qui lui permettent de recruter différents complexes répresseurs [303].

Mon premier travail a eu pour but d'étudier la régulation exercée par RIP140 sur l'activité des E2Fs et plus précisément du facteur E2F1, dans un contexte cellulaire tumoral. Nous nous sommes demandé si l'activité des facteurs E2Fs, au même titre que celle des récepteurs nucléaires, était régulée par le cofacteur RIP140. Les questions posées ont permis de préciser si RIP140 interagissait avec E2F1 et si cette interaction avait un impact sur l'activité transcriptionnelle du facteur E2F1 et sur la régulation du cycle cellulaire. Enfin, une analyse d'échantillons de tumeurs mammaires humaines a mis en évidence l'existence d'une relation entre l'expression de RIP140 et certains gènes cibles des facteurs E2Fs.

RESULTATS

The Transcriptional Coregulator RIP140 Represses E2F1 activity and Discriminates Breast Cancer Subtypes

Clinical Cancer Research, 16(11) June , 2010

The Transcriptional Coregulator RIP140 Represses E2F1 Activity and Discriminates Breast Cancer Subtypes

Aurélie Docquier[1,2,3,4], Pierre-Olivier Harmand[1,2,3,4], Samuel Fritsch[1,2,3,4], Maïa Chanrion[1,2,3,4], Jean-Marie Darbon[1,2,3,4], and Vincent Cavaillès[1,2,3,4]

Abstract

Purpose: Receptor-interacting protein of 140 kDa (RIP140) is a transcriptional cofactor for nuclear receptors involved in reproduction and energy homeostasis. Our aim was to investigate its role in the regulation of E2F1 activity and target genes both in breast cancer cell lines and in tumor biopsies.

Experimental Design: Glutathione S-transferase pull-down assays, coimmunoprecipitation experiments, and chromatin immunoprecipitation analysis were used to evidence interaction between RIP140 and E2F1. The effects of RIP140 expression on E2F1 activity were determined using transient transfection and quantification of E2F target mRNAs by quantitative real-time PCR. The effect on cell cycle was assessed by fluorescence-activated cell sorting analysis on cells overexpressing green fluorescent protein–tagged RIP140. A tumor microarray data set was used to investigate the expression of RIP140 and E2F1 target genes in 170 breast cancer patients.

Results: We first evidenced the complex interaction between RIP140 and E2F1 and showed that RIP140 represses E2F1 transactivation on various transiently transfected E2F target promoters and inhibits the expression of several E2F1 target genes (such as *CCNE1* and *CCNB2*). In agreement with a role for RIP140 in the control of E2F activity, we show that increasing RIP140 levels results in a reduction in the proportion of cells in S phase in various human cell lines. Finally, analysis of human breast cancers shows that low RIP140 mRNA expression was associated with high E2F1 target gene levels and basal-like tumors.

Conclusion: This study shows that RIP140 is a regulator of the E2F pathway, which discriminates luminal- and basal-like tumors, emphasizing the importance of these regulations for a clinical cancer phenotype. *Clin Cancer Res; 16(11); 2959–70.* ©2010 AACR.

Cell cycle control is a fundamental process that governs cell proliferation and is frequently altered during tumorigenesis. E2Fs and their heterodimer partners (DP) are central regulators of cell cycle progression

Authors' Affiliations: [1]IRCM, Institut de Recherche en Cancérologie de Montpellier; [2]Institut National de la Santé et de la Recherche Médicale, INSERM, U896; [3]Université Montpellier 1; [4]CRLC Val d'Aurelle Paul Lamarque, Montpellier, France

Note: Supplementary data for this article are available at Clinical Cancer Research Online (http://clincancerres.aacrjournals.org/).

Current address for P.-O. Harmand: URC, CRLC Val d'Aurelle, Parc Euromédecine, Montpellier F-34298, France.

Current address for S. Fritsch: Institut National de la Santé et de la Recherche Médicale U858, CHU Rangueil, Toulouse F-31432, France.

Current address for M. Chanrion: Cold Spring Harbor Laboratory, 500 Sunnyside Boulevard, Woodbury, NY 11797.

A. Docquier and P.-O. Harmand contributed equally to this work.

Corresponding Author: Vincent Cavaillès, Institut National de la Santé et de la Recherche Médicale U896, Parc Euromédecine Val d'Aurelle, 208 rue des Apothicaires, Montpellier F-34298, France. Phone: 33-4-67-61-24-05; Fax: 33-4-67-61-67-87; E-mail: v.cavailles@valdorel.fnclcc.fr.

doi: 10.1158/1078-0432.CCR-09-3153

©2010 American Association for Cancer Research.

and directly regulate the expression of a broad spectrum of genes involved, for instance, in cell cycle regulation, DNA replication and repair, apoptosis, differentiation, or development (1, 2).

E2F1, which was discovered as a protein promoting the transition to S phase, was the founding member of the E2F family, which comprises eight members in mammals. Among this family, some were initially presented as "activator E2Fs" (E2F1, E2F2, and E2F3), whereas the other members were mostly known as transcription repressors, although this classification now seemed too simplistic (reviewed in ref. 2 and references therein). E2F transcriptional activity was shown to be regulated by a large number of coactivators or corepressors, including the so-called pocket proteins, which form the retinoblastoma (RB) tumor suppressor family (pRB, together with the related proteins p107 and p130; ref. 3). RB attenuates E2F action by recruiting transcriptional corepressors such as histone deacetylases to E2F-regulated promoters, thus mediating transcriptional repression of E2F-regulated genes (4, 5). RB is a critical component of the cell cycle control machinery, and as a consequence, its loss or inactivation is a major mechanism by which cancer cells attain a growth advantage during tumorigenesis (6).

Translational Relevance

Nuclear receptor transcriptional coregulators are implicated in a large variety of human pathologies. Their clinical relevance in breast cancers is now well admitted, deregulation of their expression or altered post-translational modifications being associated with cancer progression or with recurrence following tamoxifen monotherapy. Receptor-interacting protein of 140 kDa (RIP140) is one of these nuclear receptor transcriptional coregulators, and we report here the first study investigating its role in the E2F signaling pathway. We show that RIP140 interacts with E2F1, represses its transcriptional activity, and affects cell cycle progression. In support of these observations, we found that RIP140 expression was inversely correlated with a signature of E2F1 target genes and discriminated breast cancer subtypes, low levels of expression being associated with basal-like tumors. These findings indicate that this transcription coregulator may play an important role in mammary carcinogenesis and represent a novel prognostic marker or therapeutic target for breast cancer.

Our laboratory is engaged in the characterization of various transcriptional repressors, which regulate another important class of transcription factors (i.e., nuclear hormone receptors). These receptors, such as the estrogen and androgen receptors, are also important regulators of cell proliferation and strongly influence the growth of hormone-dependent cancers (7). These receptors control gene expression through the recruitment of a large set of coregulatory proteins, which regulate, either positively or negatively, chromatin structure and transcription initiation. Our work is mainly focused on RIP140 (receptor-interacting protein of 140 kDa, also known as NRIP1), a nuclear protein of 1,158 amino acids, initially identified as a transcription cofactor of estrogen receptors and shown to regulate energy homeostasis in metabolic tissues (see ref. 8 for a review). RIP140 is an atypical coregulator because, despite its recruitment by agonist-liganded nuclear receptors, it exhibits a strong transcriptional repressive activity. We and others have deciphered the molecular mechanisms involved in this transrepression and identified four repressive domains within the RIP140 molecule (9, 10). We also showed that RIP140 expression was increased on estrogen or androgen stimulation in breast (11) and prostate (12) cancer cells, respectively.

The present study identified RIP140 as a novel transcriptional repressor of E2F1 activity, which significantly decreased E2F1 target gene expression both on transfected reporter constructs and on endogenous genes. In human breast cancers, a decrease in RIP140 expression is inversely correlated with E2F1 target gene expression and significantly associated with basal-like tumors, which exhibit

bad prognosis. Altogether, this work identifies RIP140 as a new key actor of the E2F pathway and as a potential new prognostic marker in oncology.

Materials and Methods

Plasmids and reagents

The E2F1 and DP1 expression vectors were given by Dr. Claude Sardet (Institut de Génétique Moléculaire de Montpellier, Montpellier, France), the (E2F)3-TK-Luc and cyclin E-Luc reporter plasmids by Dr. L. Fajas (Institut de Recherche en Cancérologie de Montpellier, Montpellier, France), and the pGL2-ARF-Luc construct (−735 to +75) by Dr. S-Y. Shieh (Institute of Biochemistry and Molecular Biology, Taipei, Taiwan; ref. 13). The 17M5βGlob-Luc construct and plasmids allowing RIP140 expression (9, 11, 12) have been described previously. The pEGFP-C2-RIP140 vector was a kind gift of Dr. J. Zilliacus (14). The deletion of the E2F interaction domain in the RIP140 sequence (from residues 119 to 199) was done using the QuikChange XL from Stratagene. The pRL-CMVbis plasmid (Ozyme) was used to normalize transfection efficiency.

Cell culture, RNA extraction, and quantitative PCR

HeLa, MCF-7, and HEK293T human cancer cell lines were cultured as previously described (9). Total RNA was extracted from cells using the Trizol reagent (Invitrogen). Total RNA (2 μg) was subjected to a reverse transcription step using the SuperScript II reverse transcriptase (Invitrogen). Real-time quantitative PCR was done using a SYBR Green approach (LightCycler, Roche Diagnostics). Primer sequences are available on request. For each sample, results were corrected for RS9 mRNA levels (reference gene) and normalized to a calibrator sample.

Transient transfection, luciferase assays, and cell cycle analysis

MCF-7 cells were plated in 96-well plates (2.10^4 per well) 24 hours before DNA transfection with JetPEI (0.25 μg of total DNA). Luciferase (firefly and *Renilla*) values from transient transfection were measured (9), and all data were expressed as mean ± SD. For cell cycle analysis, cells were transfected with the RIP–green fluorescent protein (GFP) expression plasmid, and the two populations (RIP-GFP⁻ and RIP-GFP⁺) were separated. Cell cycle was analyzed with a FACSVantage flow cytometer (Becton Dickinson) after propidium iodide labeling. The Cell-Quest and ModFit softwares were used to analyze data.

In vitro interaction assay and coimmunoprecipitation

In vitro translation and glutathione *S*-transferase (GST) pull-down assays were done as previously described (9). For coimmunoprecipitations, expression plasmids for E2F1 or c-myc–tagged RIP140 were transfected in HeLa cells using JetPEI (Ozyme). After cell lysis in 50 mmol/L Tris-HCl (pH 8), 0.5% NP40 supplemented with protease inhibitors, transfected RIP140 and E2F1 were immunoprecipitated with the 9E10 monoclonal antibodies against the c-myc epitope or with the anti-E2F1 antibody (C-20) covalently bound to protein G–Sepharose beads. After incubation at 4°C during 2 hours and five washes, immunoprecipitated proteins were eluted in Laemmli sample buffer, resolved by SDS-PAGE, and detected by Western blotting using primary antibodies against E2F or c-myc epitope.

Interaction of endogenous proteins (coimmunoprecipitation and chromatin immunoprecipitation analysis)

For coimmunoprecipitation of endogenous proteins, 700 μg of MCF-7 cell nuclear extracts (prepared using the NE-PER kit from Thermo Scientific) were incubated with 2 μg of anti-E2F1 monoclonal antibody (KH95; Santa Cruz Biotechnology) for 3 hours at room temperature. Beads coupled to protein G (Ademtech) were added to the immune complex (2 h at room temperature), and after three washes with lysis buffer, beads were resuspended in

20 μL of lysis buffer and analyzed by Western blotting using primary antibodies specific for E2F1 (KH95) and RIP140 2656C6a (Santa Cruz Biotechnology). For chromatin immunoprecipitation (ChIP) analysis, MCF-7 cells (70% confluent) were synchronized using 4 mmol/L hydroxyurea during 24 hours, and the block was released by changing the medium with 10% FCS supplementation for the indicated time. After PBS washing and cross-linking with 3.7% formaldehyde during 10 minutes at 37°C, we used the ChampionChIP One-Day kit (SABiosciences) according to the manufacturer's recommendations and using either the antibody KH95 or 2656C6a for E2F1 and RIP140, respectively, or no antibody as a control. Quantitative PCR was then done using the Power SYBR Green PCR master mix (Applied Biosystems) on an Applied Biosystems 7300 thermal cycler with 2 μL of material per point. Primers flanking the E2F site of the cyclin D1 promoter were 5'-GCAGCGGGGCGATTT-GCATT-3' and 5'-AGCAAAGATCAAAGCCCGGCAGAG-3'.

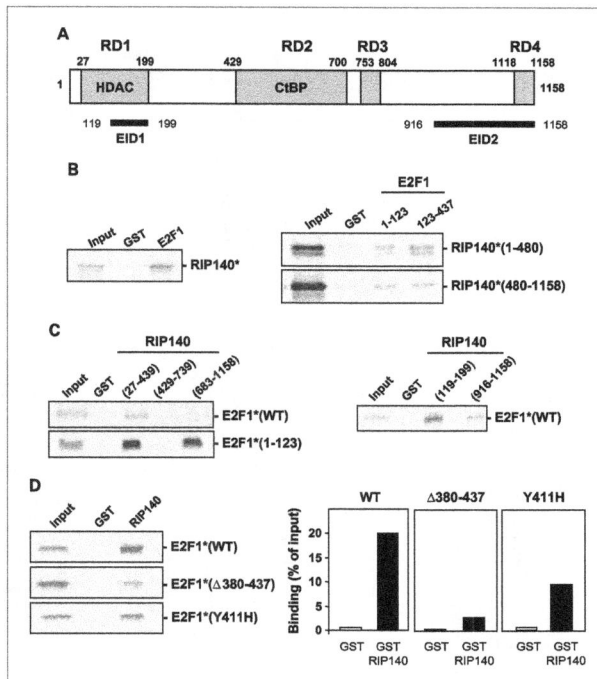

Fig. 1. RIP140 binds to E2F1. A, schematic representation of the RIP140 molecule. The figure shows the four repressive domains (RD) and the two EIDs mapped on RIP140. B and C, in vitro interaction between RIP140 and E2F1. GST pull-down assays were carried out as described in Materials and Methods using GST or GST-E2F1 with ^{35}S-labeled WT RIP140 (B) or GST-RIP140 mutant proteins to retain ^{35}S-labeled WT E2F1 (C). Inputs represent 25% of the material used in the assays. D, GST pull-down assays carried out with the GST-RIP(27–439) construct and ^{35}S-labeled WT or mutant E2F1.

The input DNA fraction corresponded to 1% of the immunoprecipitation.

Microarray analysis

Microarray data (accession number GSE1992) of the study from Hu et al. (15) were obtained from the Gene Expression Omnibus database (http://www.ncbi.nlm.nih.gov/geo/query/acc.cgi). Expression data from the 170 sample experiment were downloaded as normalized and $\log_2$-transformed Cy5/Cy3 ratios, where tumor sample RNA and human universal reference RNA were labeled with Cy5 and Cy3, respectively. Hierarchical pairwise average linkage clustering of the 170 tumor specimens was done on the basis of expression of RIP140 and six E2F1 target genes using the Cluster and TreeView software with median-centered gene expression values and Pearson correlation as similarity metrics. Results were analyzed for

statistical significance using the two-tailed Student's t test. For all analyses, $P < 0.05$ was considered as significant.

Results

RIP140 interacts with E2F1

Based on published data reporting that nuclear receptor coregulators were involved in the regulation of E2F1 activity (16–18), we hypothesized that RIP140 might also act as a transcriptional modulator of the E2F pathway.

Using *in vitro* GST pull-down assays, we first investigated whether RIP140 was able to interact with E2F1. We therefore did pull-down assays with GST-E2F1 and *in vitro* labeled full-length RIP140. As shown in Fig. 1B (left), data clearly showed the binding of RIP140 to E2F1. We then tried to delineate the respective binding sites on the two proteins. The use of deletion mutants of E2F1

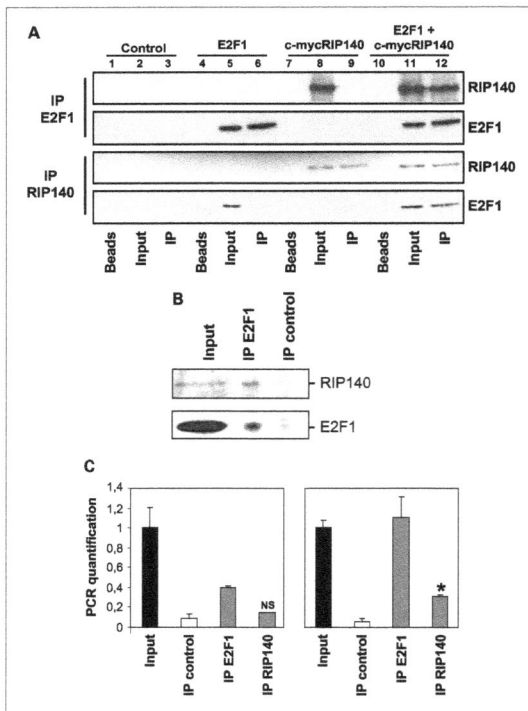

Fig. 2. Interaction between RIP140 and E2F1 in intact cells. A, coimmunoprecipitation of RIP140 and E2F1. HeLa cells were transfected with either pCDNA3-E2F1 (lanes 4–6) or pEF-c-mycRIP140 (lanes 7–9) alone or cotransfected with pCDNA3-E2F1 and pEF-c-mycRIP140 (lanes 10–12). Immunoprecipitations were done using the anti-E2F1 polyclonal antibody (IP E2F1) or the anti-c-myc monoclonal antibody (IP RIP140), and Western blots were done with the same antibodies as indicated. For each immunoprecipitation, inputs and nonspecific retention on beads alone are shown. B, coimmunoprecipitation of endogenous proteins. Nuclear extracts from MCF-7 human breast cancer cells were immunoprecipitated using the anti-E2F1 polyclonal antibody C-20 (Santa Cruz Biotechnology) or an irrelevant antibody (anti-Gal4 DNA-binding domain antibody; Santa Cruz Biotechnology). Western blots were done as indicated with the same E2F1 antibody and with the anti-RIP140 monoclonal antibody. Input representing 10% of the amount used for immunoprecipitation is also shown. C, ChIP. MCF-7 cells were analyzed either when hydroxyurea synchronized (left) or 2 h after block release (right). The proportions of cells in G_0-G_1 and S phases were 92.4% versus 2.7% (left) and 62.3% versus 31.4% (right). ChIP analysis was done as described in Materials and Methods. Graphics represent the results of PCR quantifications using amplimers in the cyclin D1 promoter. Inputs were arbitrary set at 1 and represent 1 of 1,000 of immunoprecipitation values. Statistical analysis was done using the Mann-Whitney test with reference to the control without antibody. *, $P < 0.05$. NS, nonsignificant.

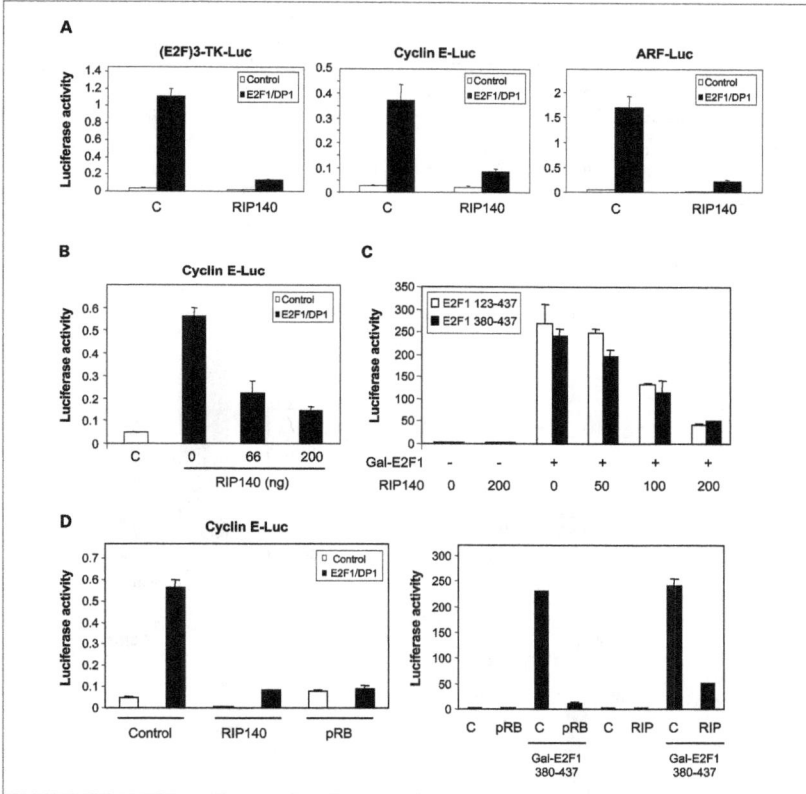

Fig. 3. RIP140 represses E2F1 transcriptional activity. A, effect on different reporter constructs. MCF-7 human breast cancer cells were transiently transfected as indicated in Materials and Methods, with the (E2F)3-TK-Luc (left), cyclin E-Luc (middle), or ARF-Luc (right) reporter plasmid (25 ng) together with expression vectors for E2F1 and DP1 (25 ng each) in the presence or absence of RIP140 expression vector (250 ng). Columns, mean of three values; bars, SD. B, dose-dependent regulation of cyclin E reporter. MCF-7 cells were transfected as in A with increasing concentrations of RIP140 expression vector. C, effect on Gal4-E2F1 fusion proteins. MCF-7 cells were transiently transfected as indicated in Materials and Methods with the 17M5βGlob-Luc reporter plasmid (25 ng) together with 25 ng of expression vectors for Gal4-E2F1(123–437) or Gal4-E2F1(380–437) in the presence or absence of increasing concentrations of RIP140 expression vector as indicated. Columns, mean of three values; bars, SD. D, comparison with the repressive activity of pRB. MCF-7 cells were transiently transfected as in B and C, respectively, for the left and right panels with expression vectors for RIP140 or pRB (200 ng).

and RIP140 corresponding to the NH₂-terminal or the COOH-terminal moiety of the two proteins (fused to GST for E2F1 and in vitro translated for RIP140) suggested the presence of at least two interaction domains on each protein (Fig. 1B, right). Indeed, the two in vitro translated

fragments of RIP140 (fragments 1–480 and 480–1158) were retained by the GST-E2F1 chimeric proteins encompassing regions from residues 1 to 123 or 123 to 437.

To further map the respective binding sites on RIP140, we used deletion mutants of RIP140 fused to GST. Data

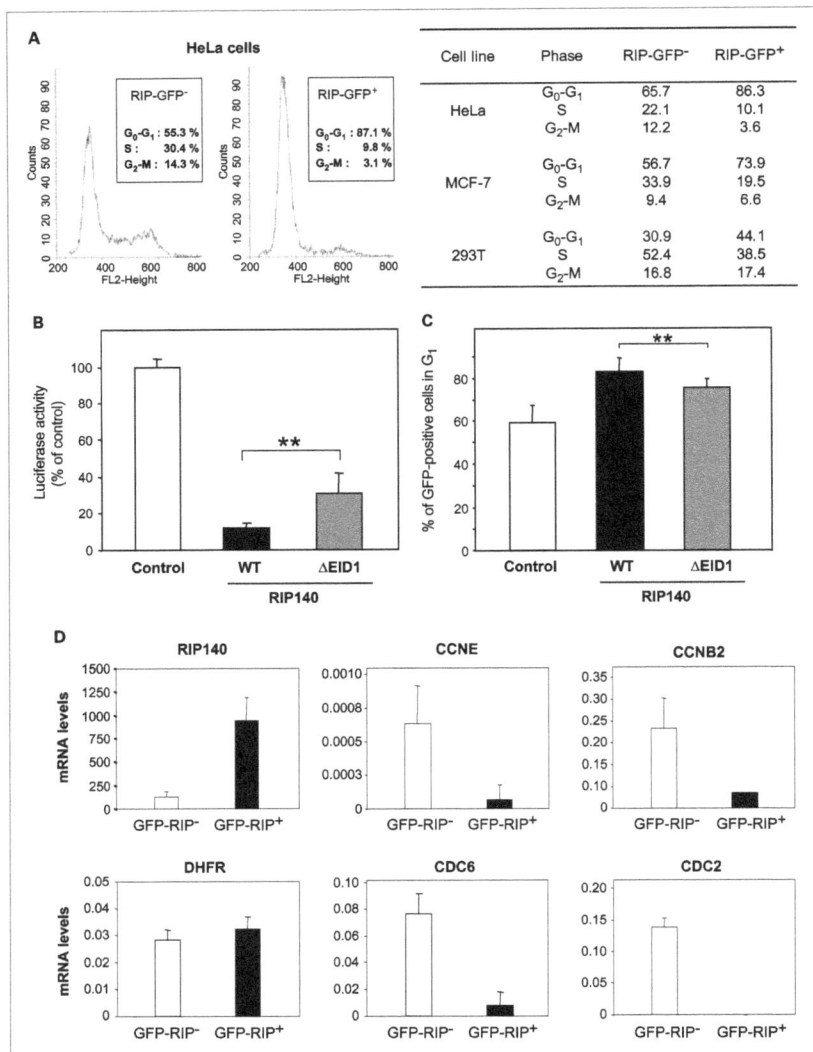

shown in Fig. 1C (left) indicated that the NH_2-terminal region of RIP140 encompassing residues 27 to 439 exhibited the strongest binding of *in vitro* translated full-length E2F1. No binding at all was observed with the central region of RIP140, whereas a faint interaction was detectable on long exposure with the COOH-terminal region (residues 683–1158). This E2F1-binding region was clearly confirmed when we used the *in vitro* translated fragment of E2F1 corresponding to residues 1 to 123 (Fig. 1C, left).

Moreover, using a series of deletion mutants in the NH_2- and COOH-terminal moieties of RIP140, we showed that the minimal NH_2-terminal E2F1 interaction domain (EID1) encompassed a region of 80 amino acids spanning from residues 119 to 199, whereas EID2 was mapped to a region spanning from residues 916 to 1158 (Fig. 1A and C, right). Finally, an E2F1 mutant lacking the transactivation domain that encompasses residues 380 to 437 was significantly less efficient (>7-fold decrease) than wild-type (WT) E2F1. This region corresponds to the pRB interaction domain, which is strongly impaired by the Y411H mutation (19). Very interestingly, this Y411H E2F1 mutant was also less efficient to interact with RIP140 (Fig. 1D), suggesting that the COOH-terminal RIP140-binding site on E2F1 might overlap that of pRB.

To show that this interaction between RIP140 and E2F1 also occurred in intact cells, we then set up coimmunoprecipitation experiments. As illustrated in Fig. 2A (top), RIP140 was found associated with immunoprecipitated E2F1 and the reverse experiment confirmed the interaction between the two proteins (bottom). All controls done with the sole expression of one partner or with the use of beads alone confirmed the specificity of the interactions. To emphasize these results, we then analyzed the association between endogenous proteins in MCF-7 breast cancer cells. Coimmunoprecipitation experiments showed that E2F1 was able to specifically pull down endogenous RIP140 (Fig. 2B). Finally, ChIP analysis was done in MCF-7 cells on E2F-binding sites in the cyclin D1 promoter, which is transcriptionally repressed by E2F1 (20). Data indicated a concomitant increase in E2F1 and RIP140 recruitment on G_1-S transition (Fig. 2C). Altogether, these results illustrated the interaction between endogenous RIP140 and E2F1, and binding of RIP140 on an E2F1 target promoter, thus strengthening the data presented in Fig. 1.

RIP140 inhibits E2F1 transactivation

We next tested the ability of RIP140 to control E2F1 transactivation in transient transfection experiments using expression vectors for both E2F1 and DP1, together with different luciferase reporter vectors known to be regulated by E2Fs. We first used an artificial reporter plasmid containing three copies of the E2F-binding site upstream the thymidine kinase promoter [(E2F)3-TK-Luc]. As shown in Fig. 3A (left), when transfected in MCF-7 breast cancer cells, we observed a significant inhibition of E2F1 activity on overexpression of RIP140. Similar inhibition of E2F1 transactivation by RIP140 (ranging from 4- to 8-fold) was obtained on two other reporter constructs corresponding to the natural cyclin E or ARF promoters (Fig. 3A, middle and right, respectively), and as shown in Fig. 3B, the cyclin E promoter was dose dependently repressed by RIP140. Moreover, the same repressive effect of RIP140 on E2F1 was observed on transient transfection of other human cancer cell lines such as HeLa or HEK293T (data not shown) and was not restricted to E2F1. Indeed, we found that the two other activator E2Fs (i.e., E2F2 and E2F3) not only interacted *in vitro* with RIP140 but also were similarly inhibited on RIP140 overexpression (see Supplementary Fig. S2).

To further characterize the mechanism of this inhibitory effect, we used plasmids allowing the expression of Gal4-E2F1 chimeric proteins fusing the DNA-binding domain of the Gal4 yeast transcription factor to the COOH-terminal moiety of E2F1 (amino acids 123–437 or 380–437, which both contain the transactivation domain). In these conditions, we obtained a similar dose-dependent transcriptional repression on RIP140 overexpression (Fig. 3C), suggesting that this effect was not due to a regulation of the binding of E2F1 to DNA or to its heterodimerization partners (DP proteins). Finally, we compared the effect of RIP140 with that of the pocket protein pRB and found that, in our experimental conditions, E2F1 activity on the cyclin E promoter was repressed to comparable levels, although the residual transactivation by E2F1 (compared with basal level) was higher with RIP140 than with pRB (Fig. 3D, left). On the Gal4-E2F1(380–437) chimeric protein, the effect of RIP140 was slightly less efficient than that of pRB, probably reflecting the loss of the NH_2-terminal–binding site for RIP140 (see above). Altogether, these results showed that RIP140 was able to interact with E2F1 and to repress its transcriptional activity.

RIP140 decreases cell cycle progression and regulates E2F target gene expression

Having shown that RIP140 was a novel repressor of E2F1 activity, we sought to directly address whether this

Fig. 4. RIP140 controls cell cycle progression. A, effect of RIP140 overexpression on cell cycle. Cells were transfected by pEGFP-C2-RIP140 plasmid and analyzed by flow cytometry as described in Materials and Methods. Left, experiment done in HeLa cells with the profiles of relative iodide fluorescence versus the number of cells for each population (RIP-GFP⁺ versus RIP-GFP⁻); right, the breakdown of the population according to cell cycle phase is indicated for each condition (mean of three independent experiments). B and C, deletion of the NH_2-terminal EID. B, MCF-7 cells were transiently transfected with E2F1 and DP1 together with the cyclin E-Luc and expression vectors for WT RIP140 or the ΔEID1 mutant. C, analysis of the proportion of MCF-7 cells in G_1 after transfection of expression vectors for WT or ΔEID1 mutated RIP140. Statistical analysis was done using the Mann-Whitney test. **, P < 0.01. D, analysis of mRNA expression. Quantitative real-time PCR analysis of gene expression was done using total RNA extracted from MCF-7 cells as described in Materials and Methods. The nature of the corresponding mRNAs is indicated above graphs. Results are represented as raw data after correction with RS9 values.

regulation might affect cell proliferation. We first examined the effect of RIP140 overexpression on cell cycle distribution in various human cancer cell lines. HeLa cells were transfected with a GFP-RIP140 expression vector, and two populations overexpressing (RIP-GFP⁺) or not (RIP-GFP⁻) RIP140 were separated and analyzed for cell cycle distribution by fluorescence-activated cell sorting.

As illustrated in Fig. 4A (left), 48 hours after transfection, RIP-GFP⁺ cells (which overexpress RIP140) showed a strong and significant decrease in the S-phase cell population (from 22.1% to 10.1%) with a concomitant increase in the number of G_1-phase cells (from 65.7% to 86.3%). Interestingly, a similar decrease in the fraction of S-phase cells was observed in two other human cell lines (i.e., MCF-7 breast cancer cells and HEK293T transformed embryonic kidney cells; Fig. 4A, right), thus suggesting that this effect of RIP140 could represent a general feature. Controls corresponding to cells transfected with GFP alone and sorted as done for RIP-GFP⁺ cells (data not shown) indicated that the effect was indeed due to the overexpression of RIP140.

Because the data shown in Fig. 1 suggested that the NH_2-terminal EID1 (residues 119–199) was the strongest binding site for *in vitro* translated full-length E2F1, we generated the corresponding RIP140 mutant (ΔEID1 deleted from amino acids 119–199) as a fusion with GFP. In transient transfection experiments, we found that this ΔEID1 mutant was significantly less efficient ($P < 0.01$) to repress E2F1/DP1 transactivation on the cyclin E promoter (Fig. 4B). This effect was specific of E2F transactivation because WT RIP140 and the ΔEID1 deletion mutant inhibited estrogen receptor transcriptional activity to the same extent (data not shown).

We also analyzed the effect of the ΔEID1 mutant on cell cycle (Fig. 4C). We found that its overexpression in MCF-7 cells led to an increase in the proportion of cells in G_1 (compared with GFP alone), and this increase was significantly lower ($P < 0.01$) than that obtained with the WT GFP-RIP140 vector. These results thus indicated that deletion of the main E2F1-interacting domain significantly impaired RIP140 ability to repress E2F transactivation and to block cell cycle progression.

In an attempt to explain the growth effect associated with RIP140 expression, we then analyzed by quantitative real-time PCR the steady-state levels of various mRNAs known to be transcribed from E2F target genes (4). As shown in Fig. 4D, we first noticed that in cells overexpressing the GFP-RIP140 expression vector, the mRNA levels of CCNE, CCNB2, CDC2, and CDC6 were strongly decreased compared with cells that did not overexpressed GFP-RIP140. The negative regulation was, however, not general for all E2F-traget genes because, for instance, the dihydrofolate reductase mRNA levels were not significantly regulated (Fig. 4C). Altogether, these results indicated that RIP140 controls cell cycle progression and regulates endogenous E2F target gene expression.

Inverse correlation between RIP140 and E2F1 target genes in human breast cancers

To determine the biological relevance of E2F control by RIP140 and to validate the regulation by RIP140 of some of the E2F1 target genes in human cancers, we analyzed the expression of RIP140 and E2F1 target genes on a tumor microarray data set representing 170 breast cancer patients (15). We first selected among 16 known E2F1 target genes shown to be related to tumor proliferation those presenting the most pronounced differential expression in tumors with low levels of RIP140 versus tumors with high levels of RIP140 (the two groups including tumors with $\log_2$ RIP140 expression values lower and upper than 0, respectively). As shown in Fig. 5A, six genes (CCNE1, MYBL2, BIRC5, E2F1, CCNB2, and CDC6), which presented the most important and significant differences in expression ratio between tumors with low and high RIP140 mRNA levels, were selected for clustering analysis. It should be noted that three of these genes (i.e., CCNE1, CDC6, and CCNB2) were found regulated by RIP140 in MCF-7 cells (Fig. 4C).

The gene expression signature comprising RIP140 and the six selected E2F1 target genes was used to cluster the 170-point data set and is displayed as a condition tree in Fig. 5B. This map clearly showed two regions of gene coregulation, low levels of RIP140 mRNA being associated with high levels of the E2F1 target genes, whereas in tumors expressing high levels of RIP140 mRNA, the E2F1 target genes were underexpressed. As shown in Fig. 5C, the mean expression levels of the six E2F1 target genes were significantly lower ($P = 1.5E–20$) in the group of tumors with high levels of RIP140. By contrast, although RIP140 is a known estrogen target gene, the median expression of ESR1 was not significantly higher in tumors expressing high versus low levels of RIP140 mRNA (0.41 and 0.29, respectively; $P > 0.05$). Together, these data show that RIP140 deficiency is inversely correlated with a signature of E2F target genes in human breast cancer, thus strongly strengthening our *in vitro* results.

Low RIP140 mRNA levels are associated with "basal-like" human breast cancers

Human breast tumors are diverse in their natural history and their responsiveness to treatments. Variations in transcriptional programs account for much of the biological and clinical heterogeneity of breast cancers. Using hierarchical clustering of gene expression patterns, human breast tumors have been classified into five distinct subtypes arising from at least two distinct cell types (basal and luminal epithelial cells) and associated with significant differences in clinical outcome (21). Using the tumor microarray data set from Hu et al. (15), we investigated how RIP140 could discriminate between these molecular subtypes and whether the regulation of E2F1 target genes by RIP140 could be observed in these distinct subclasses. We anticipated that it could be the case because a proliferation gene cluster including E2F1 target genes is differentially expressed through

A

E2F1 target gene expression

	Low RIP140	High RIP140	High/low ratio	P value
CCNE1	-0,31	-1,11	3,56	5,0E-08
MYBL2	-0,90	-1,89	2,10	3,1E-07
BIRC5	-1,09	-2,07	1,89	1,6E-06
E2F1	-0,66	-1,21	1,85	1,5E-10
CCNB2	-1,42	-2,46	1,73	2,0E-10
CDC6	-1,84	-2,68	1,45	4,4E-09
BUB1	-2,00	-2,61	1,30	2,8E-05
AURKA/STK15	-1,62	-2,09	1,29	3,1E-04
CDC2	-2,05	-2,63	1,29	8,7E-04
CCNB1	-1,99	-2,42	1,22	3,5E-03
MAD2L1	-2,47	-2,97	1,20	3,1E-02
RFC4	-1,73	-2,08	1,20	1,9E-03
TOP2A	-2,04	-2,40	1,18	1,1E-02
KIAA0101	-2,55	-2,69	1,05	4,1E-01
PCNA	-1,56	-1,63	1,05	3,1E-01
CCNE2	-1,42	-1,41	0,99	3,0E-01

C

B

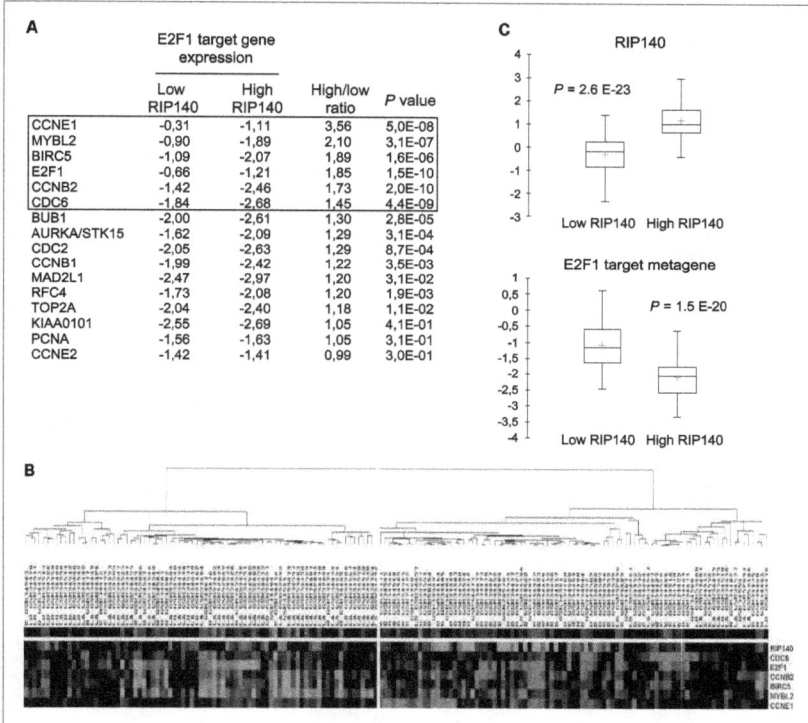

Fig. 5. Inverse correlation between RIP140 and E2F1 target gene expression in breast cancer. A, differential statistical analyses between two groups of tumor specimens defined by RIP140 expression values. The 170 samples from the Hu et al. study (15) were separated into two groups according to their RIP140 expression levels. Fifty-five (low RIP140 expression) and 115 (high RIP140 expression) tumors exhibited $\log_2$-transformed RIP140 expression values lower and upper than 0, respectively. The median expression of each of 16 E2F1 target genes was determined within each of the two groups, and the ratios of the respective median values were calculated. B, hierarchical clustering of the 170 samples on the basis of expression of RIP140 and E2F1 target genes. Six E2F1 target genes with expression ratios ≥1.45 between high and low RIP140 expression tumor groups were selected (boxed in A) and used for cluster analysis of the 170 tumor specimens. C, box plot analyses of the expression values for RIP140 and E2F1 target metagene into the two groups defined by RIP140 expression. The expression value of the E2F1 target metagene was defined in each tumor as the mean expression of the six E2F1 target genes selected in A. RIP140 and metagene expression values were visualized for the low and high RIP140 tumor groups using box plots.

the breast tumor subtypes (15) and reported as a hallmark of a series of prognosis molecular signatures (22–24). The 170 tumors were ranked according to RIP140 gene expression and divided into two equal groups of 85 tumors with low and high RIP140 expression levels, respectively. As expected, the E2F1 target metagene expression almost mirrored the RIP140 mRNA levels in these two tumor groups (Fig. 6A). Inter-

estingly, as shown in Fig. 6B, the group of tumors with the lowest levels of RIP140 gene expression (left) included 87.5% of the tumors identified as basal-like tumors (black box) and only 17.9% of those diagnosed as luminal-like tumors (white box). By contrast, the group with high levels of RIP140 mRNA (right) contained 82.1% of the luminal-subtype tumors and only 12.5% of the basal-subtype tumors. It should be noted that

75.2% of the tumors included in this high RIP140 expression group belonged to the luminal subtype, whereas only 5.9% were classified as basal-like tumors. In agreement with the fact that the low and high RIP140

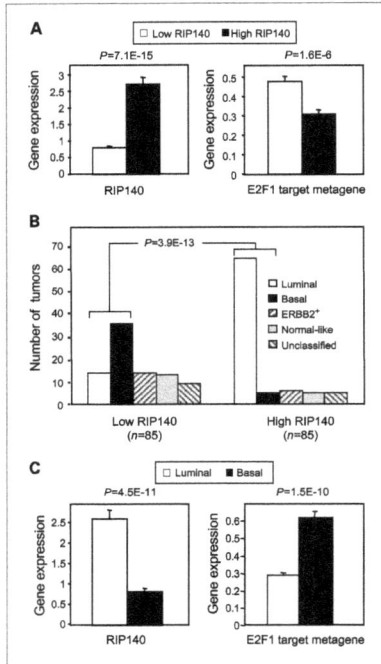

Fig. 6. RIP140 expression discriminates luminal and basal breast cancer subtypes. A, E2F1 target metagene expression in the low and high RIP140 expression tumor groups. The 170 breast tumors of the study from Hu et al. (15) were ranked according to RIP140 gene expression and divided into two equal groups (85 tumors) exhibiting low and high RIP140 expression, respectively. Expression values for RIP140 and E2F1 target metagene (defined as the mean expression of the six E2F1 target genes selected in Fig. 4A) are expressed as means ± SE, and P values (Student's t test) are indicated. B, relationship between RIP140 gene expression levels and molecular breast tumor subtypes. For the two groups of tumors defined in A and expressing low and high RIP140 mRNA (left and right, respectively), luminal-like (white), basal-like (black), ERBB2⁺ (left hatched), normal-like (gray), and unclassified (right hatched) tumors are indicated. The statistical significance was assessed using a χ^2 analysis ($P = 3.9E-13$). C, RIP140 and E2F1 target metagene expression levels in luminal- and basal-like tumors. The expression values of RIP140 and E2F1 target metagene in the basal-like ($n = 40$) and luminal-like ($n = 78$) tumors of the cohort are expressed as means ± SE, and P values are indicated.

expression groups exhibited opposite contents of luminal- and basal-like tumors, we found that basal-like tumors express low RIP140 and high E2F1 target metagene levels, respectively. By contrast, those identified as luminal-like tumors expressed high RIP140 and low E2F1 target metagene levels, respectively (Fig. 6C). Indeed, the RIP140 gene expression was 3.1-fold higher in luminal-like than in basal-like tumors, whereas the E2F1 target metagene level was 2.1-fold higher in basal-like than in luminal-like tumors. Using the same data, we also analyzed the partition of luminal- and basal-like tumors according to the expression of the RB gene or those of the E2F coactivators NCOA3, NCOA6, CBP, and PCAF. Interestingly, variations of RIP140 expression were the most powerful to discriminate between luminal- and basal-like tumors in this cohort (Supplementary Fig. S1). Altogether, these data suggested that, in breast cancers, low RIP140 mRNA expression was associated with high E2F1 target gene levels and basal-like tumors.

Discussion

RIP140 was initially identified as a transcriptional repressor of ligand-activated nuclear hormone receptor, involved in the control of ovarian functions and metabolic pathways (see ref. 25 for a review). In the present study, we identified RIP140 as a novel transcriptional repressor of E2F1 and as a new important regulator of cell proliferation. Based on both in vitro protein-protein interaction assays, coimmunoprecipitation, and ChIP experiments, our data clearly show that RIP140 is an E2F1 partner. Transcriptional repression of E2F1 activity by RIP140 was observed in transient transfections on various E2F target promoters, and strong inverse correlations between RIP140 and E2F target genes were noted on overexpression of RIP140 in breast cancer cells. More interestingly, the same observation (i.e., low levels of RIP140 associated with high expression of E2F1 targets) was made using data obtained on a set of 170 human breast cancer samples.

Other nuclear receptor cofactors were previously reported as E2F regulators. However, most of these studies dealt with transcriptional activators such as CBP (26), PCAF (16), or, more recently, ASC-2/NCOA6 (17) or AIB1/NCOA3 (18). RIP140, acting as a negative regulator of E2F1, thus seems to act similarly to the well-known pocket proteins (3), although no structural similarities could be detected between RIP140 and pRB, p107, or p130. It has been shown that pocket proteins exhibit some specificity toward E2F family members. Indeed, pRB targets preferentially the activator E2Fs (E2F1, E2F2, and E2F3), whereas p107 and p130 are involved in the regulation of E2F4 and E2F5 (1). We are currently trying to determine whether RIP140 exhibits a similar specificity among E2F transcription factors, and our preliminary results indicate

---

[5] M. Lapierre, unpublished data.

that RIP140 is not specific for E2F1, E2F2, and E2F3 and also interacts with repressor E2Fs (Supplementary Fig. S2).

Very interestingly, our data also identified RIP140 as a new regulator of cell proliferation with a significant effect on cell cycle progression because transient overexpression of RIP140 significantly decreased the number of cells in S phase. The function of RIP140 in cell proliferation was supported by the observation that DNA synthesis (assessed by incorporation of 5-ethynyl-2′-deoxyuridine) was significantly increased in tissues from RIP140 knockout mice (27) compared with WT littermates.[5] Moreover, in addition to their roles on cell cycle and cell proliferation, E2F1 and/or RB are also key players in the control of major biological processes such as apoptosis or differentiation, and deregulation of this pathway is of major relevance in tumorigenesis (1, 3). Experiments are therefore currently in progress in our laboratory to evaluate the relevance of RIP140 on the control of these parameters and more globally to determine whether RIP140 loss has a direct effect on cancer formation. Based on the data published on pocket proteins, this might not be obvious because, although $RB^{-/+}$ mice are prone to develop pituitary and thyroid tumors (28), no increase in tumor formation on p107 or p130 gene invalidation was observed, except in an $RB^{-/+}$ background (3, 29). In addition, several studies have reported that deregulation of the E2F signaling pathway could be linked to antiestrogen resistance in breast cancers (30). It will be therefore very important to investigate whether RIP140, through its effects on E2F signaling, could be involved in resistance of mammary tumors to antiestrogen therapy.

About breast cancer, hierarchical clustering of microarray data led to a classification into at least four groups: luminal-like (including luminal A and B), basal-like, ERBB2⁺, and normal-like showing distinct clinical outcomes (21). Such unsupervised analyses (15, 31), as well as supervised analyses done to define prognosis classifiers (22–24), identify

proliferation genes as interesting markers for predicting relapse in breast cancer. Interestingly, when we analyzed published transcriptomic data obtained on human breast tumors (15), we clearly showed that RIP140 mRNA levels discriminate between the different cancer subtypes classified as basal- or luminal-like based on molecular profiling. Our results indicate that low RIP140 mRNA levels correlate with basal-like tumors, whereas those expressing high levels of RIP140 mRNA are mostly luminal-like (see Fig. 6; Supplementary Fig. S1).

These data therefore suggest that RIP140 may help to improve molecular signatures used to classify breast cancers. However, further work is needed to assess the association of RIP140 expression with clinical outcome and to determine the relative contribution of this gene compared with the different markers previously identified.

Disclosure of Potential Conflicts of Interest

No potential conflicts of interest were disclosed.

Acknowledgments

We thank Dr. Claude Sardet for plasmids, Sandrine Bonnet for technical assistance, and Drs. Stéphan Jalaguier and Patrick Augereau for critical reading of the manuscript.

Grant Support

Institut National de la Santé et de la Recherche Médicale, University of Montpellier I, Institut National du Cancer, Ligue Nationale contre le Cancer, Association pour la Recherche sur le Cancer, and Fondation Jérôme Lejeune. P.-O. Harmand and S. Fritsch were recipients of fellowships from the Ligue Nationale contre le Cancer.

The costs of publication of this article were defrayed in part by the payment of page charges. This article must therefore be hereby marked *advertisement* in accordance with 18 U.S.C. Section 1734 solely to indicate this fact.

Received 12/01/2009; revised 03/23/2010; accepted 04/06/2010; published OnlineFirst 04/21/2010.

References

1. Iaquinta PJ, Lees JA. Life and death decisions by the E2F transcription factors. Curr Opin Cell Biol 2007;19:649–57.

2. DeGregori J, Johnson DG. Distinct and overlapping roles for E2F family members in transcription, proliferation and apoptosis. Curr Mol Med 2006;6:739–48.

3. Du W, Pogoriler J. Retinoblastoma family genes. Oncogene 2006;25:5190–200.

4. DeGregori J. The genetics of the E2F family of transcription factors: shared functions and unique roles. Biochim Biophys Acta 2002;1602:131–50.

5. Khidr L, Chen PL. RB, the conductor that orchestrates life, death and differentiation. Oncogene 2006;25:5210–9.

6. Knudsen ES, Knudsen KE. Retinoblastoma tumor suppressor: where cancer meets the cell cycle. Exp Biol Med (Maywood) 2006;231:1271–81.

7. Ko YJ, Balk SP. Targeting steroid hormone receptor pathways in the treatment of hormone dependent cancers. Curr Pharm Biotechnol 2004;5:459–70.

8. Augereau P, Badia E, Carascossa S, et al. The nuclear receptor transcriptional coregulator RIP140. Nucl Recept Signal 2006;4:e024.

9. Castet A, Boulahtouf A, Versini G, et al. Multiple domains of the

receptor-interacting protein 140 contribute to transcription inhibition. Nucleic Acids Res 2004;32:1957–66.

10. Christian M, Tullet JM, Parker MG. Characterization of four autonomous repression domains in the corepressor receptor interacting protein 140. J Biol Chem 2004;279:15645–51.

11. Augereau P, Badia E, Fuentes M, et al. Transcriptional regulation of the human NRIP1/RIP140 gene by estrogen is modulated by dioxin signalling. Mol Endocrinol 2006;69:1338–46.

12. Carascossa S, Gobinet J, Georget V, et al. Receptor-interacting protein 140 is a repressor of the androgen receptor activity. Mol Endocrinol 2006;20:1506–18.

13. Ou YH, Chung PH, Hsu FF, Sun TP, Chang WY, Shieh SY. The candidate tumor suppressor BTG3 is a transcriptional target of p53 that inhibits E2F1. EMBO J 2007;26:3968–80.

14. Zilliacus J, Holter E, Wakui H, Tazawa H, Treuter E, Gustafsson JA. Regulation of glucocorticoid receptor activity by 14-3-3-dependent intracellular relocalization of the corepressor RIP140. Mol Endocrinol 2001;15:501–11.

15. Hu Z, Fan C, Oh DS, et al. The molecular portraits of breast tumors are conserved across microarray platforms. BMC Genomics 2006;7:96.

16. Martinez-Balbas MA, Bauer UM, Nielsen SJ, Brehm A, Kouzarides T. Regulation of E2F1 activity by acetylation. EMBO J 2000;19:662–71.
17. Kong HJ, Yu HJ, Hong S, et al. Interaction and functional cooperation of the cancer-amplified transcriptional coactivator activating signal cointegrator-2 and E2F-1 in cell proliferation. Mol Cancer Res 2003;1:948–58.
18. Louie MC, Zou JX, Rabinovich A, Chen HW. ACTR/AIB1 functions as an E2F1 coactivator to promote breast cancer cell proliferation and antiestrogen resistance. Mol Cell Biol 2004;24:5157–71.
19. Shan B, Durfee T, Lee WH. Disruption of RB/E2F-1 interaction by single point mutations in E2F-1 enhances S-phase entry and apoptosis. Proc Natl Acad Sci U S A 1996;93:679–84.
20. Watanabe G, Albanese C, Lee RJ, et al. Inhibition of cyclin D1 kinase activity is associated with E2F-mediated inhibition of cyclin D1 promoter activity through E2F and Sp1. Mol Cell Biol 1998;18:3212–22.
21. Sorlie T, Tibshirani R, Parker J, et al. Repeated observation of breast tumor subtypes in independent gene expression data sets. Proc Natl Acad Sci U S A 2003;100:8418–23.
22. Sotiriou C, Wirapati P, Loi S, et al. Gene expression profiling in breast cancer: understanding the molecular basis of histologic grade to improve prognosis. J Natl Cancer Inst 2006;98:262–72.
23. Oh DS, Troester MA, Usary J, et al. Estrogen-regulated genes predict survival in hormone receptor-positive breast cancers. J Clin Oncol 2006;24:1656–64.
24. Chanrion M, Negre V, Fontaine H, et al. A gene expression signature that can predict the recurrence of tamoxifen-treated primary breast cancer. Clin Cancer Res 2008;14:1744–52.
25. Christian M, White R, Parker MG. Metabolic regulation by the nuclear receptor corepressor RIP140. Trends Endocrinol Metab 2006;17: 243–50.
26. Morris L, Allen KE, La Thangue NB. Regulation of E2F transcription by cyclin E-Cdk2 kinase mediated through p300/CBP co-activators. Nat Cell Biol 2000;2:232–9.
27. White R, Leonardsson G, Rosewell I, Ann JM, Milligan S, Parker M. The nuclear receptor co-repressor nrip1 (RIP140) is essential for female fertility. Nat Med 2000;6:1368–74.
28. Jacks T, Fazeli A, Schmitt EM, Bronson RT, Goodell MA, Weinberg RA. Effects of an Rb mutation in the mouse. Nature 1992;359: 295–300.
29. Dannenberg JH, Schuijff L, Dekker M, van der Valk M, te Riele H. Tissue-specific tumor suppressor activity of retinoblastoma gene homologs p107 and p130. Genes Dev 2004;18:2952–62.
30. Bosco EE, Wang Y, Xu H, et al. The retinoblastoma tumor suppressor modifies the therapeutic response of breast cancer. J Clin Invest 2007;117:218–28.
31. Perreard L, Fan C, Quackenbush JF, et al. Classification and risk stratification of invasive breast carcinomas using a real-time quantitative RT-PCR assay. Breast Cancer Res 2006;8:R23.

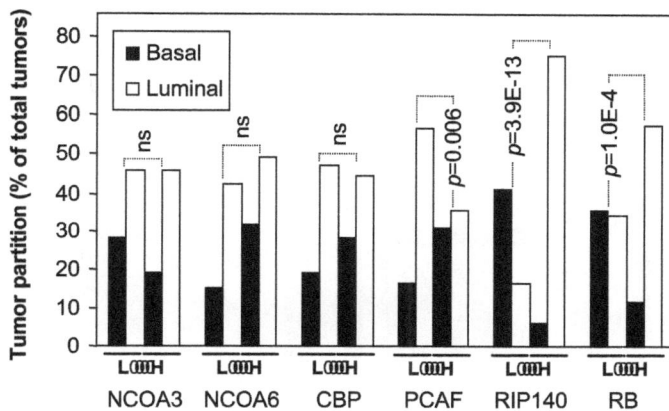

Docquier *et al.* - Supplemental Figure S1

Partition of basal- and luminal-like breast tumors according to the expression of E2F1 cofactors.

The 170 breast tumors from Hu et al. were ranked and divided into two groups of 85 tumors with low (L) and high (H) expression of the indicated cofactor. The partition of basal- and luminal-like tumors in each of these groups is indicated as percent of the total number of tumors. The statistical significance of the changes in the number of luminal- and basal-like tumors into the respective low and high expression groups was assessed using Chi2 analyses and *p*-values are indicated; ns, not significant.

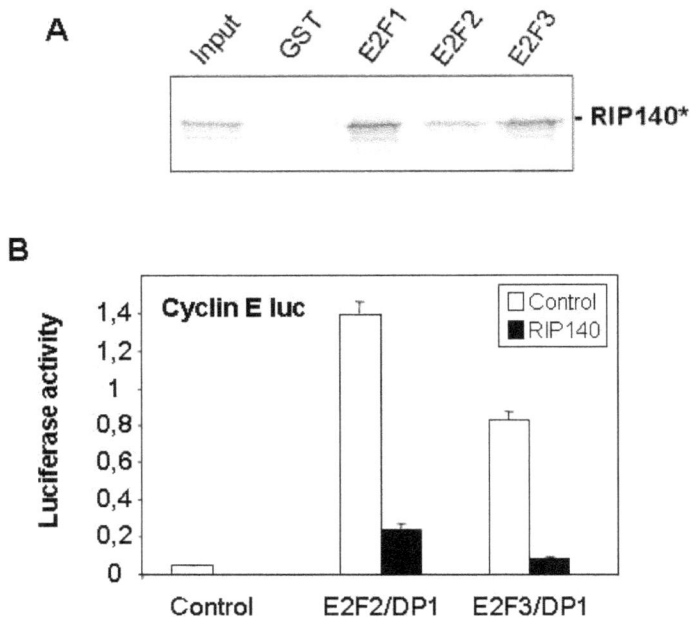

A

Input GST E2F1 E2F2 E2F3

— RIP140*

B

Cyclin E luc

□ Control
■ RIP140

Luciferase activity

1,4
1,2
1
0,8
0,6
0,4
0,2
0

Control   E2F2/DP1   E2F3/DP1

Docquier *et al.* - Supplemental Figure S2

RIP140 interacts with E2F2 and E2F3 and represses their transcriptional activities.

(A) GST pull-down assays were carried out using GST, GST-E2F1, GST-E2F2 or GST-E2F3 with ^{35}S-labelled wild-type RIP140. Inputs represent 25% of the material used in the assays. (B) MCF-7 cells were transiently transfected as indicated in *Materials and Methods*, with the cyclinE-Luc reporter plasmid (25ng) together with expression vectors for E2F1 or E2F3 and DP1 (25ng each) in the presence or absence of RIP140 expression vector (250ng). Luciferase activity represents the mean (±SD) of three values.

CONCLUSIONS

RIP140 a été, à l'origine, identifié comme un corépresseur transcriptionnel des récepteurs des œstrogènes, une fois ce récepteur activé par son ligand. Dans cette première étude, nous avons mis en évidence le fait que RIP140 est également un corépresseur transcriptionnel du facteur E2F1.

Tout d'abord, par des techniques d'interaction protéine-protéine *in vitro* puis par co-immunoprécipitation des protéines surexprimées ou endogènes, nous avons vu que RIP140 a la capacité d'interagir avec E2F1. Une analyse par immunoprécipitation de la chromatine montre que ce complexe est présent sur les sites de liaison des E2Fs des promoteurs des gènes cibles du facteur E2F1, au début du cycle cellulaire. RIP140 est donc clairement un partenaire de E2F1.

Après génération de différents mutants de délétion des deux protéines, les sites de liaison ont pu être déterminés. E2F1 lie RIP140 grâce à un site présent en N-terminal et un autre site compris dans son domaine de transactivation. En effet, la perte de ce domaine ou la mutation du site de liaison de E2F1 avec pRb affecte la fixation, *in vitro*, de RIP140 sur la protéine E2F1. Les sites de liaison de RIP140 pour E2F1 ont été plus précisément définis. Le premier site est compris entres les acides aminés (AA) 19 et 99 en N-terminal appelé EID1, le deuxième site est compris entre les AA 16 et 158 en C-terminal nommé EID2.

La répression transcriptionnelle exercée par RIP140 sur l'activité de ce facteur a été observée après transfection transitoire dans des lignées tumorales mammaires MCF-7. Ainsi, la surexpression du facteur E2F1 et de son partenaire DP1 montre une forte augmentation de l'activité du promoteur artificiel $(E2F)_3$TK, possédant trois sites de liaison aux E2Fs et des promoteurs des gènes Cycline E et ARF. L'activité de ces trois promoteurs est diminuée après surexpression de RIP140. RIP140 agit donc comme un corépresseur transcriptionnel de E2F1, même si son efficacité reste inférieure à celle exercée par pRb.

Dans un contexte biologique, la surexpression de RIP140 dans des lignées cellulaires tumorales telles que les cellules MCF-7, HeLa ou encore HEK293T, engendre une accumulation des cellules dans les phases G0 et G1 du cycle cellulaire. Lors de cette surexpression, l'expression des gènes cibles des E2Fs impliqués dans la régulation du cycle cellulaire est affectée. Les niveaux d'ARNm des Cyclines E et B1, de Cdc2, Cdc6 et de DHFR sont diminués en présence de RIP140. Enfin, l'utilisation du mutant de la protéine RIP140, délétée pour le domaine de liaison avec E2F1 (EID1), provoque une diminution du pouvoir répresseur de RIP140 sur l'activité du facteur E2F1. Le manque d'interaction de RIP140 pour E2F1 engendre également une baisse du nombre de cellules en phase G0/G1, se rapprochant du profil du cycle des cellules contrôles. L'interaction entre RIP140 et E2F1 est donc importante pour l'activité répressive qu'exerce RIP140 sur E2F1.

Dans un contexte physiopathologique, un groupe de 170 cancers du sein a été analysé, 115 présentent un fort taux d'expression de RIP140 contre 50 ayant un faible taux d'expression. Cette analyse a montré qu'il y avait une relation inverse entre le taux d'expression de RIP140 et celui de E2F1 et de ses cibles, comme la cycline E1, la cycline B2 ou encore Cdc6.

Enfin, l'expression de RIP140 semble discriminer des sous-groupes de cancer du sein de type luminal et basal. Les cancers ayant de forts taux de RIP140 et de faibles taux de E2F1 sont majoritairement des tumeurs luminales. Alors que le profil inverse est davantage présent dans des tumeurs de type basal.

Cette étude a donc permis d'identifier RIP140 comme un nouvel acteur de la voie de régulation des facteurs E2Fs ql pourrait également être utilisé comme un nouveau marqueur de pronostic en oncologie.

PARTIE 2

Régulation du promoteur du gène RIP140 par les facteurs E2Fs

INTRODUCTION

Les facteurs E2Fs sont une grande famille de facteurs de transcription dont les gènes cibles sont impliqués dans de nombreux processus biologiques. L'expression de ces gènes influence l'entrée et la progression du cycle cellulaire, la réplication et la réparation de l'ADN, l'apoptose, la différenciation, la transduction du signal ou encore du métabolisme énergétique [156]. E2F1, premier membre de cette famille mis en évidence, possède des propriétés d'oncogène mais également de gène suppresseur de tumeur grâce à son impact sur la prolifération et sur l'apoptose [157]. La dérégulation de son activité joue un rôle important dans la tumorigenèse [304]. Un autre rôle spécifique du facteur E2F1 a été mis en évidence dans les processus métaboliques et plus précisément dans le métabolisme des lipides et la différenciation adipocytaire [305].

Cette famille de facteurs de transcription comprend différents membres dont certains ont une activité transcriptionnelle majoritairement activatrice et d'autres une activité répressive. Les E2Fs possèdent un domaine de liaison à l'ADN qui leur permet de se fixer à leur site de liaison sur l'ADN. La plupart des membres agissent sous forme d'hétérodimère avec leur partenaire DP pour se lier à ces séquences promotrices [59]. L'activité des facteurs E2F1 à E2F5 est principalement contrôlée par les protéines du rétinoblastome, qui répriment l'expression génique en recrutant des enzymes de modification de la chromatine [306].

L'activité transcriptionnelle des E2Fs peut être régulée par d'autres facteurs et cofacteurs, en fonction du promoteur et du contexte cellulaire considéré. Nous avons récemment démontré que RIP140 (NRIP1) pouvait réprimer l'activité du facteur E2F1 [307]. Cette protéine nucléaire a tout d'abord été identifiée comme corépresseur transcriptionnel des récepteurs nucléaires (NR). En présence de ligand, RIP140 se fixe aux NR pour inhiber leur activité [308]. Ces NR et plus précisément le récepteur des œstrogènes, régulent en retour l'expression de RIP140. Ce cofacteur est ainsi impliqué dans une boucle de régulation négative avec ERα.

Cette deuxième étude a permis d'identifier RIP140 comme un nouveau gène cible régulé par E2F1. Le but de ce travail a été de comprendre comment les facteurs E2Fs régulent ce gène, quels sites du promoteur sont impliqués et comment DP1 ou d'autres facteurs de transcription peuvent influencer cette régulation. L'existence d'une boucle de régulation entre RIP140 les facteurs E2Fs a également été démontrée. Enfin, cette étude a permis de mettre en évidence que l'expression du gène RIP140 varie au cours de la progression des cellules dans le cycle cellulaire et qu'elle est régulée par E2F1 durant le processus biologique de différenciation adipocytaire.

RESULTATS

RIP140 is a novel cell cycle-regulated gene controlled at the transcriptional level by E2F transcription factors

Article en soumission à Nucleic Acids Research

RIP140 is a Novel Cell Cycle-regulated Gene Controlled

at the Transcriptional Level by E2F Transcription Factors

Aurélie DOCQUIER, Patrick AUGEREAU, Pierre-Olivier HARMAND[1], Marion LAPIERRE,

Eric BADIA, Jean-Sébastien ANNICOTTE, luis FAJAS and Vincent CAVAILLÈS

IRCM, Institut de Recherche en Cancérologie de Montpellier, Montpellier, F-34298, France,

INSERM, U896, Montpellier, F-34298, France, Université Montpellier 1, Montpellier, F-34298,

France, CRLC Val d'Aurelle Paul Lamarque, Montpellier, F-34298, France.

[1] Present Address: Laboratoire de Biologie Cellulaire et Hormonale, CHRU Arnaud de

Villeneuve, 34090 Montpellier, France;

Contact: Dr V. Cavaillès, INSERM U896, Parc Euromédecine Val d'Aurelle,

208 Rue des Apothicaires, Montpellier, F-34298 France.

Phone: 33 4 67 61 24 05. Fax: 33 4 67 61 37 87. E-mail incent.cavailles@inserm.fr

Running title: E2Fs control RIP140 gene transcription

ABSTRACT

RIP140 is a transcriptional coregulator involved in energy homeostasis and ovulation that we previously reported to be regulated by nuclear receptors at the transcriptional level. We demonstrate here that RIP140 is a novel target gene of E2F transcription factors. We first characterize several *bona fide* E2F response elements able to bind the E2F1/DP1 heterodimer and show, using chromatin immunoprecipitation, that E2F1 is recruited to the RIP140 promoter. In transiently transfected breast cancer cells, overexpression of E2F1, E2F2 or E2F3 with DP1 increases transcription of the RIP140 promoter and sequences involved in these regulations are located in the proximal region of the promoter. Interestingly, we demonstrate that the regulation by E2F1 involves Sp1 transcription factors, is negatively regulated by overexpression of DP1 and under a feedback control by RIP140 itself. The relevance of the regulation by E2F1 is strengthened by the deregulated expression of RIP140 in cells and tissues from E2F1$^{-/-}$ mice and by its regulation during progression of synchronized cells into the cell cycle. Altogether, this work identifies the RIP140 gene as a novel cell-cycle regulated gene and a new transcriptional target of E2F1 which may explain some of the effect of E2F1 in both cancer and metabolic diseases.

(199 words)

Keywords: E2F/RIP140/transcription/breast cancer/metabolic disease.

INTRODUCTION

RIP140 (Receptor Interacting Protein of 140kDa also known as NRIP1) is a nuclear protein of 1158 amino acids, initially identified as a transcription cofactor of estrogen receptors which, despite its recruitment in the presence of agonist ligands, exhibits a strong transcriptional repressive activity of various nuclear receptors (for a review see (1)). The molecular mechanisms involved in this transrepression implicate several repressive domains within the RIP140 molecule and recruitment of different partners such as HDACs and CtBPs. Several post-translational modifications (such as acetylation, methylation and conjugation to SUMO peptides or vitamin B6) also play key roles in the regulation of RIP140 activity (2)(3). Interestingly, we previously demonstrated that RIP140 was involved in several transcriptional regulatory loops since its expression was increased upon estrogen or androgen stimulation, in breast (4) and prostate (5) cancer cells, respectively. Cloning of the human (6) and mouse (7) RIP140 genes showed that the overall organization was conserved and allowed identification of several cis-acting elements involved in transcriptional regulation by estrogens and dioxin (6) or by the nuclear receptor ERRα (7).

Molecular and cellular analyses together with *in vivo* approaches using knock-out mice have highlighted the role of RIP140 in various physiological and pathological processes (8). For instance, this gene is required for a proper oocyte release during ovulation, involved in the regulation of fat accumulation and energy homeostasis in metabolic tissues and a regulator of inflammation. We recently reported that its expression is significantly decreased in basal-like breast cancers (9). We also demonstrated that RIP140 is involved in the control of cell proliferation and that it negatively regulated the activity of E2Fs (9).

The E2F family represents a class of transcription factors which regulate a broad spectrum of genes involved in major cellular processes such as DNA replication, apoptosis, differentiation and cell cycle (10). E2F1, the founding member of the E2F family, has been shown to possess oncogenic properties and numerous evidences show that deregulation of E2F activity plays a key role in tumorigenesis (11)(12). In addition to its effect on cell cycle progression, E2F1 can also induce apoptosis through p53-dependent and -independent mechanisms (13) and data indicate that E2F1 behaves as a tumor suppressor *In Vivo* (10). More recently, a clear implication of E2F1 has been demonstrated in different metabolic processes including lipid and adipocyte metabolism or glucose homeostasis (for a review see (14)).

Eight E2F genes have been identified in mammals which encode proteins classified as transcriptional activators (E2F1-3) or repressors (E2F4-8) (15). Most of the E2F family members exhibit structural conserved features such as a DNA-binding domain and hydrophobic heptad repeats which allow heterodimerization with DP proteins (DRTF1 polypeptides DP1, DP2 and DP3) through coil-coil interactions. In their C-terminus moiety, E2F1 to 5 exhibit a transactivation domain whose activity is tightly regulated by different post-translational modifications (such as phosphorylation and acetylation) and through the binding of pocket proteins pRB, p107 and p130). E2F transcriptional activity is controlled by a plethora of factors (16). The association with pocket proteins allows active repression through the recruitment of histone deacetylases and methyltransferases and is finely regulated by various members of the cyclin/cdk family (17).

The present study identified RIP140 as a novel cell cycle regulated gene transcriptionally targeted by E2F1. Our data demonstrate that the regulation involved a synergism between different proximal sites (E2F response elements and Sp1 binding sites) associated with a strong inhibitoryi effecti ofi DP1i overexpression.i Wei alsoi showi thati RIP140i isi engagedi ini ai regulatoryi feed-backi loopi sincei iti repressesi E2F1i transactivationi oni itsi owni promoter.i Finally,i RIP140i mRNAi accumulationi isi regulatedi throughi celli cyclei progressioni andi alteredi ini cellsi andi tissuei fromi E2F1i knock-outi mice.i Altogether,i thisi worki identifiesi RIP140i asi ai newi targeti ofi E2Fi transcriptioni factorsi andi suggestsi thati iti mighti bei involvedi ini ai widei rangei ofi biologicali processesi regulatedi byi thisi pathway.i

Identification of bona fide E2F binding sites in the RIP140 promoter

We previously reported the cloning and characterization of the human RIP140 gene promoter with the identification of various response elements (6). Upon close inspection of the proximal promoter region, we mapped several putative E2F binding sites resembling the consensus sequence TTTSGCGCS. In the human RIP140 promoter, these sites were located at -637, -417, -146, -21 and -98 bp from the 5' extremity of the DNA (Figure 1 A and B). These sites spread into two clusters with sites a and b being in the distal part of the promoter and sites c, d and e around the transcription start site, all being flanked by putative Sp1 sites. It should be noted that the E2Fa site exhibited the sequence which is the closest to the consensus motif with only one nucleotide change and that the E2Fe site was in fact a composite site with three different possibilities to bind the E2F/DP heterodimers (Figure 1 A). Interestingly, the murine RIP140 promoter contains four putative E2F binding sites, the E2Fd site being perfectly conserved in term of position and sequence as compared to the human promoter (Figure 1 B and C).

We then checked the ability of the five different sites from the human promoter to act as *bona fide* E2F binding sites. Using gel shift experiments, we demonstrated that E2F1 strongly interacts with oligonucleotides encompassing some of the putative binding sites (*i.e.* E2Fa, E2Fd and E2Fe). As shown in Figure 2A, specific retarded bands (marked with an asterisk) were obtained when the labeled target sequence was incubated with increasing amounts of whole cell extract prepared from cells overexpressing E2F1 and DP1. The effect was comparable to that obtained with a consensus E2F binding site from the adenovirus gene (Ad2E2F) and these retarded bands were all shifted with an anti-E2F1 antibody. In these experiments, we found that the apparent binding affinities of E2F1/DP1 for the different motifs ranked as follows E2Fa>E2Fd=E2Fe

(Figure 2B). No significant binding was observed for E2Fb and c (Figure 2A) and point mutations known to abolish E2F binding indeed hampered the interaction both in direct gel shift assays and in competition experiments (data not shown).

In order to demonstrate that the interaction of E2F1/DP1 also occurred in intact cells, we performed chromatin immunoprecipitation experiments. As shown in Figure 2C, the regions of the RIP140 promoter encompassing the E2Fa or E2Fd binding sites were PCR amplified at higher levels after immunoprecipitation with the anti-E2F1 antibody as compared to background levels of amplification of the same region after immunoprecipitation in the absence of the relevant antibody. The signal obtained after amplification of the RIP140 promoter was comparable to that obtained with the well-known E2F-target gene cyclin A2. Finally, we overexpressed E2F1 and DP1 by transient transfection and analyzed the effect on the expression of the endogenous RIP140 gene. As shown in Figure 2D, this led to a significant increase in the levels of RIP140 mRNA. Altogether these data suggested that RIP140 is a direct transcriptional target of E2F1.

Regulation of the RIP140 promoter by E2Fs

To demonstrate a transcriptional regulation of the RIP140 promoter by E2Fs, we transiently transfected MCF-7 breast cancer cells with the RIP900 reporter construct containing the 900bp of the RIP140 promoter fused to the luciferase coding sequence. This construct (which encompassed the five E2F binding sites that we identified) was cotransfected with expression vectors encoding the different members of the E2F family (Figure 2E). When cotransfected with DP1, we found that E2F4, E2F5 and E2F6 were not able to transactivate the RIP140 promoter as expected since these factors are considered as being unable to act as transcriptional activators. By contrast, E2F1, E2F2 and E2F3 both strongly increased luciferase activity from the RIP900

- 133 -

reporter. Western-blot analysis indicated that the overexpression of the different E2Fs was comparable and that the levels of DP1 were also similar in all cases (data not shown). As expected increasing concentrations of expression vectors for E2F1 and DP1 produced a clear dose-dependent induction of luciferase activity on both the human and murine RIP140 reporters (see supplementary Figure S1).

Localization of regulatory elements

Using promoter mutagenesis (deletion and point mutations), we then defined the cis-acting elements required for the regulation by E2Fs. In a first step, we generated mutants of the RIP140 promoter with point mutations in the different E2F response elements (Figure 3A). When we analyzed the effect of each individual mutation (Figure 3B, left panel), we found that mutation of the E2Fa site slightly increased the response whereas mutation of the E2Fe site decreased the response to E2F1/DP1 overexpression. Surprisingly, a construct with mutation of the five E2F response elements (E2Fnone) was still significantly regulated by E2F1/DP1 to a level comparable to that obtained with the mE2F reporter.

We then analyzed reporter transactivation when a single functional E2F response element was left intact (Figure 3B, right panel). When compared to the promoter mutated on the five E2F response elements, we found that the E2Fb site was not functional whereas all the other sites produced a significant transactivation, the highest effect being obtained with the E2Fe site. Interestingly, this construct even supported a significantly higher transactivation by E2F1/DP1 than the wild-type reporter (compare left and right panels). Altogether, these data suggested 1) that other cis-acting elements than these five E2F binding sites mediate the regulation of the RIP140 promoter by E2Fs and 2) that the distal (E2Fa) and proximal (E2Fe) response element support opposite regulation by E2Fs (negative and positive effects, respectively).

As shown in Figure 3C, deletion analysis of the promoter confirmed these data. Indeed, the regulation by E2F1/DP1 was stronger with the ΔPAc construct which lacks only the E2Fa site, thus confirming a negative effect of this E2F response element. Moreover, the ΔPSc reporter construct which encompasses only the E2Fd and E2Fe sites exhibited the same regulation than the wild-type RIP900 construct confirming that the proximal region of the promoter was sufficient to mediate the regulation by E2Fs. However, although mutations of the two sites (E2Fd and e) in the ΔPSc reporter construct reduced the regulation of luciferase activity in response to E2F1/DP1 (Figure 3D), the ΔPSc reporter construct with the double mutation was still transactivated by E2F1/DP1 again suggesting that other mechanisms are involved.

Role of DP1 and Sp1 transcription factors in the regulation by E2Fs

E2F transcription factors are believed to act as heterodimers with DP proteins which are ubiquitously expressed (18). When we overexpressed only E2F1 (Figure 4 A black boxes), we observed a significant level of transactivation of the RIP140 promoter which might reflect the action of E2F1 as heterodimers with endogenous DP proteins. Similar transactivation upon overexpression of E2F1 only was also obtained for the cyclin E promoter. However, we found that coexpression of DP1 did not produce the same effect on the transactivation by E2F1 on the two promoters. Indeed, whereas we noticed an increase in the transactivation of the cyclin E reporter, DP1 expression vector cotransfection produced a strong inhibitory effect on the regulation of the RIP140 promoter by E2F1 (Figure 4A).

To extend this observation, we performed similar transfection experiments on other E2F-target promoters i.e. the DHFR and ARF promoters. Interestingly, the negative effect observed with DP1 overexpression on the RIP140 promoter was also observed with the ARF promoter but not with the DHFR promoter (Figure 4B). As shown in Figure 4C, this effect of DP1 was also detected with the ΔPS reporter construct and required the presence of the E2F binding sites since the inhibition by DP1 was strongly decreased with the ΔPS reporter harboring a mutation of the E2F a and b sites.

We then used different mutants of DP1 to further decipher the mechanisms involved in this effect. When DP1 is impaired in its ability to bind DNA (Δ107-126 mutant) (19) or to heterodimerize with E2F1 (Δ205-277 mutant) (20), we no longer observed the inhibitory effect of the transactivation by E2F1 on the RIP140 promoter (Figure 4D). By contrast, the two DP1 mutants exhibited a slight inhibitory effect on the cyclin E promoter when compared to the wild-type DP1. These data suggested that forcing heterodimerization of E2F1 with DP1 reduced the transcriptional response of the RIP140 promoter.

Altogether, the results from promoter mutagenesis combined to the atypical effect of DP1 overexpression strongly supported a complex regulation of the RIP140 promoter by E2F1 involving for instance a combination of direct and indirect recruitment. One hypothesis for an indirect recruitment of E2F1 on the RIP140 involved Sp1 transcription factors. Indeed, several studies have reported a physical interaction and a transcriptional synergism between E2F1 and Sp1 (21). The proximal region of the RIP140 promoter encompasses several functional Sp1 binding sites (see Figures 1 and 4E and (6)). We therefore introduced point mutations in the ΔPS reporter construct which targeted the different Sp1 sites. As shown in Figure 4E, disruption of sites 6/7 totally abolished the regulation by E2F1 (with or without coexpression of DP1) whereas mutation of the Sp1 site 8 was ineffective. To further emphasize the role of Sp1 in the regulation of the RIP140 promoter by E2F1, we generated a mutant of E2F1 lacking the region from residue 102 to 125 which mediates its interaction with Sp1 (22). When compared to wild-type E2F1, this mutant transactivated to the same extend when DP1 was cotransfected (i.e. when heterodimerization was forced) but was significantly less efficient to activate transcription from the RIP140 promoter when overexpressed alone i.e. when Sp1-mediated transactivation took place (Figure 4F). Altogether, this indicated that the positive regulation of the RIP140 promoter by E2F1 involved the proximal region spanning from nucleotides -140 to +100. This regulation implicated a classical recruitment of E2F1 (mainly through the E2F site) and an indirect recruitment or a stabilization of this binding *via* Sp1.

Existence of a negative regulatory loop involving RIP140 and E2F1

We and others (see (1) for a review) previously reported that RIP140 was engaged in several negative feedback regulatory loops involving various nuclear receptors. We also recently described the inhibitory role of RIP140 in the regulation of E2F1 activity (9). Since our above-mentioned results demonstrated that E2F1 was a potent regulator of RIP140 expression, we investigated whether RIP140 could in turn control its own activation by E2F1. As shown in Figure 5A, RIP140 overexpression led to an inhibition of the transactivation of its own promoter by E2F1 either when overexpressed alone or in combination with DP1. Using chromatin immunoprecipitation, we confirmed the presence of RIP140 on the region of its own promoter which encompasses the distal E2F binding site. As shown in Figure 5B, the signal obtained after immunoprecipitation of RIP140 was even stronger than that obtained on the cyclin A2 promoter.

In parallel, we compared the regulation of E2F1 transactivation by RIP140, pRb and p130 both on the RIP140 and cyclin E promoters. As shown in Figure 5C, we found that pRb was more potent than RIP140 to inhibit E2F1 activity on both reporters. By contrast, p130 exhibited a clear specificity since its overexpression strongly repressed E2F1 activity on the cyclin E reporter but was without effect on the RIP140 construct.

RIP140 expression is regulated during cell cycle progression

Altogether, our data demonstrated that the RIP140 gene is an E2F-target gene and, as a consequence, that its expression might be regulated during cell cycle progression. To test this hypothesis, we then performed cell synchronization using hydroxyurea and measured, by quantitative RT-PCR, the expression of RIP140 mRNA after release of the block (Figure 5C). Cell synchronization was monitored by the quantification of cyclin E and cyclin B1 mRNA levels peaking respectively at the transitions between G_1 and S and between S and G_2/M. Very interestingly, our data indicated that, in such experiments, the accumulation of RIP140 mRNA varied more than 5-fold, with two peaks of accumulation at 4 and 14 hr after the block release which matched perfectly with the transient increases of cyclin E and B1 mRNAs respectively. These results therefore identified RIP140 as a novel cell-cycle regulated gene in human cancer cells.

Expression of RIP140 in cells and tissues from E2F1 knock-out mice

To demonstrate the regulation of the RIP140 gene by E2F1 in physiological conditions, we also measured its expression, at the mRNA level, in transgenic mice lacking the *E2F1* gene (23). As shown in Figure 7A (left panel), we observed a significant increase in the accumulation of RIP140 mRNA in muscle and white adipose tissue isolated from E2F1 knock-out mice as compared to tissues from wild-type animals. Although unexpected, these results demonstrated that E2F1 controlled RIP140 expression *in vivo* and were supported by the same analysis performed in muscle from *CDK4-/-* animals which again revealed a strong increase in the expression of RIP140 in conditions were E2F1 activity is inhibited. These data suggest that in these physiological conditions, E2F1 (probably through the recruitment of repressive complexes associated to pocket proteins) mostly represses the RIP140 gene.

In addition to the control of cell proliferation and apoptosis, E2F1 has recently been shown to play critical role in metabolic control and in particular to positively regulates adipogenesis (14). For instance, it has been reported that lipid incorporation is decreased in E2F1 knock-out MEFs stimulated to differentiate into adipocytes (24). RIP140 is also a key regulator of fat metabolism (25) and, interestingly, both E2F1 (24) and RIP140 (26) expression increased during the differentiation process, E2F1 being induced earlier than RIP140. In order to determine whether E2F1 participates in the regulation of RIP140 expression during adipocyte differentiation, we stimulated both E2F1 wild-type and knock-out MEFs to differentiate *in vitro* in response to hormone stimulation.

As shown in Figure 7B and as expected, E2F1 expression transiently increased during differentiation (peak after 2 days) and is totally lost in E2F1 knock-out mice. In addition, differentiation followed by Oil Red O staining to detect lipid droplets was significantly reduced in E2F1 knock-out MEFs as compared to E2F1 wild-type cells. We quantified RIP140 mRNA levels in parallel and observed a peak of expression at day 7 post-differentiation as previously described (26). Importantly, RIP140 mRNA accumulation was significantly reduced in knock-out cells confirming that E2F1 regulates RIP140 expression (Figure 7C).

DISCUSSION

RIP140 was initially characterized as a transcriptional coregulator of ligand-activated nuclear hormone receptors, involved in the control of ovarian functions and metabolic pathways (for a review, see (27)). In the present study, we identified RIP140 as a novel cell-cycle regulated gene whose expression is directly controlled by E2F transcription factors.

Based on *in vitro* DNA-protein interaction assays, ChIP experiments and transient transfection assays, our data clearly demonstrate that E2F1 (as well as other activating E2Fs) increase transcription from the RIP140 promoter through binding to the proximal promoter region. Several evidences (mutagenesis of Sp1 response elements and use of an E2F1 mutant defective for Sp1 binding) strongly supported the involvement of Sp1 transcription factors in the regulation of RIP140 by E2F1. In addition, the use of mithramycin (which has been described as an inhibitor of Sp1 binding to DNA (28)) also inhibited the regulation of the RIP140 promoter by E2F1 (data not shown).

The interaction between Sp1 and E2F1 has been previously demonstrated *in vitro* and by coimmunoprecipitation (29)(30) and amino acids 102-125 of E2F-1 and 622-668 of Sp1 appeared sufficient for interaction of the two proteins (22). A synergistic transactivation by E2F1 and Sp1 has been described on several promoters (murine thymidine kinase (22), dihydrofolate reductase (31), p18INK4c (32) or cdc7-related kinase (33) for example). More recently, it has been reported that the expression of the SRC3 gene (which encodes a transcriptional coregulator of both nuclear receptors (34) and E2F1 (35)) was controlled by E2F1 acting *via* Sp1 sites (36). It should be mentioned that other transcription factors than Sp1 (including RelA (37) or myc (38)) are also able to interact with E2F1 leading to a synergistic activation of transcription and possibly to an indirect recruitment of E2F1 to target promoters. Interestingly, using ChIP-chip assays and

- 140 -

high-density oligonucleotide tiling arrays, Biedak *et al.* have shown that the great majority of E2F1 binding sites share in CpG islands (which are highly enriched in Sp1 sites) and lack the consensus binding site motif (39). It is therefore possible that on the RIP140 promoter, Sp1 not only synergizes with E2F1 but directly participates in the recruitment of E2F1 by protein-protein interaction. The overexpression of E2F1 impaired in its ability to bind DNA (E132 mutant) (40) resulted in a dramatic decrease in transactivation of the RIP140 promoter in the absence or presence of overexpressed DP1 (supplementary data, Figure S2) suggesting that the DNA-binding domain of E2F1 could be required for both direct and indirect recruitment on the RIP140 promoter. This is in agreement with the fact that the DNA-binding region of E2F1 overlaps in part with the domain which binds to Sp1 (22).

An indirect recruitment of E2F1 is supported by our observation highlighting the repressive role of DP1 overexpression in the regulation of RIP140 promoter. This effect is also observed with the mouse RIP140 promoter (Figure S3) and appears restricted to certain promoters since it was also observed on the ARF promoter construct but not with other promoters such as cyclin E or DHFR, thus emphasizing the specificity of this regulation. This observation is reminiscent of previous work showing that upon DP1 knock-down in cells, the expression of some E2F-target genes such as PCNA and MCM3 is not inhibited (41). The use of DP1 mutants indicates that both the DNA-binding domain and the heterodimerization interface were required to achieve this regulation. The reduced transcriptional response of the RIP140 promoter to E2F1 when DP1 is overexpressed may thus result from a forcing of E2F1 heterodimerization and/or direct competition of DP1 with Sp1 for the interaction with E2Fs, both leading to a decreased synergism between the latter partners.

Our *in vitro* results clearly demonstrate that RIP140 is a direct target of E2F1. This conclusion is reinforced by our data obtained in *E2F1⁻/⁻* and *CDK4⁻/⁻* mice showing a significant increase of RIP140 mRNA basal levels (Figure 9A). Although unexpected, these results are not surprising. Indeed, several reports demonstrated that E2F1 can act as a transcriptional repressor and inhibit promoter activity (42)(43)(44). Moreover, transcriptome analysis performed on lymphocytes from *E2F1⁻/⁻* mice identified the same number of genes up- and down-regulated (45). Transcriptional repression by E2F1 involves recruitment of HDAC-containing complexes through pRb (46) and/or binding of CtBPs and other transcription repressors such as prohibitin (47). It is interesting to note that in transient transfection experiments overexpression of pRb leads to an inhibition of the human and mouse RIP140 promoters (supplementary data Figure S4). It is therefore conceivable that, depending on the tissue and cell type and on the proliferation/differentiation stimuli that the cells receive, E2F1 exert either a direct repression or activation on the RIP140 gene transcription.

In the present study, we also demonstrate that the accumulation of RIP140 mRNA varies during cell cycle progression and it remains to be demonstrated whether E2Fs are involved in the two peaks of RIP140 expression observed in synchronized cells at the G1/S and G2/M transition. This is conceivable since recent data from Nevins' laboratory clearly demonstrated that E2Fs are key actors in gene regulation during the G2/M transition (48). Indeed, the analysis of the G2-regulated cdc2 and cyclinB1 genes revealed the presence of both positive- and negative-acting E2F response elements which interact with distinct E2Fs (activators or repressors). A similar implication of different E2F elements, binding to distinct E2Fs and relaying positive or negative regulation of transcription, has been reported for the E2F1 promoter (49). Data shown in Figure 3B and C indicate that deletion or mutation of the distal site E2Fa in the RIP140 promoter leads totatstrongertinductiontbytE2F1/DP1.tThistsuggeststthattthistdistaltE2Ftresponsetelementtmightt preferentiallytbindtrepressivetE2FstsuchtastE2F4.tAstshowntintsupplementarytdatat(FiguretS5),t E2F4tistobviouslytablettottinteracttwithtthetE2Fatsitetintgeltshifttassaytand,tinterestingly,tthet deletiontoftthistdistaltelementtsignificantlytdecreasedtthetrepressiontoftE2F1ttransactivationtbyt E2F4.t

Wetandtotherstpreviouslytreportedtthattseveraltnucleartreceptorst(suchtastERαt(6),tARt(5)tandt RARαt(50))tortothertttranscriptiontfactorst(suchtastAhRt(6))tpositivelytregulatetRIP140tmRNAt levels,tthustevidencingtthetexistencetoftseveraltnegativetfeedbacktloops.tSuchtatregulatorytloopt alsotexiststwithtE2F1twhosettranscriptionaltactivitytistnegativelytregulatedtbytRIP140tontvarioust promoterst(9)tandtalsotontthetRIP140tpromotertitselft(Figuret5).tThetRIP140tgenetisttthereforet controlledtbothtbytERαtandtE2Fstthustextendingtthetlisttoftcoregulatedtgenest(CDC6,tCDC25A,t PCNA,tPOLA2,tRFC4,tSMC2,tPRC1)t andt confirmingt at previoust observationt madet byt thet Mader'stlaboratorytwhichtreportedtthattonetoftthetmosttenrichedtbindingtsitestintup-regulatedt estrogenttargettgenestistthattfortE2Fttranscriptiontfactorst(51).tt

Fromt at moret physiologicalt pointt oft view,t E2F1t hast beent describedt ast at multifacetedt transcriptiontfactortwhichtcantbothtpromotetandtinhibittcelltproliferationtandtttumorigenesist(12).t Moret recently,t itst implicationt int differentt metabolict processest includingt lipidt andt adipocytet metabolismtortglucosethomeostasisthastbeentreportedt(14).tOurtdatatsuggesttthattRIP140tcouldt playtatroletastantE2F1ttargettgenetintthetcontroltoftadipocytetdifferentiationt(Figuret9BtandtC).t FurthertworktwilltbetnecessaryttotpreciselytdefinetthetroletoftRIP140tintE2Ftbiologicaltactivities.t Thistwilltrequiretintparticulartthetphenotypictanalysistofttransgenictmicetwithtalteredtexpressiont oftE2F1tandtRIP140.t

In conclusion, this work is the first report to provide *in vitro* and *in vivo* evidences demonstrating that the E2F pathway exerts a direct transcriptional control on RIP140 expression and that this regulation may play an important role in physiological responses to E2F1 on key processes such as proliferation, apoptosis or differentiation which are strongly disturbed in cancer or metabolic diseases.

MATERIAL AND METHODS

Plasmids and Reagents

The pcDNA3-E2F1 and, pCMV-DP1, pCMV-Rb and pCDNA3-p130 expression vectors were given by Dr C. Sardet (IGMM, Montpellier, France) and the pCMV-E2F2, 3, 5 and E2F6 expression vectors by Dr K. Helin (European Institute of Oncology, Milan, Italia). The reporter plasmids (CyclinE-luc and (E2F)$_3$-TK-Luc) were obtained from Dr L. Fajas (IRCM, Montpellier). The EFc-mycRIP140 expression vectors and the plasmid containing the RIP140 promoter (RIP900) have been described previously 5). The pRL-CMVBis plasmid expressing Renilla luciferase (Stephan Wagner, Toulouse, France) was used to normalize transfection efficiency. The deletion of the Sp1 interaction domain in the pCDNA3 E2F1 sequence from residues 109 to 121) 22) and the mutation in the DNA-binding domain (E132) 40) were done using the QuickChange KLMit (Stratagene). The same protocol was used to generate DP1 mutants in the pCMV expression vector DP1 107-126 and DP1 205-277) corresponding respectively to the deletion of the DNA-binding (19) or E2F1 20) interaction domains.

Bioinformatics

Localization of human 6) and mouse 7) RIP1 promoters (GenBank Accession numbers AF127577 and C145744 respectively) have been described previously. Potential transcription factor binding elements in the promoter region of both promoters were searched using Genomatix MatInspector Program (www.genomatix.de). Alignment of human and mouse RIP1 promoter sequences and identification of the evolutionary conserved transcription factor binding elements were performed using Genomatix DiAlign Program (www.genomatix.de).

Cell Culture

MCF-7 and HeLa human cancer cell lines were derived from stocks routinely maintained in the laboratory. Monolayer cell cultures were grown in Dulbecco's modified Eagle's medium (DMEM) with 4.5 g/L glucose without pyruvate and supplemented with 10% fetal calf serum (FCS) (Invitrogen, Cergy-Pontoise, France) and antibiotics (penicillin and streptomycin 1.5% and gentamicin 1.5%). For synchronization, 2×10^6 cells (HeLa cells were grown in 100 mm culture dishes to 60% of confluence in medium containing 1.5% FCS (serum starvation) and 2 mM HTUM (Boehringer Mannheim) was added during 24 hr to induce cell synchronization. When cells were at 90% of confluence, medium was removed to release the block. At each time point, cells were washed, trypsinized and total RNA was extracted.

Gel-Shift Assay

Gel shift assays were performed as previously described (6). Sequences of sense strand oligonucleotides are given as supplementary data (Table S 1). Where indicated, anti-E2F1 antibody (Ab) was added in the incubation mixtures, 5 min before the radioactive probe. Complexes were separated 15 min. later on non denaturing 4.5% polyacrylamide gel electrophoresis (acrylamide/bisacrylamide, 29:1) in 0.25x Tris-borate-EDTA at 50 V for 2 h, gel-fixed in 40% methanol/10% acetic acid, dried, and exposed overnight.

ChIP analysis

For ChIP analysis, MCF-7 cells (70% confluent) were cross-linked with 3,7% formaldehyde during 10 min at 37°C. The ChampionChIP One-Day Kit (SABiosciences) was then used according to the manufacturer's recommendations. Immunoprecipitations were performed using the KH95 (sc-251 Santa Cruz) or 2656C6a (sc-81370 Santa-Cruz) antibodies against E2F1 and RIP140 respectively, or no antibody as a control. Quantitative PCR was then performed using the Power SYBR Green PCR master mix, in an Applied Biosystems 7300 thermal cycler with 2 µl of

- 146 -

material per point. Primers flanking the E2F site of the RIP140 and cyclin A2 promoters are given in Table S1. The input DNA fraction corresponded to 1% of the immunoprecipitation.

Transient transfection and luciferase assays

MCF-7 cells were plated in 96-well plates (20,000 cells per well). 24h later, plasmid tests containing firefly luciferase reporter gene (25ng), pRLCMV is (25ng per well) used as internal standard, and 25ng each of different factors (E2F1, 2, 3, 4, 5, 6 and DP1) and 200ng each of either RIP140, pRb, p130 proteins to a total of 0.25 µg total DNA per well, were cotranfected using jet-PEI. 48h after transfection, cells were lysed and firefly luciferase values were measured and normalized with the Renilla luciferase activity; all triplicate point values were expressed as mean ±SD.

Western-blot analysis

Expression plasmids for E2F1, 2, 3, 4 or DP1 were transfected in MCF-7 cells using jetPEI. After cell lysis in 25mM Tris-HCl, pH7.8, 3mM EDTA, 3mM DTT, 10% Glycerol, 1% Triton, supplemented with protease inhibitors, whole cell extracts were diluted in Laemmli sample buffer 2X and resolved by SDS–PAGE. Western blotting detection was performed using primary antibodies against E2Fs (sc-251, sc-9967, sc-56665, sc-1082 for E2F1, 2, 3, 4 respectively and sc-53642 for DP1 from Santa-Cruz Biotechnology).

RNA extraction and quantitative PCR

Total RNA was extracted from cells or mouse muscles using the TRIzol reagent (Invitrogen, Cergy Pontoise, France). Total RNA (1 or 2µg) was subjected to reverse-transcription using Superscript II reverse transcriptase (Invitrogen). Real-time quantitative Polymerase Chain Reaction (qPCR) was then performed using SYBR Green on a LightCycler (Roche Diagnostics, Meylan, France). PCR were carried out in a final volume of 10µl using 0.5µl of each primer shown(in(Table(S1)((10(μM),(2(μl(of(the(supplied(enzyme(mix,(4(μl(of(H2O,(and(3(μl(of(the(

template(diluted(at(1:20.(After(a(10-min(preincubation(at(95°C,(runs(corresponded(to(45(cycles(of(

15(s(each(at(95°C,(7(s(at(57°C(and(15(s(at(72°C.(Melting-curves(of(the(PCR(products(were(

analyzed(using(the(LightCycler(software(system(to(exclude(amplification(of(unspecific(products.(

Results(were(corrected(for(RS9(mRNA(levels((reference(gene)(and(normalized(to(a(calibrator(

sample.(

Adipocyte(differentiation(experiments(

E2F1$^{-/-}$(and(wild-type(mouse(embryonic(fibroblasts((MEFs)(were(isolated(from(13.5(days-old(

embryos(and(grown(in(F12-DMEM(supplemented(with(10%(fetal(calf(serum(and(1.5%(HEPES.(

Three(different(cell(cultures(were(obtained(from(E2F1(wild-type(and(knock-out(embryos.(For(

adipocyte(differentiation(experiments,(MEFs((at(passage(3)(were(seeded(in(6-well(plates.(Two(

days(after(confluence,(differentiation(was(induced(by(treating(cells(for(2(days(with(a(cocktail(

containing(0.5mM(IBMX((3-isobutyl-1-methylxanthine),(10μg/mL(insulin,(1μM(dexamethasone(

and(1μM(BRL49653.(Every(two(days,(medium(was(changed(with(F12-DMEM,(10%(serum,(1.5%(

HEPES,(10μg/mL(insulin(and(1μM(BRL49653.(Differentiated(cells(were(visualized(with(Oil(Red(

O(staining((Sigma).(Nuclear(protein(extracts(were(prepared(using(the(NE-PER(kit((Thermo(

Scientific)(and(20μg(of(nuclear(cell(extracts(were(analyzed(by(Western(blotting(using(primary(

antibodies(against(E2F1((sc-193(from(Santa-Cruz(Biotechnology)(and(RIP140((H300(from(Santa-

Cruz(Biotechnology).(Total(RNA(was(extracted(using(the(Quick-RNA(Miniprep((Zymo(

Research)(and(1μg(was(analyzed(for(RIP140(mRNA(levels(by(real-time(quantitative(Polymerase(

Chain(Reaction(on(an(Applied(Biosystems(7300(thermal(circler.(Results(were(corrected(for(RS9(

mRNA(levels(used(as(a(reference(gene.(

FUNDINGS

This work was supported by the "Institut National de la Santé et de la Recherche Médicale", the University of Montpellier, the "Association pour la Recherche sur le Cancer" (grants 3494 and 3169), the "Institut National du Cancer" (grant 610-3D1616), the "Association Le Cancer du Sein, parlons-en" (Pink Ribbon Prize 2009), the "Ligue Nationale contre le Cancer" (grant to P.O.H.) and the Ministère de la Recherche et de l'Enseignement Supérieur (grant 26059-2007 to A.D.].

ACKNOWLEDGMENTS

We are grateful to Drs Eric Fabbrizio and Claude Sardet for plasmids and reagents. We thank Sandrine Bonnet for technical assistance, Dr David Sarruf for the initial synchronization experiment, Emilie Blanchet for help with E2F1 knock-out mice and Dr Stéphan Jalaguier and Catherine Teyssier for critical reading of the manuscript.

REFERENCES

1. Augereau,P., Badia,E., Carascossa,S., Castet,A., Fritsch,S., Harmand,P.O., Balaguier,S. and Cavailles,V. (2006) The nuclear receptor transcriptional coregulator RIP140. *Nucl.Recept.Signal.*, **4**, e024.

2. Huq,M.M. and Wei,L.N. (2005) Post-translational modification of nuclear co-repressor receptor interacting protein 40 by acetylation. *Mol.Cell Proteomics.*,

3. Yang,X.J. and Seto,E. (2008) Lysine acetylation: codified crosstalk with other posttranslational modifications. *Mol.Cell*, **31**, 449-461.

4. Thenot,S., Charpin,M., Bonnet,S. and Cavailles,V. (1999) Estrogen receptor cofactors expression in breast and endometrial human cancer cells. *Mol.Cell Endocrinol.*, **156**, 85-93.

5. Carascossa,S., Gobinet,J., Georget,V., Lucas,A., Badia,E., Castet,A., White,R., Nicolas,J.C., Cavailles,V. and Jalaguier,S. (2006) Receptor-interacting protein 140 is a repressor of the androgen receptor activity. *Mol.Endocrinol.*, **20**, 1506-1518.

6. Augereau,P., Badia,E., Fuentes,M., Rabenoelina,F., Corniou,M., Derocq,D., Balaguer,P. and Cavailles,V. (2006) Transcriptional Regulation of the human RIP1/RIP140 gene by estrogen is modulated by dioxin signalling. *Mol.Pharmacol.*, **69**, 1338-1346.

7. Nichol,D., Christian,M., Steel,J.H., White,R. and Parker,M.G. (2006) RIP140 expression is stimulated by ERRalpha during adipogenesis. *J.Biol.Chem.*.

8. Steel,J.H., White,R. and Parker,M.G. (2005) Role of the RIP140 corepressor in ovulation and adipose biology. *J.Endocrinol.*, **185**, 1-9.

9. Docquier, A., Harmand, P.O., Fritsch, S., Chanrion, M., Darbon, J.M. and Cavailles, V. (2010) The transcriptional coregulator RIP140 represses E2F1 activity and discriminates breast cancer subtypes. *Clin. Cancer Res.*, **16**, 2959-2970.

10. Iaquinta, P.J. and Lees, J.A. (2007) Life and death decisions by the E2F transcription factors. *Curr. Opin. Cell Biol.*, **19**, 649-657.

11. Tsantoulis, P.K. and Gorgoulis, V.G. (2005) Involvement of E2F transcription factor family in cancer. *Eur. J. Cancer*, **41**, 2403-2414.

12. Chen, H.Z., Tsai, S.Y. and Leone, G. (2009) Emerging roles of E2Fs In cancer: an exit from cell cycle control. *Nat. Rev. Cancer*, **9**, 785-797.

13. Wu, Z., Zheng, S. and Yu, Q. (2009) The E2F family and the role of E2F1 in apoptosis. *Int. J. Biochem. Cell Biol.*, **41**, 2389-2397.

14. Blanchet, E., Annicotte, J.S. and Fajas, L. (2009) Cell cycle regulators in the control of metabolism. *Cell Cycle*, **8**, 4029-4031.

15. DeGregori, J. and Johnson, D.G. (2006) Distinct and Overlapping Roles for E2F Family Members In Transcription, Proliferation and Apoptosis. *Curr. Mol. Med.*, **6**, 739-748.

16. Blais, A. and Dynlacht, B.D. (2007) E2F-associated chromatin modifiers and cell cycle control. *Curr. Opin. Cell Biol.*, **19**, 658-662.

17. Polager, S. and Ginsberg, D. (2008) *Trends Cell Biol.*, **18**, 528-535.

18. Hitchens, M.R. and Robbins, P.D. (2003) The role of the transcription factor DP in apoptosis. *Apoptosis.*, **8**, 461-468.

19. Wu, C.L., Classon, M., Dyson, N. and Harlow, E. (1996) Expression of dominant-negative mutant DP-1 blocks cell cycle progression in G1. *Mol. Cell Biol.*, **16**, 3698-3706.

20. Datta, A., Nag, A. and Raychaudhuri, P. (2002) Differential regulation of E2F1, DP1, and the E2F1/DP1 complex by ARF. *Mol. Cell Biol.*, **22**, 8398-8408.

21. Wierstra, I. (2008) Sp1: emerging roles--beyond constitutive activation of TATA-less housekeeping genes. *Biochem. Biophys. Res. Commun.*, **372**, 1-13.

22. Rotheneder, H., Geymayer, S. and Haidweger, E. (1999) Transcription factors of the Sp1 family: interaction with E2F and regulation of the murine thymidine kinase promoter. *J. Mol. Biol.*, **293**, 1005-1015.

23. Yamasaki, L., Jacks, T., Bronson, R., Goillot, E., Harlow, E. and Dyson, N.J. (1996) Tumor induction and tissue atrophy in mice lacking E2F-1. *Cell*, **85**, 537-548.

24. Fajas, L., Landsberg, R.L., Huss-Garcia, Y., Sardet, C., Lees, J.A. and Auwerx, J. (2002) E2Fs regulate adipocyte differentiation. *Dev. Cell*, **3**, 39-49.

25. White, R., Morganstein, D., Christian, M., Seth, A., Herzog, B. and Parker, M.G. (2008) Role of RIP140 in metabolic tissues: connections to disease. *FEBS Lett.*, **582**, 39-45.

26. Leonardsson, G., Steel, J.H., Christian, M., Pocock, V., Milligan, S., Bell, J., So, P.W., Medina-Gomez, G., Vidal-Puig, A., White, R. *et al.* (2004) Nuclear receptor corepressor RIP140 regulates fat accumulation. *Proc. Natl. Acad. Sci. U.S.A*, **101**, 8437-8442.

27. Christian, M., White, R. and Parker, M.G. (2006) Metabolic regulation by the nuclear receptor corepressor RIP140. *Trends Endocrinol. Metab*, **17**, 243-250.

28. Blume, S.W., Snyder, R.C., Ray, R., Thomas, S., Koller, C.A. and Miller, D.M. (1991) Mithramycin inhibits SP1 binding and selectively inhibits transcriptional activity of the dihydrofolate reductase gene in vitro and in vivo. *J. Clin. Invest*, **88**, 1613-1621.

29. Karlseder, J., Rotheneder, H. and Wintersberger, E. (1996) Interaction of Sp1 with the growth- and cell cycle-regulated transcription factor E2F. *Mol. Cell Biol.*, **16**, 1659-1667.

30. Lin,S.Y., Black,A.R., Kostic,D., Pajovic,S., Hoover,C.N. and Azizkhan,J.C. (1996) Cell cycle-regulated association of E2F1 and Sp1 is related to their functional interaction. *Mol. Cell Biol.*, **16**, 1668-1675.

31. Park,K.K., Rue,S.W., Lee,I.S., Kim,H.C., Lee,I.K., Ahn,J.D., Kim,H.S., Yu,T.S., Kwak,J.Y., Heintz,N.H. *et al.* (2003) Modulation of Sp1-dependent transcription by a cis-acting E2F element in dhfr promoter. *Biochem. Biophys. Res. Commun.*, **306**, 239-243.

32. Blais,A., Monte,D., Pouliot,F. and Labrie,C. (2002) Regulation of the human cyclin-dependent kinase inhibitor p18INK4c by the transcription factors E2F1 and Sp1. *J. Biol. Chem.*, **277**, 31679-31693.

33. Yamada,M., Sato,N., Taniyama,C., Ohtani,K., Arai,K. and Masai,H. (2002) A 63-base pair DNA segment containing an Sp1 site but not a canonical E2F site can confer growth-dependent and E2F-mediated transcriptional stimulation of the human ASK gene encoding the regulatory subunit for human Cdc7-related kinase. *J. Biol. Chem.*, **277**, 27668-27681.

34. Liao,L., Kuang,S.Q., Yuan,Y., Gonzalez,S.M., O'Malley,B.W. and Xu,J. (2002) Molecular structure and biological function of the cancer-amplified nuclear receptor coactivator SRC-3/AIB1. *J. Steroid Biochem. Mol. Biol.*, **83**, 3-14.

35. Louie,M.C., Zou,J.X., Rabinovich,A. and Chen,H.W. (2004) ACTR/AIB1 functions as an E2F1 coactivator to promote breast cancer cell proliferation and antiestrogen resistance. *Mol. Cell Biol.*, **24**, 5157-5171.

36. Mussi,P., Yu,C., O'Malley,B.W. and Xu,J. (2006) Stimulation of steroid receptor coactivator-3 (SRC-3) gene overexpression by a positive regulatory loop of E2F1 and SRC-3. *Mol. Endocrinol.*, **20**, 3105-3119.

37. Lim,C.A., Yao,F., Wong,J.J., George,J., Xu,H., Chiu,K.P., Sung,W.K., Lipovich,L., Vega,V.B., Chen,J. *et al.* (2007) Genome-wide mapping of RELA(p65) binding identifies E2F1 as a transcriptional activator recruited by NF-kappaB upon TLR4 activation. *Mol.Cell*, **27**, 622-635.

38. Leung,J.Y., Ehmann,G.L., Giangrande,P.H. and Nevins,J.R. (2008) A role for Myc in facilitating transcription activation by E2F1. *Oncogene*, **27**, 4172-4179.

39. Bieda,M., Xu,X., Singer,M.A., Green,R. and Farnham,P.J. (2006) Unbiased location analysis of E2F1-binding sites suggests a widespread role for E2F1 in the human genome. *Genome Res.*, **16**, 595-605.

40. Hsieh,J.K., Fredersdorf,S., Kouzarides,T., Martin,K. and Lu,X. (1997) E2F1-induced apoptosis requires DNA binding but not transactivation and is inhibited by the retinoblastoma protein through direct interaction. *Genes Dev.*, **11**, 1840-1852.

41. Maehara,K., Yamakoshi,K., Ohtani,N., Kubo,Y., Takahashi,A., Arase,S., Jones,N. and Hara,E. (2005) Reduction of total E2F/DP activity induces senescence-like cell cycle arrest in cancer cells lacking functional pRB and p53. *J.Cell Biol.*, **168**, 553-560.

42. Croxton,R., Ma,Y., Song,L., Haura,E.B. and Cress,W.D. (2002) Direct repression of the Mcl-1 promoter by E2F1. *Oncogene*, **21**, 1359-1369.

43. Racek,T., Buhlmann,S., Rust,F., Knoll,S., Alla,V. and Putzer,B.M. (2008) Transcriptional repression of the prosurvival endoplasmic reticulum chaperone GRP78/BIP by E2F1. *J.Biol.Chem.*, **283**, 34305-34314.

44. Liao,C.C., Tsai,C.Y., Chang,W.C., Lee,W.H. and Wang,J.M. (2010) RB/E2F1 complex mediates DNA damage responses through transcriptional regulation of ZBRK1. *J.Biol.Chem.*.

45. Infante, A., Laresgoiti, U., Fernandez-Rueda, J., Fullaondo, A., Galan, J., Diaz-Uriarte, R., Malumbres, M., Field, S.J. and Zubiaga, A.M. (2008) E2F2 represses cell cycle regulators to maintain quiescence. *Cell Cycle*, **7**, 3915-3927.

46. Magnaghi-Jaulin, L., Groisman, R., Naguibneva, I., Robin, P., Lorain, S., Le Villain, J.P., Troalen, F., Trouche, D. and Harel-Bellan, A. (1998) Retinoblastoma protein represses transcription by recruiting a histone deacetylase [see comments]. *Nature*, **391**, 601-605.

47. Wang, S., Nath, N., Fusaro, G. and Chellappan, S. (1999) Rb and prohibitin target distinct regions of E2F1 for repression and respond to different upstream signals. *Mol. Cell Biol.*, **19**, 7447-7460.

48. Zhu, W., Giangrande, P.H. and Nevins, J.R. (2004) E2Fs link the control of G1/S and G2/M transcription. *EMBO J.*, **23**, 4615-4626.

49. Araki, K., Nakajima, Y., Eto, K. and Ikeda, M.A. (2003) Distinct recruitment of E2F family members to specific E2F-binding sites mediates activation and repression of the E2F1 promoter. *Oncogene*, **22**, 7632-7641.

50. Kerley, J.S., Olsen, S.L., Freemantle, S.J. and Spinella, M.J. (2001) Transcriptional activation of the nuclear receptor corepressor RIP140 by retinoic acid: a potential negative-feedback regulatory mechanism. *Biochem. Biophys. Res. Commun.*, **285**, 969-975.

51. Bourdeau, V., Deschenes, J., Laperriere, D., Aid, M., White, J.H. and Mader, S. (2008) Mechanisms of primary and secondary estrogen target gene regulation in breast cancer cells. *Nucleic Acids Res.*, **36**, 76-93.

Figure 1. Localization of putative E2F binding sites in the RIP140 promoter.

(A) Sequence of the human RIP140 gene promoter region. (B) Schematic representation of human and mouse RIP140 promoters. The human and mouse promoters exhibit 4 to 5 potential E2F binding sites (grey square) with a conserved distribution. Bioinformatics analysis also identified Sp1 binding sites (white square) in the murine (6 Sp1 sites) and in the human promoters (8 sites in two clusters). (C) Alignment of the different putative E2F binding sites found in the human and mouse promoters with the consensus sequence.

Figure 2. Analysis of E2F1 binding on the RIP140 promoter.

(A) Electromobility shift assay was used to analyze E2F1/DP1 binding on the adenoviral E2F response element (Ad2E2F) or on the E2Fa, b, c, d and e sites of the RIP140 promoter (viewed in Figure 1). Asterisk indicate the retarded bands which contain E2F1 (B) Dose response experiment using increasing amounts of E2F1/DP1 on E2Fa, d and e binding sites. (C) ChIP experiments using immunoprecipitation (IP) of E2F1 on the E2Fa and E2Fd sites of the human RIP140 promoter. The cyclin A2 promoter was used as a positive control. The amount of chromatin shown in the input represents 1/2000 of that used for IP. (D) The levels of RIP140 and E2F1 mRNA were measured in MCF-7 cells 2 days after transient transfection with plasmids allowing the overexpression of the E2F1/DP1 heterodimer. (E) Human RIP900-luc (25ng), E2F1 to 6 (25ng) and DP1 (25ng) were overexpressed in the indicated combinations. Relative luciferase activity was normalized with renilla luciferase activity as described in *Materials and*

Methods, and is the mean (±SD) of triplicate. The values are expressed as a percentage of the activity obtained with control.

Figure 7. Importance of the proximal region of the RIP140 promoter.

(A) Schematic representation of the RIP140 promoter sequence (RIP900 plasmid) showing the E2Fs binding sites (a, b, c, d and e, indicated with grey ovals), the Sp1 binding sites (open circles) and the different 5' deletion mutants (ΔPAc, ΔPPc and ΔPSc). (B) MCF-7 cells were transiently transfected with the human RIP140 promoter reporter plasmids (25ng) containing mutations of the E2Fs binding sites together with expression vectors for E2F1 and DP1 (25ng each). In the left panel, each mutant has one E2F site mutated (mE2Fa, b, c, d and e) or multiple mutations which abolish all sites (E2Fnone). In the right panel, only the indicated site remains intact (E2Fa, b, c, d and e). Results were expressed as in Figure 2E. (C and D) The same experiments as above were repeated with deletion mutants (respectively ΔPAc, ΔPPc, ΔPSc) of the RIP140 promoter (C) or with the proximal promoter region (mutant ΔPSc) with point mutations of the E2F binding sites (mE2Fd and e) (D). Results were expressed as in Figure 2E.

Figure 8. Effect of DP1 and Sp1 on the transactivation by E2F1.

(A) MCF-7 cells were cotransfected respectively with the human RIP140 and cyclin E promoter reporter plasmids (25ng) together with E2F1 (25ng) and increasing dose of DP1 factors (0, 8, 25, 50ng) (left). Results were expressed as in Figure 2E. (B) The human RIP140, DHFR and ARF promoter reporter plasmids were tested with E2F1+/-DP1. The luciferase activity with E2F1 alone overexpressed was normalized at 100%. (C) Different mutants of the RIP140 promoter (hRIP900wt, ΔPScwt, mE2Fde) were tested for the response to overexpression of E2F1+/-DP1.

Results were expressed as in Figure 4B. (D) The effect of two deletion mutants of DP1 protein (DP1Δ107-126 that abolishes DNA binding and Δ205-277 for E2F binding) on E2F1 activity was measured on hRIP140 and cyclin E promoters. Results were expressed as in Figure 2E. (E) MCF-7 cells were transiently transfected as indicated in *Materials and Methods*, with the point mutants for Sp1 binding sites #6/7 or #8 shown in Figure 3A) of the proximal sequence PSc reporter plasmid (25 ng) together with expression vectors for E2F1 +/- DP1 (25 ng each). Luciferase activity represents the mean (±SD) of three values. (F) E2F1 mutated for Sp1 interaction (E2F1ΔSp1) was used +/- DP1 on hRIP140 promoter, in the same conditions as above. Results were expressed as in Figure 2E.

Figure 5. Repression of E2F Transactivation by RIP140 and Pocket proteins

(A) The human WT RIP900-luc reporter plasmid (25 ng) and E2F1 +/- DP1 (25 ng each) were transiently transfected in MCF-7 cells with a dose response of RIP140 expression plasmids (0, 50, 100 or 200 ng). (B) ChIP experiments using immunoprecipitation (IP) of E2F1 and RIP140 on the E2F site of the human RIP140 promoter. The cyclin A2 promoter was used as a positive control. The amount of chromatin shown in the input represents 1/1000 of that used for IP. (C) MCF-7 cells were transfected with human RIP900-luc or cyclin E-luc reporter plasmid (25 ng), with E2F1 +/- DP1 (25 ng) and pocket proteins Rb, p130 or RIP140 expression vectors (200 ng or 250 ng) in 96 well plates in the indicated combinations.

Figure 6. Cell Cycle Regulation of RIP140 expression.

HeLa cells were synchronized by 2 mM hydroxyurea (HU) and, after block release. Cyclin B1 and E, and RIP140 mRNA levels were quantified by Real-time quantitative RT-PCR as described ini *Materials* *and* *Methods*i (loweri panel).i Thei resultsi arei expressedi ini arbitraryi unitsi afteri normalizationi byi RS9i mRNAi levels.i Valuesi arei thei meansi ±i S.D.i ofi threei independenti experiments.ii

i

Figurei7i-iRIP140imRNAilevelsiiniE2F1iknock-outimice.i

(**A**)iAlterediexpressioniofiRIP140imRNAiinimuscleioriwhiteiadiposeitissueiofi*E2F1*$^{-/-}$iandicdk4$^{-/-}$i mice.i RIP140i mRNAi levelsi fromi wildi typei (*E2F1*$^{+/+}$)i andi E2F1i knock-outi (*E2F1*$^{-/-}$)i mousei musclei ori WATi tissuesi werei quantifiedi byi real-timei quantitativei RT-PCRi asi describedi ini *Materials*i*and*i*Methods*.iThei resultsi arei expressedi ini arbitraryi unitsi afteri normalizationi byi RS9i mRNAi levels.i Valuesi arei thei meansi ±i S.D.i ofi threei independenti experiments.i (**B**)i Adipocytei differentiationiofimouseiembryoifibroblasts.i Atidifferentitimesiofiadipocyteidifferentiation,ilipidi accumulationi wasi measuredi byi Oili Redi Oi stainingi ini wild-typei (WT)i andi E2F1$^{-/-}$i MEFs.i Thei levelsi ofi E2F1i proteini werei detectedi byi western-bloti analysisi withi specifici antibodies.i Timei 0i correspondsi toi thei additioni ofi thei differentiationi medium.i (**C**)i Analysisi ofi RIP140i mRNAi byi RT-qPCRiiniwild-typei(WT)iandiE2F1$^{-/-}$iMEFs.i

i

i

i

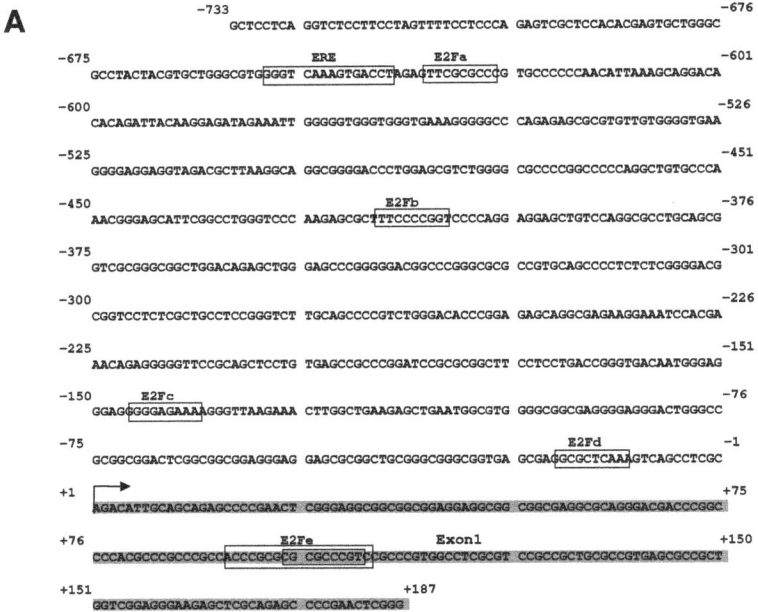

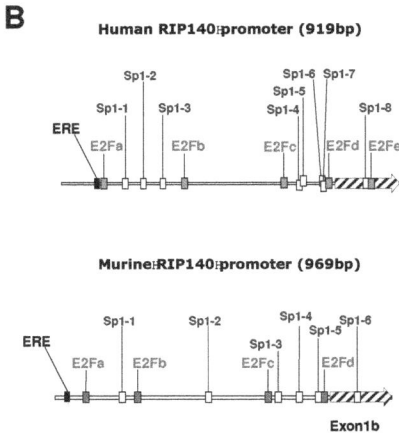

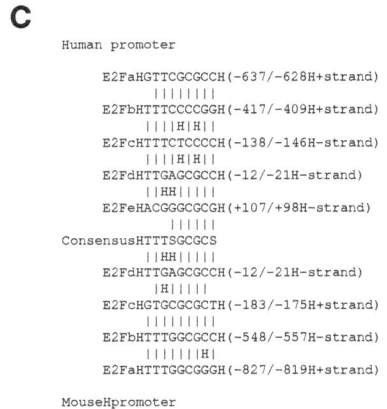

A

```
             -733                                                              -676
                   GCTCCTCA GGTCTCCTTCCTAGTTTTCCTCCCA GAGTCGCTCCACACGAGTGCTGGGC

  -675                                  ERE              E2Fa                  -601
       GCCTACTACGTGCTGGGCGTGGGGT CAAAGTGACCTAGAGTTCGCGCCCG TGCCCCCCAACATTAAAGCAGGACA

  -600                                                                         -526
       CACAGATTACAAGGAGATAGAAATT GGGGGTGGGTGGGTGAAAGGGGGCC CAGAGAGCGCGTGTTGTGGGGTGAA

  -525                                                                         -451
       GGGGAGGAGGTAGACGCTTAAGGCA GGCGGGGACCCTGGAGCGTCTGGGG CGCCCCGGCCCCCAGGCTGTGCCCA

  -450                                        E2Fb                             -376
          AACGGGAGCATTCGGCCTGGGTCCC AAGAGCGCTTTCCCCGGTCCCCAGG AGGAGCTGTCCAGGCGCCTGCAGCG

  -375                                                                         -301
       GTCGCGGGCGGCTGGACAGAGCTGG GAGCCCGGGGACGGCCCGGGCGCG CCGTGCAGCCCCTCTCTCGGGGACG

  -300                                                                         -226
       CGGTCCTCTCGCTGCCTCCGGGTCT TGCAGCCCCGTCTGGGACACCCGGA GAGCAGGCGAGAAGGAAATCCACGA

  -225                                                                         -151
          AACAGAGGGGGTTCCGCAGCTCCTG TGAGCCGCCCGGATCCGCGCGGCTT CCTCCTGACCGGGTGACAATGGGAG

  -150        E2Fc                                                             -76
       GGAGGGGGGAGAAAAGGGTTAAGAAA CTTGGCTGAAGAGCTGAATGGCGTG GGGCGGCGAGGGGGAGGGACTGGGCC

  -75                                                       E2Fd               -1
       GCGGCGGACTCGGCGGCGGAGGGAG GAGCGCGGCTGCGGGCGGGCGGTGA GCGAGGCGCTCAAAGTCAGCCTCGC

  +1  →                                                                        +75
       AGACATTGCAGCAGAGCCCCGAACT CGGGGAGGCGGCGGCGGAGGAGGCGG CGGCGAGGCGCAGGGACGACCCGGC

  +76                      E2Fe              Exon1                             +150
       CCCACGCCCGCCCGCCACCCGCGCG CGCCCGGTCCGCCCGGTGGCCTCGCGT CCGCCGCTGCGCCGTGAGCGCCGCT

  +151                            +187
       GGTCGGAGGGAAGAGCTCGCAGAGC CCCGAACTCGGG
```

B

Human RIP140 promoter (919bp)

```
                    Sp1-2           Sp1-6 Sp1-7
           Sp1-1            Sp1-3   Sp1-5       Sp1-8
                                    Sp1-4
    ERE
         E2Fa     E2Fb        E2Fc      E2Fd  E2Fe
```

Murine RIP140 promoter (969bp)

```
             Sp1-1        Sp1-2    Sp1-4    Sp1-6
                                 Sp1-3 Sp1-5
    ERE
         E2Fa      E2Fb       E2Fc    E2Fd
                                              Exon1b
```

C

```
Human promoter

    E2FaHGTTCGCGCCH(-637/-628H+strand)
         |||||||
    E2FbHTTTCCCCGGH(-417/-409H+strand)
         ||||H|H||
    E2FcHTTTCTCCCCH(-138/-146H-strand)
         ||||H|H||
    E2FdHTTGAGCGCH(-12/-21H-strand)
         ||HH|||||
    E2FeHACGGGCGCGH(+107/+98H-strand)
         |||||||
ConsensusHTTTSGCGCS
         ||HH|||||
    E2FdHTTGAGCGCH(-12/-21H-strand)
         |H|||||
    E2FcHGTGCGCGCTH(-183/-175H+strand)
         |||||||||
    E2FbHTTTGGCGCCH(-548/-557H-strand)
         ||||||H|
    E2FaHTTTTGGCGGGH(-827/-819H+strand)

MouseHpromoter
```

Figure 1

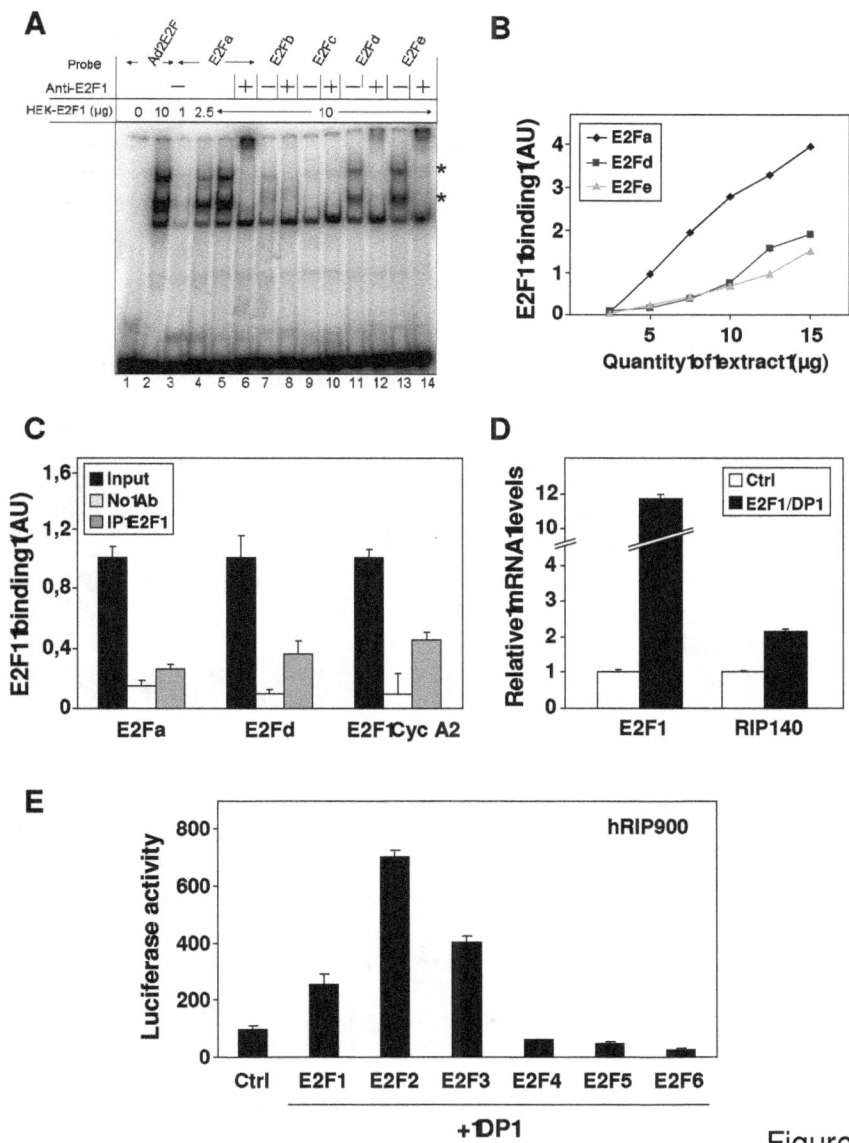

Figure 2

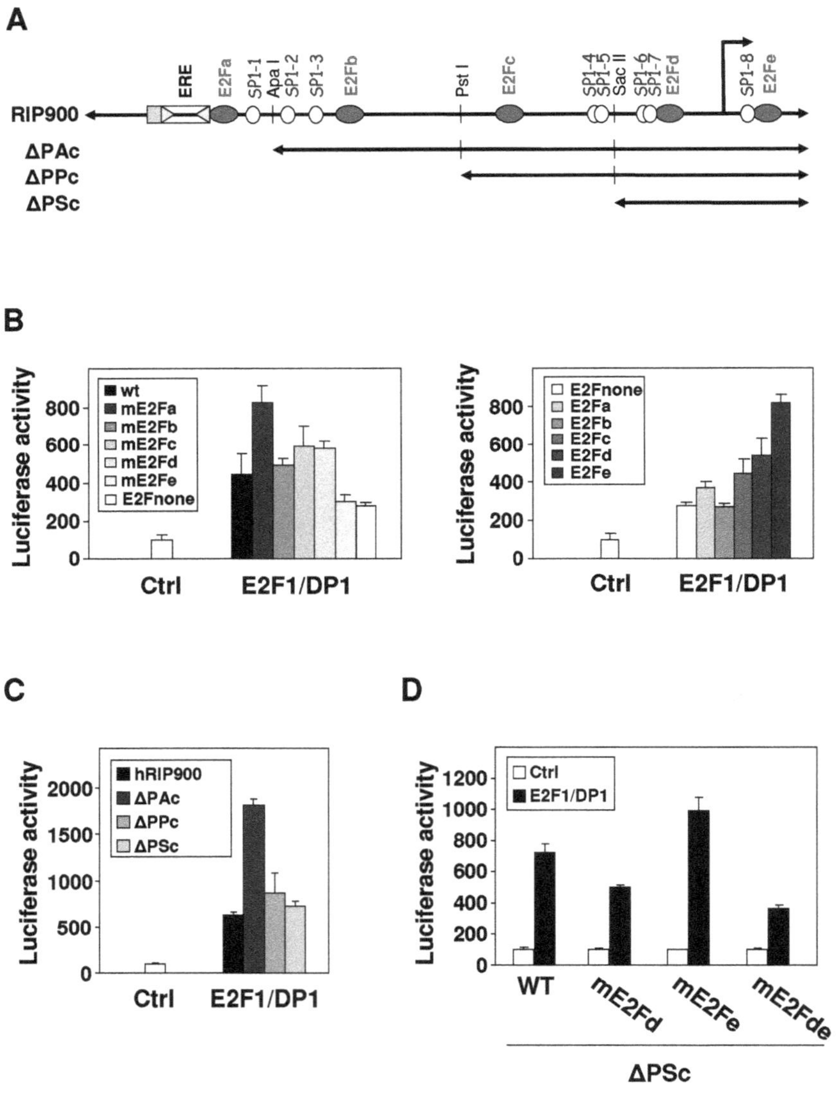
A
ERE
E2Fa
SP1-1
Apa I
SP1-2
SP1-3
E2Fb
Pst I
E2Fc
SP1-4
SP1-5
Sac II
SP1-6
SP1-7
E2Fd
SP1-8
E2Fe
RIP900
ΔPAc
ΔPPc
ΔPSc
B
Luciferase activity
800
600
400
200
0
wt
mE2Fa
mE2Fb
mE2Fc
mE2Fd
mE2Fe
E2Fnone
Ctrl
E2F1/DP1
Luciferase activity
800
600
400
200
0
E2Fnone
E2Fa
E2Fb
E2Fc
E2Fd
E2Fe
Ctrl
E2F1/DP1
C
Luciferase activity
2000
1500
1000
500
0
hRIP900
ΔPAc
ΔPPc
ΔPSc
Ctrl
E2F1/DP1
D
Luciferase activity
1200
1000
800
600
400
200
0
Ctrl
E2F1/DP1
WT
mE2Fd
mE2Fe
mE2Fde
ΔPSc

FigureB

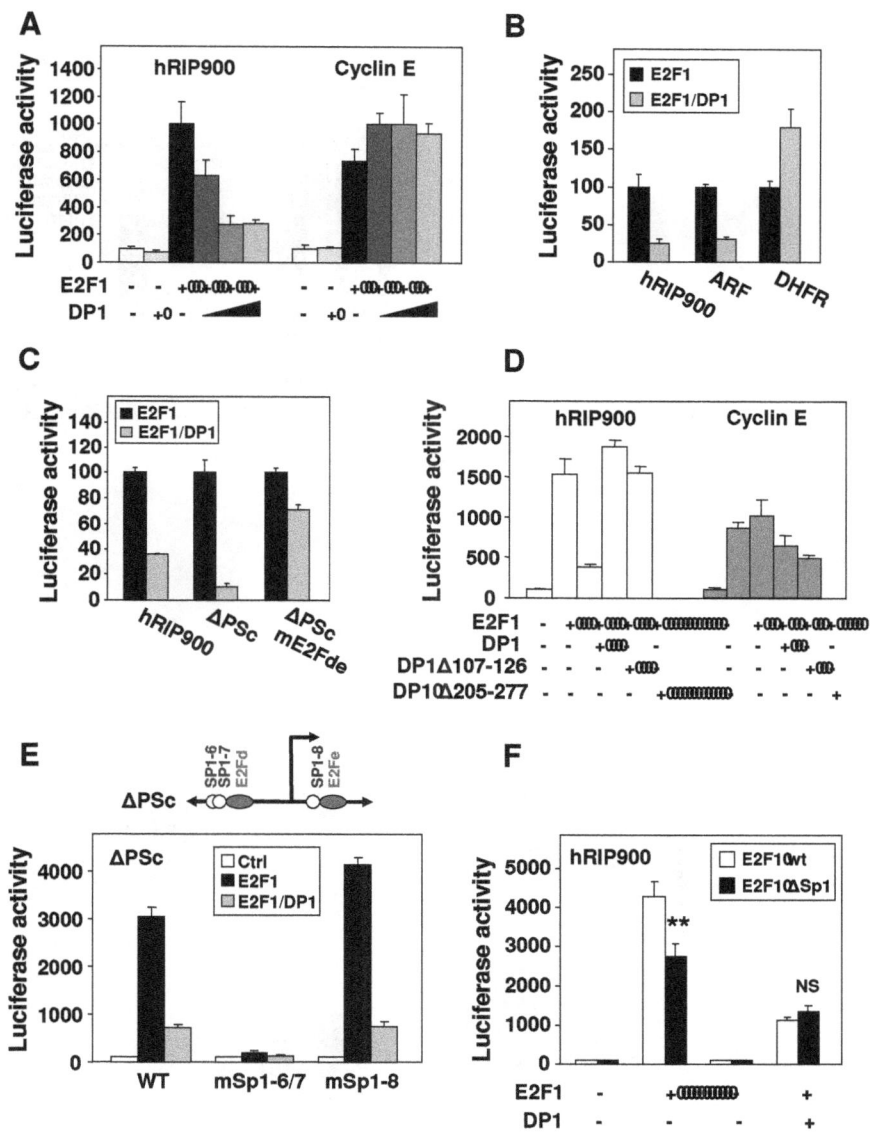

Figure 4

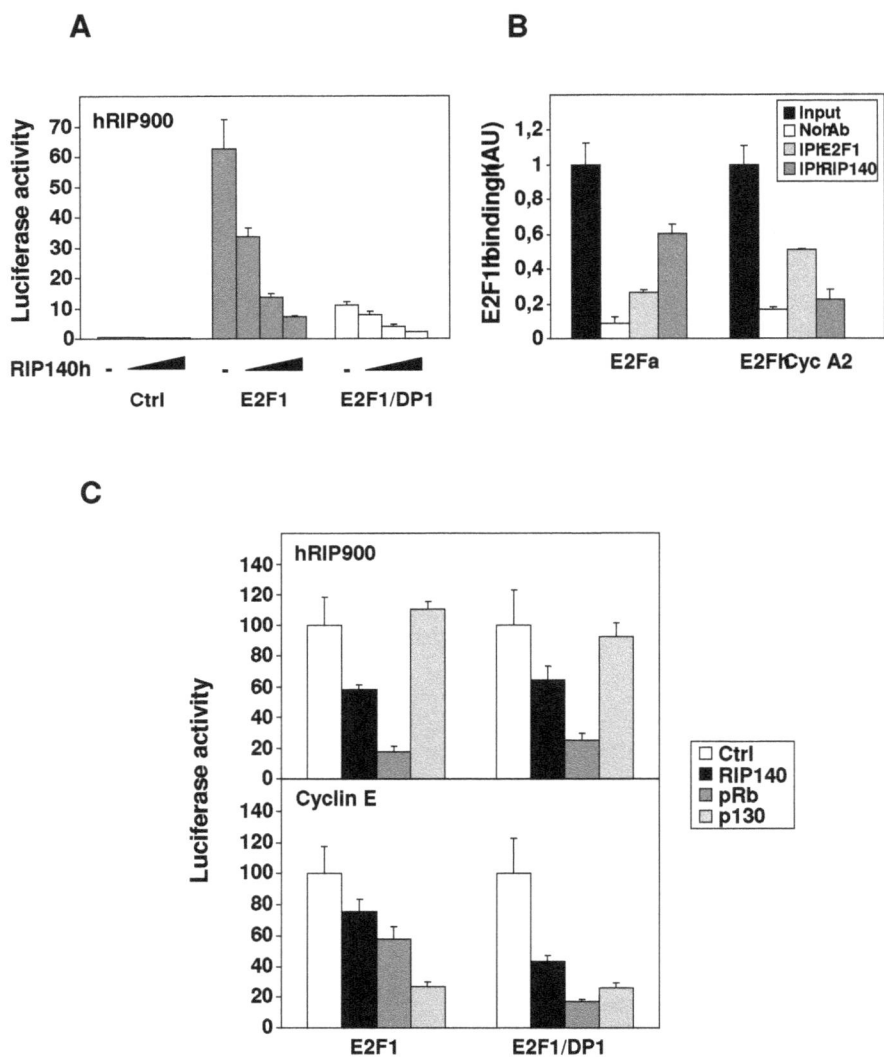

Figure 5

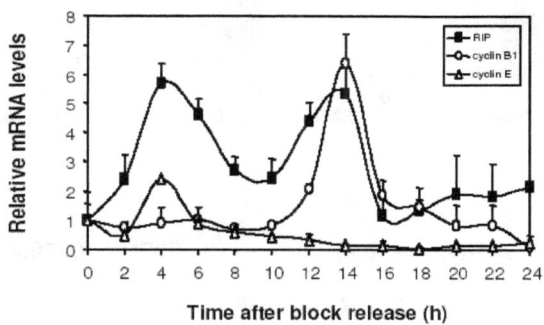

Figure 6

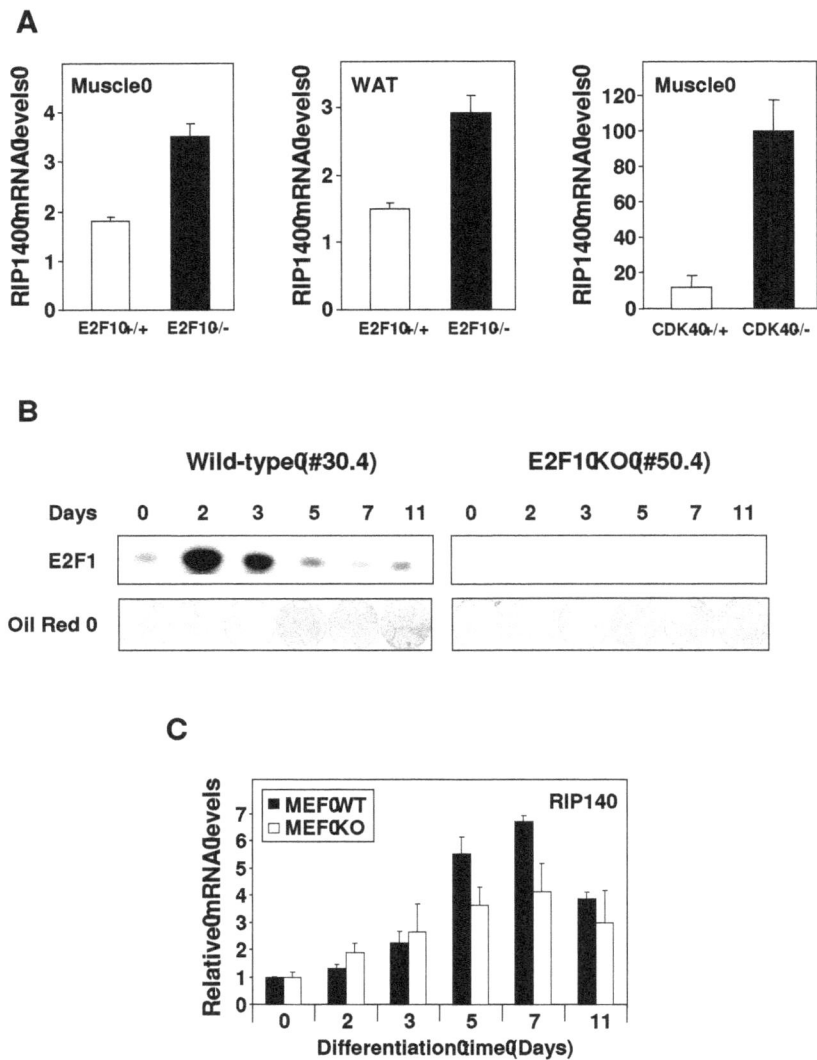

A

Muscle — RIP140 mRNA levels: E2F1 +/+, E2F1 -/-

WAT — RIP140 mRNA levels: E2F1 +/+, E2F1 -/-

Muscle — RIP140 mRNA levels: CDK4 +/+, CDK4 -/-

B

Wild-type (#30.4)   E2F1 KO (#50.4)

Days: 0 2 3 5 7 11   0 2 3 5 7 11

E2F1

Oil Red 0

C

RIP140 — Relative mRNA levels vs Differentiation Time (Days): MEF WT, MEF KO

Figure 7

Assay	Target	Sequence (5'-3')
ChIP	human CCNA2 (fwd)	CTGCTCAGTTTCCTTTGGTTTACC
	human CCNA2 (rev)	CAAAGACGCCCAGAGATGCAG
	human RIP900a (fwd)	CTCAGGTCTCCTTCCTAGTT
	human RIP900a (rev)	TGTGTCCTGCTTTAATGTTG
	human RIP900d (fwd)	AGGGTTAAGAAACTTGGCTG
	human RIP900d (rev)	GCTGCAATGTCTGCGAG
Gel-Shift Assay	ConsE2F (sense)	GGCATAAGTTTCGCGCCCTTTCTCAG
	RE2F (sense)	GGCCCAGAGTTCGCGCCCGTGCCCCCC
	mRE2F (sense)	GGCCCAGAGTTCGATCCCGTGCCCCCC
Real-time PCR	human RIP140 (fwd)	GCTGGGCATAATGAAGAGGA
LightCycler Roche	human RIP140 (rev)	CAAAGAGGCCAGTAATGTGCTATC
	human CCNB1 (fwd)	CTGTGTCAGGCTTTCTCTGAT
	human CCNB1 (rev)	CAGTCATGTACATGGTCTCCT
	human CCNE (fwd)	CTCCAAAGTTGCAC CAGTTTG
	human CCNE (rev)	TCTCTATGTCGCACCACTGAT
	human RS9 (fwd)	AAGGCCGCCCGGGAACTGCTGAC
	human RS9 (rev)	ACCACCTGCTTGCGGACCCTGATA
	human E2F1 (fwd)	GGA TTT CAC ACC TTT TCC TGG AT
	human E2F1 (rev)	CCT GGA AAC TGA CCA TCA GTA CCT
Applied ABI 7300	mouse E2F1 (fwd)	GCCCTTGACTATCACTTTGGTCTC
	mouse E2F1 (rev)	CCTTCCCATTTTGGTCTGCTC
	mouse RIP140 (fwd)	AGAACGCACATCAGGTGGCA
	mouse RIP140 (rev)	GATGGCCAGACACCCCTTTG

Docquier et al. - Supplemental Table S1
Sequences of oligonucleotides used in ChIP, gel shift assays and Q-PCR

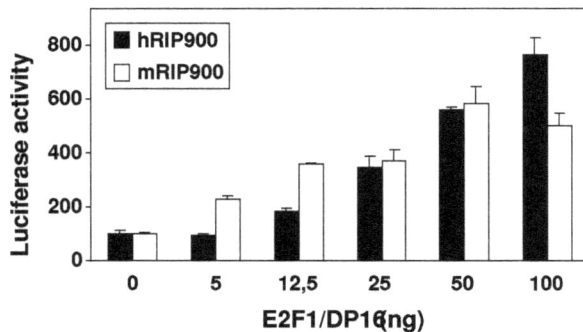

Docquier *et al.* – Supplemental Figure S1
Effect of E2F1/DP1 on the regulation of the mouse RIP140 promoter
MCF-7 cells were transiently transfected with the human and murine RIP140 promoter reporter plasmids (25ng) together with response dose of expression vectors for E2F1 and DP1 (0/5/12.5/25/50/100ng each). Relative luciferase activity was normalized with renilla luciferase activity as described in Materials and Methods, and is the mean (±SD) of triplicate. The values are expressed as a percentage of the activity obtained with control.

A

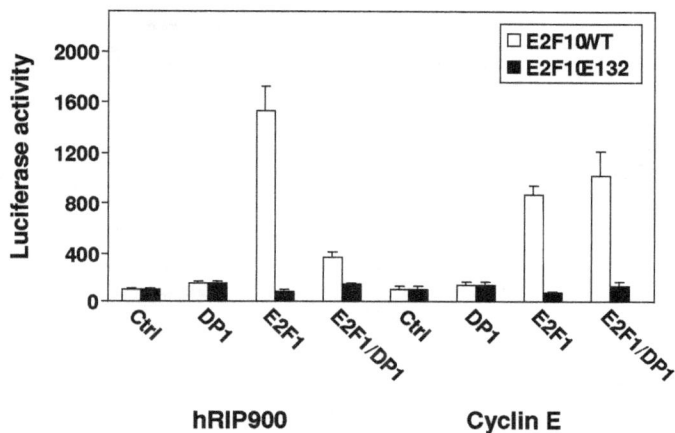

B

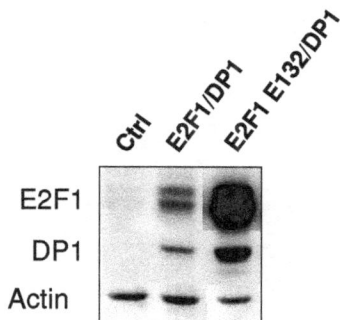

Docquier *et al.* – Supplemental Figure S2
Effect of the E2F1 mutant (E132) on the human RIP140 and cyclin E promoters
(A) MCF-7 cells were transiently transfected with the human RIP140 promoter reporter plasmids (25ng) together with expression vectors for E2F1 wt or E132 mutant and DP1 (25ng each). Relative luciferase activity was normalized with renilla luciferase activity as described in Materials and Methods, and as the mean (±SD) of triplicate. The values are expressed as a percentage of the activity obtained with control. **(B)** The expressions of the different plasmids were controlled by Western-blot (seen on the top of (B)).

A

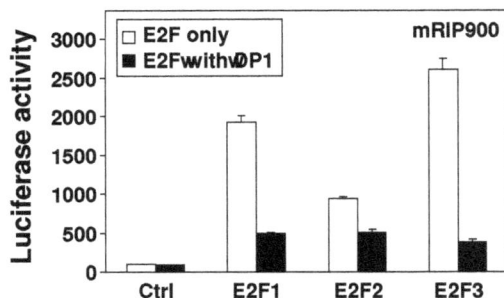

B

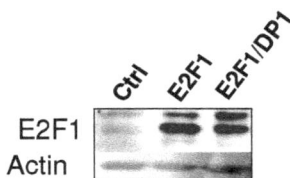

C

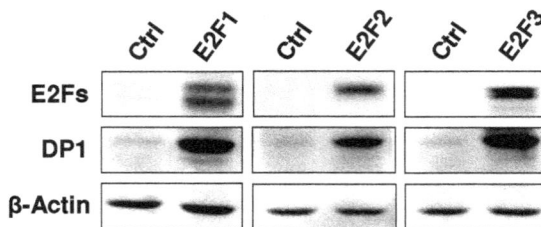

Docquier *et al.* – Supplemental Figure S3

Effect of the E2Fs activators and DP1 on the murine RIP140 promoter
(A) MCF-7 cells were transiently transfected with the murine RIP140 promoter reporter plasmids (25ng) together with expression vectors for E2F1, E2F2, E2F3 and DP1 (25ng each). Relative luciferase activity was normalized with renilla luciferase activity as described in Materials and Methods, and is the mean (±SD) of triplicate. The values were expressed as a percentage of the activity obtained with control. (B) (C) The expressions of the different plasmids were controlled by Western-blot seen on the top.

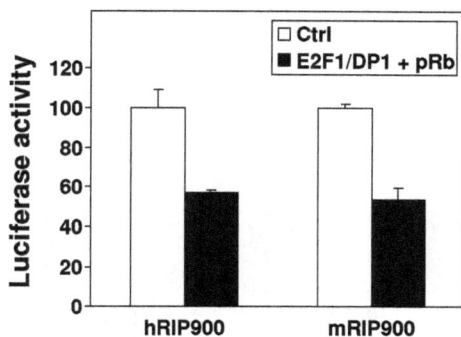

Docquier *et al.* – Supplemental Figure S4
Repression of the basal activity of the human and mouse RIP140 promoters by overexpression of E2F1/DP1 together with Rb
MCF-7 cells were transiently transfected with the human and murine RIP140 promoter reporter plasmids (25ng) together with expression vectors for E2F1, DP1 (25ng each) and pRb (200ng). Relative luciferase activity was normalized with renilla luciferase activity as described in Materials and Methods, and is the mean (±SD) of triplicate. The values are expressed as a percentage of the activity obtained with control.

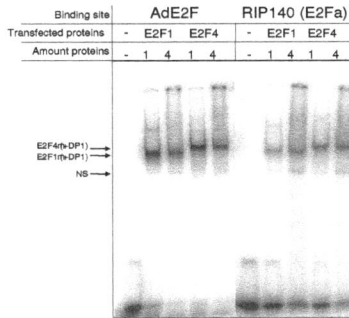

A

Binding site	AdE2F			RIP140 (E2Fa)		
Transfected proteins	-	E2F1	E2F4	-	E2F1	E2F4
Amount proteins	-	1 4	1 4	-	1 4	1 4

E2F4/DP1 →
E2F1/DP1 →
NS →

B

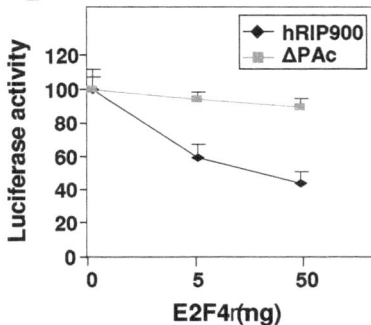

C

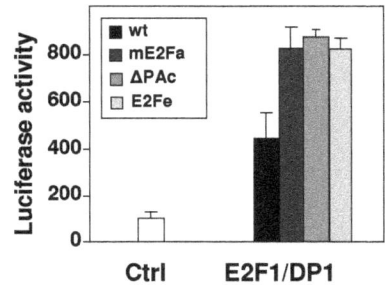

Docquier *et al.* – Supplemental Figure S5
The distal and proximal sites of RIP140 promoter

(**A**) Electromobility shift assay was used to analyze E2F1/DP1 or E2F4/DP1 binding on the adenoviral E2F response element (Ad2E2F) or on the E2Fa site of the RIP140 promoter (viewed in Figure 1). (**B**) MCF-7 cells were transiently transfected with the human and mutant ΔPAc RIP140 promoter reporter plasmids (25ng) together with expression vectors for E2F1 and DP1 (25ng each) and response dose of E2F4 (0/5//50ng). (**C**) MCF-7 cells were transiently transfected with the human and mutant mE2Fa, ΔPAc, E2Fe RIP140 promoter reporter plasmids (25ng) together with expression vectors for E2F1 and DP1 (25ng each). Relative luciferase activity was normalized with renilla luciferase activity as described in Materials and Methods, and is the mean (±SD) of triplicate. The values are expressed as a percentage of the activity obtained with control.

CONCLUSIONS

L'étude du promoteur RIP140 humain a permis d'identifier, par analyse bioinformatique, des sites potentiels de liaison aux facteurs E2Fs, proches de la séquence consensus "TTTSGCGCS". Ce promoteur possède cinq de ces sites dans la séquence de 900 paires de bases en amont du site d'initiation de la transcription. Ces séquences sont disposées en deux clusters, avec les sites E2Fa et b pour le premier cluster et E2Fc, d et e pour le deuxième. Remarquons que le site E2Fa est le plus proche de la séquence consensus.

Des expériences de gel retard et de *ChIP* ont permis d'éprouver que les sites E2Fa, c et e éliaient efficacement l'hétérodimère E2F1/DP1. Par transfection transitoire, nous avons surexprimé, dans des cellules MCF-7, des facteurs E2F1/DP1 en présence des promoteurs des gènes RIP140 humain et murin fusionnés au gène de la luciférase. Les doses croissantes de E2F1/DP1 transactivent ces deux promoteurs. Le même type de résultats a été obtenu pour les facteurs activateurs E2F2 et E2F3 en présence de DP1. Ces expériences ont été reproduites dans d'autres modèles cellulaires els que les cellules HeLa et HEK293T, les conclusions restent les mêmes.

La seconde étape a été d'identifier les séquences du promoteur impliquées dans la régulation du promoteur RIP140 par des facteurs E2Fs. L'utilisation de mutants ponctuels et de mutants de délétions du promoteur, a montré que les sites situés dans la région proximale du promoteur supportaient la régulation exercée par le facteur E2F1. Cependant, le fait que le promoteur muté pour tous les sites de liaison aux E2Fs soit toujours transactivé par E2F1/DP1, révèle une régulation plus complexe qu'une simple activation par liaison de l'hétérodimère sur ces sites.

En transfectant E2F1 et des doses croissantes de DP1, nous avons montré que ce dernier avait un effet inhibiteur sur l'activité du facteur E2F1 pour le promoteur RIP140. De façon surprenante, DP1 perd presque totalement son effet répressif sur la séquence proximale du promoteur, où les sites E2Fd et E2Fe ont été mutés. Pour confirmer ce rôle inhibiteur, nous avons produit différents mutants de la séquence peptidique de DP1. Les mutants de DP1 pour la liaison à l'ADN ou aux facteurs E2Fs, perdent leurs effets inhibiteurs sur l'activité du facteur E2F1. Toutes ces données confortent la notion d'une régulation complexe du promoteur de RIP140 par le facteur E2F1. De façon remarquable, la surexpression des E2Fs

activateursarévèleaunaprofilasimilaireaentrealaarégulationaparaE2F1aetaparaE2F3aduapromoteura
RIP140,aalorsqueaDP1aneaprésenteapasad'effetanégatifasural'activitéadeaE2F2.a

a   Nousaavonsaensuiteavouluaidentifieraquelamodead'actionaleafacteuraE2F1aseulautilisaita
pouratransactiveraplusæfficacementaleapromoteuraRIP140.aL'étudeas'estarapidementaportéeasura
leafacteura dea transcriptiona Sp1.a Ena effet,a celui-cia possèdea dea nombreuxa sitesa dea liaisona
identifiésasuraleapromoteur.aIlaaaégalementaétéarapportéaqueaE2F1apouvaitaagiraenapartenariata
avecaSp1apouraréguleral'expressionadeagènesacibles.aLaamutationadesadifférentsasitesadealiaisona
auxafacteursaSp1aduapromoteuraproximal,ængendrealaaperteadeatransactivationaduapromoteura
paraE2F1aetaE2F1/DP1.aDeuxapprochesaontaconfirméal'implicationaduafacteuraSp1adansacettea
régulation.aLaapremièreapprocheaaconsistéaàasurexprimeralaaformeamutanteadeaE2F1apouralea
siteadealiaisonaàaSp1.aCeamutantatransactiveamoinsæfficacementaleapromoteur,ænaabsenceadea
DP1.aLaadeuxièmeapprocheaautiliséalaatechniquealuasiRNAapouradiminueraleaniveauad'ARNma
deaSp1.aCeciaaconduitaàauneadiminutionadealaatransactivationaparaleafacteuraE2F1alorsqu'ilæsta
surexpriméasansaDP1.aCesæxpériencesaconfirmental'existenceadeadeuxatypesadeatransactivationa
suraceapromoteur.a Lea premiera suita lea schémaa classiquea dea laa liaisona dea l'hérérodimèrea
E2F1/DP1asuralesasitesadealiaisonaauxaE2Fs,aleadeuxièmeafaitaintervenirales asitesadealiaisonaauxa
facteursaSp1ætalaarégulationaindirecteaduapromoteuraparaE2F1.a

a   Ceatravailaaaétéapoursuiviaparalaamiseaenaévidencead'uneaboucleadearégulationaentrea
E2F1ætaRIP140.aLaasurexpressionadeaRIP140ængendreabienauneadiminutionadeal'activitéadea
E2F1ætadeaE2F1/DP1asuraleapromoteuraRIP140.aDesaxpériencesadeaChIPaontaprouvéaquealea
cofacteuraRIP140aétaitarecrutéasuraleasiteaE2Faadeasonapromoteur,ænamêmeatempsaquealea
facteuraE2F1.aIlaexisteabienauneaboucleadearégulationanégativeaentreaRIP140aetaE2F1.aCettea
répressionaresteamoinsæfficaceaqueacelleaexercéeaparalaaprotéineapRb.aNotonsaqueap130an'aa
pasad'effetasural'activitéadeaceapromoteur,acontrairementauaupromoteurade alaacyclineaEaquiaæsta
répriméeaàalaafoisaparapRbaætap130.a

a   DansaunacontexteadearégulationaendogèneaduapromoteuraRIP140,alaasurexpressionadea
E2F1aouadeaE2F1/DP1ængendreauneaaugmentationaduaniveauad'ARNmadeaRIP140.aAprèsa
synchronisationadesacellulesænaphaseaG1/Saduacycleacellulaire,alaaquantificationadeal'ARNma
RIP140aprésenteadeuxapicsad'expression,aleapremieraàalaatransitionaG1/S,aleadeuxièmeaaua
niveauadealaatransitionaG2/M.aCesadonnéesarévèlentaunearégulationadeal'expressionadeaRIP140a
auacoursaduacycleacellulaireaavecadeuxaphasesadifférentesad'expressionaquiasontacommunesaàa
l'expressionaduafacteuraE2F1.a

a   Dansaunacontexteaphysiologique,alaameasureadeal'expressionadeaRIP140amontreaunea
modificationadeasonæxpressionadansalesasourisaE2F1$^{-/-}$ætadansalesasourisaCDK4$^{-/-}$.aCdk4æstauna

membre de la voie pRb-E2F, dont l'invalidation conduit à l'inhibition de l'activité de E2F1.
Pour confirmer l'impact de la voie du facteur E2F1 sur l'expression de RIP140 dans un processus physiologique, nous avons décidé d'utiliser le contexte de la différenciation adipocytaire. En effet, ces deux protéines sont impliquées dans le processus de différenciation des fibroblastes embryonnaires murins en adipocytes (*Cf. Chapitre V-3)b)*. E2F1 présente un pic d'expression au bout de deux jours de différenciation, alors que l'expression de RIP140 atteint son maximum au bout de sept jours. La différenciation des MEFs E2F1$^{+/+}$ et des MEFs E2F1$^{-/-}$ est induite et l'expression de RIP140 mesurée. Le pic d'expression de RIP140 dans les MEFs E2F1$^{-/-}$ est moins important que dans les MEFs E2F1$^{+/+}$. Ce résultat révèle une influence du facteur E2F1 sur l'expression d'un gène RIP140 au cours d'un processus de différenciation adipocytaire.

En résumé, le facteur RIP140 a été identifié comme nouveau gène cible des facteurs E2Fs. Son expression est régulée au cours du cycle cellulaire et de la différenciation adipocytaire et pourrait impliquer les facteurs E2Fs.

PARTIE 3

Effet de la Vitamine B6 sur la Signalisation par les Facteurs E2Fs

INTRODUCTION

La troisième partie de mon travail s'est portée sur l'analyse de l'effet de la vitamine B6 sur l'expression et l'activité des facteurs E2Fs et du cofacteur RIP140.

a- Généralités

La vitamine B6 est depuis longtemps connue; sa structure a été mise en évidence en 1938. Cette vitamine est également appelée vitamine pyridoxine, de par son homologie structurale avec la pyridine [309, 310]. Elle apparaît nécessaire pour la croissance et le développement normal d'un organisme [311]. La vitamine B6 est impliquée dans de nombreuses réactions biochimiques affectant des processus biologiques divers, comme le métabolisme des acides gras, la synthèse de neurotransmetteurs, les fonctions immunes, la néoglucogenèse ou encore la synthèse de la coenzyme Q et des acides aminés [312, 313]. La vitamine B6 est présente dans différentes sources alimentaires comme les céréales, la viande, la volaille, le poisson et quelques fruits et légumes. Les besoins nutritifs en vitamine B6 sont de 1 à 2 mg/jour chez l'adulte [314].

b- Mode d'action

Il s'agit d'un cofacteur hydrosoluble pour des enzymes responsables de réactions catalytiques comme la décarboxylation, la transamination ou encore l'élimination/remplacement de carbones β/γ. Le pyridoxal 5' phosphate (PLP) est la forme physiologique active de cette vitamine, elle est synthétisée dans le foie à partir de précurseurs alimentaires comme le pyridoxal, la pyridoxine ou la pyridoxamine [315] (Cf. Figure 33).

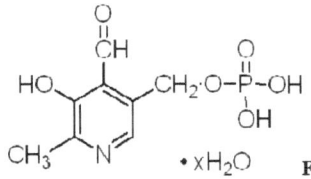

Figure 3 : Pyridoxal 5'-phosphate hydrate, forme active de la vitamine B6

Cette figure illustre la structure chimique du pyridoxal 5'-phosphate hydrate.

Le PLP lie de façon covalente le substrat et se comporte comme un catalyseur électrophile pour stabiliser les différentes réactions enzymatiques. Les enzymes dont l'activité dépend du PLP, sont très variées : phosphorylases, aminotransférases, aminoacides synthases, carboxylases [316]. La synthèse *de novo* de la vitamine B6 a été mise en évidence chez les bactéries comme *Escherichia coli*, les plantes, les champignons et certains eucaryotes [317-319]. L'absorption intestinale de cette vitamine peut venir de deux sources principales, par l'ingestion d'aliments ou par la production par les bactéries de l'intestin humain [320]. Le transport de ce composé se fait ensuite par voie passive, par gradient de concentration ou par voie dépendante du calcium ou de PKA (*Protein Kinase A*) [321, 322]. Le cofacteur vitamine B6 n'est actif que sous sa forme phosphorylée, mais celle-ci doit être sous forme déphosphorylée pour pouvoir passer la membrane cellulaire, ce qui permet de contrôler la quantité de vitamine active. Plusieurs enzymes catalysent cette réaction, de manière aspécifique par la phosphatase alcaline et par la phosphatase acide ou de manière spécifique par la PLPP (*human Pyridoxal Phosphatase*) [323-325]. Dans la cellule, le pyridoxal est phosphorylé par différentes kinases, il devient alors actif. Le composé est enfin dégradé et éliminé par les urines sous forme d'acide pyridoxique (Cf. Figure 4).

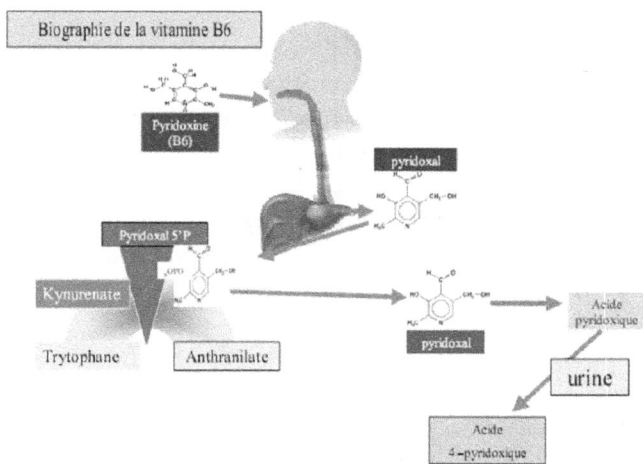

D'après Laboratoire P. Auguste www.labbio.net

Figure 34 : Métabolisme de la vitamine B6 et du tryptophane

Cette figure représente les différentes formes de la vitamine B6 au cours du passage dans l'organisme. Elle est incorporée sous forme de pyridoxine puis est transformée en pyridoxal, ce n'est que sous sa forme phosphorylée qu'elle pourra catalysée des réactions comme le métabolisme du tryptophane. Elle est enfin éliminée par les urines sous sa forme finale d'acide 4-pyridoxique.

c- Rôles biologiques

- Prolifération

La présence de PLP dans différents types cellulaires, comme les cellules endothéliales de veine ombilicale, engendre une inhibition de la prolifération de ces cellules. Le PLP a la capacité d'inhiber l'activité des DNA polymérases α et β, comme la polymérase réplicative. Il peut également déprimer l'activité des DNA topoisomérases I et II. Ces propriétés expliquent comment la vitamine B6 inhibe la prolifération cellulaire, en bloquant la réplication de l'ADN [326]. Il a également été décrit que le PLP était capable d'induire l'apoptose cellulaire en diminuant l'expression du gène anti-apoptotique Bcl-2 [327]. Le mécanisme et les partenaires de ce processus restent encore à découvrir.

-Métabolisme

Le tissu adipeux et le foie des rats déficients en vitamine B6 présentent une augmentation de l'activité lipogénique. Plusieurs enzymes sont affectées, comme la glucose-6-phosphate déshydrogénase hépatique qui voit son niveau diminuer, tout comme l'activité de la lyase ATP citrate au niveau du foie et du tissu adipeux. Ces rats déficients pour ces enzymes consomment ainsi davantage de glucose que les rats sauvages [28].

Les animaux en manque de vitamine B6 ont un poids plus faible que celui des animaux nourris normalement, ils présentent également une baisse de la vitamine E. L'étude a également démontré que la prise adéquate de vitamine B6 assure une biosynthèse normale des chaînes longues des acides gras [29].

-Inflammation

De faibles concentrations de PLP sont en relation avec la présence de marqueurs inflammatoires et le risque de maladies inflammatoires. Ainsi la prise adéquate de vitamine B6 favorise la protection contre l'inflammation. Il existe un lien entre la concentration de vitamine B6 dans le plasma et l'état d'inflammation de l'organisme [30].

d- Vitamine B6 et cancers

-Cancer du côlon

Des souris développant des tumeurs du côlon ont été nourries avec une alimentation riche en vitamine B6, jusqu'à 35 mg de pyridoxine par kg. Après analyse, ces souris présentent une diminution du nombre de tumeurs formées par rapport aux souris ayant eu une alimentation normale. Cet effet est observable à partir d'une quantité de 7 mg/kg de pyridoxine, mais avec une meilleure efficacité pour des concentrations de 14 à 35 mg/kg. La vitamine B6 inhibe la prolifération des cellules de l'épithélium intestinal et donc des cellules tumorales, par une dépression de l'expression de facteurs tels que c-Myc, c-Fos ou encore l'ADN polymérase [31].

L'impact de la vitamine B6 sur le cancer du côlon est aussi visible chez l'humain. Neuf études mesurant l'apport alimentaire en vitamine B6 et quatre reposant sur la quantification de sa concentration sanguine, ont été effectuées entre 2002 et 2009 et répertoriées dans une méta-analyse récente [32]. Ces études montrent qu'une augmentation de la concentration de vitamine B6, dans le sang, est associée à une diminution du risque de développer un cancer colorectal (risque diminué de près de 50% pour une différence de concentration de 100 pMol/ml).

-	Cancer du sein

Le rôle protecteur de la vitamine B6 dans le cancer du sein n'a pas été clairement établi, même si des études montrent un impact limité sur le risque de développer ce type de cancer [333]. Il existe surtout une corrélation inverse entre la quantité de PLP dans le plasma et le risque de cancer du sein post-ménopause, en inhibant la prolifération cellulaire des cellules cancéreuses mammaires. Les données suggèrent un impact de la vitamine B6 sur le développement de cancers du sein, de le façon indépendante de la présence des œstrogènes [334, 335]. Cet aspect doit encore être approfondi.

-	Autres types de cancers

De fortes concentrations de vitamine B6 dans le sang, souvent par complément alimentaire, ont démontré des effets bénéfiques contre divers types de cancers, comme les cancers du poumon, du pancréas ou encore de la prostate [336-338].

-	Vitamine B6 et méthylation

La vitamine aurait une autre propriété, celle d'influencer les modifications de méthylation de l'ADN, de l'ARN et des protéines. En effet, la vitamine B6 intervient dans la formation de la cystéine à partir de l'homocystéine, dont le précurseur est impliqué dans la régulation de l'activité de la méthyltransférase. Ainsi la présence de la vitamine B6, comme celle de la vitamine B12 ou de l'acide folique, prévient l'accumulation de ce précurseur et favorise ainsi l'activité de la méthyltransférase pour modifier l'ADN, l'ARN et des protéines [339]. Cette notion peut expliquer le rôle protecteur de la vitamine B6 dans la régulation de l'expression des gènes impliqués dans le cycle cellulaire et donc dans l'inhibition de la prolifération de cellules tumorales.

e-	Effets d'un déficit de la vitamine B6 chez d'humain

Le rapport d'un déficit important en vitamine B6 est d'assez rare, mais un manque sévère semble provoquer des maux de tête, de l'irritabilité, des troubles nerveux ou encore des insomnies. Ce déficit se manifeste également au niveau des métabolites anormalement présents dans le sang, d'ly a une augmentation de la synthèse de l'acide oxalique qui provient de l'acide

- 181 -

glyoxylique,gnormalementgmétaboliségenggglycinegengprésencegdeglagvitaminegB6getguneg augmentationgdegl'homocystéinegplasmatiquegquigestgungfacteurgdegrisquegcardiovasculaireg [340].g

g   IlgestgpossiblegdegconstatergungdéficitgengvitaminegB6,gsoitgengmesurantgdirectementglag quantitégdegpyridoxalgphosphategdansglegplasma,gsoitgparglegdosagegdegdeuxgmétabolitesg synthétisésgaugcoursgdeglagréactiongdugmétabolismegdugtryptophane.gCesgdeuxgcomposés,glag kynurénategetglagxanthurénate,gs'accumulentgdansglegsang,gengabsencegdegPLP,gcarglagréactiong estgincomplèteg(Cf.gFigureg34).gIlsgserventgdoncgdegmarqueursgdugdéficitglegvitaminegB6gchezg ungindividug[341].g

g   LegcomplémentgdegvitaminegB6gsegfaitgpargpriseg d'environg25mggdeuxgfoisgpargjourg pourgungadulte.gPourgcecigestgutiliségleBÉCILAN$^{©}$,gsourcegdegpyridoxinegougdegMAGNÉ-B6$^{©}$,g sourcegdegpyridoxinegetgdegmagnésium.g

g   gg
g   f-gVitaminegB6,grécepteursgnucléairesgetgRIP140g
g
g   -gVitaminegB6getgNRg

g   Unegétudegagpugmontrergqueg l'ajoutgdugprécurseurgdugpyridoxalgphosphateg(pyridoxine)g dansglegmilieugdegculturegcellulaire,gprovoquegungchangementgd'expressiongdesggènesgciblesgdug récepteurgdesgglucocorticoïdesg(GR).gCettegrégulationgsegfaitgsansgmodifierglagquantitégdegceg récepteurg[342].gCetgeffetgestgdugàgunegpertegdegcoopérationgentreglegrécepteurgnucléairegetg d'autresg facteursg degtranscriptiong commegNF1g (*Nuclearg Factorg 1*).gCetteg coopérationg nécessaireggà d'activationgdegl'expressiongdegggenesgcibles,gperdgsagfonctionnalitégàgcausegdugPLPg [343].g

g   Lag présenceg deg fortesg concentrationsg deg vitamineg B6g sembleg engendrerg uneg relocalisationgdesgrécepteursgstéroïdiensgcommegER,gAR,gPRgetgGRghorsgdugnoyau,gmaisg égalementgdiminuerg d'affinitégdegliaisongàg l'ADNgdegcesgfacteursg[273].g

g
g   -gVitaminegB6getgRIP140g

g   Commegnousgl'avonsgvugdansgungchapitregprécédentg(*chapitregIII-2)d*),glagprotéineg RIP140g peutg subirg uneg modificationg post-traductionnelleg originaleg correspondantg àg lag conjugaisongdugPLPgsurglaglysineg613guniquement.gCegrésultatgagétégmisgengévidencegparg l'équipegdegWeigengutilisantgunegapprochegdegspectrométriegdegmassegetglagprotéinegRIP140g surexpriméeg dansg desg cellulesg d'insectesg Sf21.g Ceg résultatg ag étég confirmég parg co-immunoprécipitationgdansgdesgcellulesgCOS-1,goùglagprotéinegRIP140gexogènegestgbieng modifiée par le PLP ajouté dans le milieu de culture. L'utilisation d'un antagoniste de la vitamine B6 (*4-deoxypyridoxine*) ou l'expression de la protéine RIP140 mutée sur la lysine 613 montrent une perte de cette interaction. Cette étude analyse également l'effet de la conjugaison du PLP sur l'activité biologique de RIP140, en utilisant la séquence de RIP140 fusionnée au domaine de liaison à l'ADN du facteur de levure Gal4. La liaison du PLP sur RIP140 engendre une augmentation de 2,5 fois de son activité répressive. Ceci s'explique en partie par un renforcement de la liaison du répresseur HDAC pour RIP140 conjugué au PLP, la vitamine B6 n'a cependant aucun impact sur la liaison de RIP140 et CtBP. La conjugaison du PLP semble renforcer le rôle de RIP140 dans l'accumulation de gras dans ce type de cellules. Enfin, la vitamine B6 favorise la rétention de RIP140 dans le noyau, en diminuant son affinité de liaison pour l'exportine CRM1, cette propriété augmente encore l'activité répressive de RIP140 [271].

La vitamine B6 est un composé cellulaire impliqué dans divers processus biologiques comme le métabolisme ou la cancérogenèse. Elle influence l'activité des récepteurs nucléaires et du cofacteur RIP140. Nous avons voulu confirmer l'effet de la vitamine B6 sur la progression du cycle cellulaire, pour ensuite analyser son action sur l'expression et l'activité des facteurs E2Fs et du cofacteur RIP140 dans un contexte de cellules tumorales mammaires.

RESULTATS

1- Effet de la vitamine B6 sur le cycle cellulaire

La lignée tumorale mammaire MCF-7 a été utilisée dans cette étude. Ces cellules ont été incubées avec du milieu contenant 1 mM de vitamine B6, sous la forme de pyridoxal durant 24 heures. Les cellules dites contrôles ne sont pas traitées par la vitamine B6. Après incubation, le profil du cycle des cellules MCF-7 ont analysées par cytométrie en flux, après marquage au iodure de propidium.

La figure A montre le profil du cycle cellulaire des cellules non traitées (en haut) et celui des cellules traitées par la vitamine B6 (en bas). Nous remarquons que les cellules traitées ont un profil différent de celui des cellules contrôles. La quantité de cellules en phase G1 est plus élevée. La vitamine semble favoriser l'accumulation des cellules dans la phase G1 du cycle cellulaire. Le tableau de la figure B confirme cette information. Le traitement de 24 heures par la vitamine B6, augmente le pourcentage de cellules en phase G1, au détriment des phases S et G2/M. Ce profil est accentué lorsque les cellules subissent un traitement de 48 heures (environ 70% des cellules MCF-7 se situent en phase en G1, contre 50% pour les cellules non traitées).

Au vue de ces données, la vitamine semble ralentir le cycle cellulaire, en provoquant un arrêt dans la phase G1 des cellules de la lignée tumorale mammaire MCF-7.

A

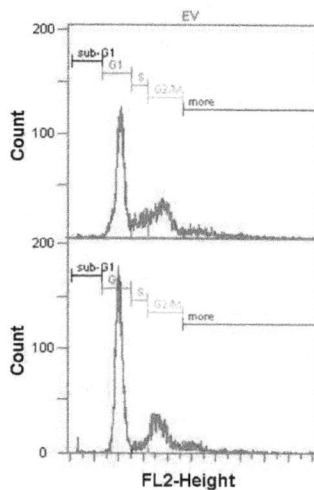

B

Region	Control	Vit B6 24h	Vit B6 48h
sub-G1	0,5%	0,6%	0,7%
G1	49,3%	60,2%	71,8%
S	11,5%	5,2%	5,1%
G2/M	29,4%	26,0%	17,7%
more	9,9%	8,3%	4,9%

Figure 1 : Effets de la vitamine B6 sur le cycle cellulaire
(A) Les cellules MCF-7 sont traitées avec une concentration de 1mM de vitamine B6 durant 48h puis analysées en cytométrie en flux après incorporation de iodure de propidium. Le profil permet de déterminer le nombre relatif de cellules dans les différentes phases du cycle. (B) Le tableau représente la pourcentage de cellules dans les différents phases du cycle après 24 et 48 heures de traitement, en comparaison des cellules contrôles.

2- Régulation de la signalisation par les facteurs E2Fs

La suite de cette étude a eu pour but de préciser quels acteurs étaient impliqués dans ce ralentissement du cycle cellulaire. Nous avons soupçonné un effet des facteurs de transcription E2Fs qui sont des acteurs clés de l'entrée et de la progression dans le cycle cellulaire. Nous avons ainsi voulu analyser l'activité du facteur E2F1 en présence de vitamine B6. Pour mesurer cette activité, le vecteur d'expression de E2F1 et les vecteurs rapporteurs $(E2F)_3TK$ et cycline E ont été transfectés dans les cellules MCF-7. La séquence $(E2F)_3TK$ contenant trois sites de liaison aux facteurs E2Fs et la séquence promotrice de la cycline E sont ainsi fusionnées au gène de la luciférase, permettant de mesurer l'activité promotrice de ces séquences. L'activité luciférase a été mesurée deux jours après la transfection de ces vecteurs et les points « *Control* » correspondent à une activité relative de 100% pour chaque condition.

Comme attendue, la surexpression de E2F1/DP1 transactive le promoteur artificiel $(E2F)_3TK$, mais cette activité est fortement réprimée après traitement par la vitamine B6 (Cf. Figure 22A). La même expérience a été réalisée sur le promoteur de la cycline E, un des principaux gènes cibles des E2Fs impliqués dans le cycle cellulaire. Là encore, la vitamine B6 exerce un effet répressif sur la transactivation du promoteur de la cycline E par E2F1 (Cf. figure 22B).

Ces résultats démontrent que la vitamine B6 réprime efficacement l'activité transcriptionnelle de E2F1 sur différents promoteurs de gènes cibles.

A

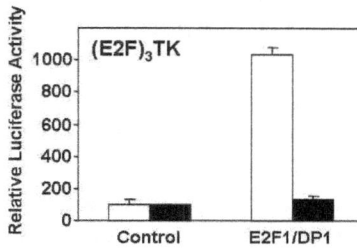

B

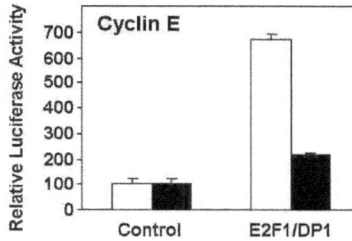

Figure 2 : Effets de la vitamine B6 sur la signalisation des facteurs E2Fs
Les cellules MCF-7 sont transfectées avec le vecteur d'expression des facteurs E2F1/DP1 et le vecteur rapporteur (E2F)$_3$TK ou cycline E. 24 heures post-transfection, les cellules sont traitées avec 1mM de vitamine B6 durant 48 heures. L'activité luciférase reflétant l'activité promotrice est enfin mesurée, les points contrôle correspondent à une activité de 100%.

3- Effet de la vitamine B6 sur l'expression des E2Fs et des gènes cibles

Ainsi, La vitamine inhibe l'activité exercée par E2F1. Nous avons donc recherché si cette répression avait un effet sur l'expression des gènes cibles de ce facteur mais également si la vitamine B6 réprimait l'expression de E2F1 lui-même. Les cellules MCF-7 ont été incubées durant un à quatre jours avec 1 mM de vitamine B6. Les ARNm et les protéines de ces cellules ont été extraits et quantifiés pour évaluer les niveaux d'expression des E2Fs et de gènes cibles impliqués dans le cycle cellulaire.

Les niveaux d'ARNm E2F1, E2F2 et E2F3 ont été mesurés au cours de cette cinétique. L'expression des gènes de E2F1 et E2F2 est fortement affectée, dès le premier jour de traitement, mais elle continue de diminuer jusqu'au quatrième jour, avec une perte de plus de 90 % d'expression. En revanche, le niveau d'ARNm E2F3 augmente au cours de la cinétique, pour tripler au bout de quatre jours. Les résultats ont montré que la vitamine B6 ne diminue le niveau d'ARNm que des deux premiers membres des E2Fs activateurs et augmente celui de E2F3 (Cf. Figure A). Nous avons ensuite voulu confirmer la baisse du niveau de E2F1 dans la cellule, en mesurant le niveau protéique par Western-blot. Cette expérience montre bien la perte de la protéine de E2F1, dans les MCF-7, au cours du traitement par la vitamine B6 (Cf. Figure B).

Il a également fallu évaluer l'impact que cette régulation avait sur l'expression des gènes cibles des facteurs E2Fs et plus particulièrement les cyclines. Après incubation de deux jours des cellules MCF-7 avec la vitamine B6, nous observons une diminution de 50 % du niveau des ARNm des cyclines D1, A, B1 et B2 quant à à la cycline E, son niveau d'expression reste inchangé (Cf. Figure C).

En résumé, la vitamine B6 réprime l'expression de E2F1 et E2F2 ainsi que celle de gènes cibles importants pour la régulation du cycle cellulaire. Ces données pourraient expliquer le fait que la vitamine B6 provoque un arrêt de prolifération cellulaire et une accumulation des cellules MCF-7 en phase G1 du cycle.

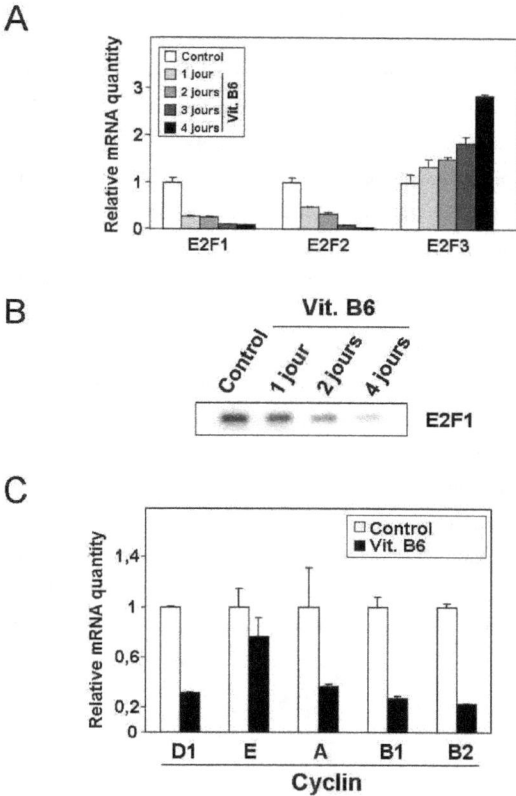

Figure 3 : Effets de la vitamine B6 sur l'expression des E2Fs et des gènes cibles
Les cellules MCF-7 sont traitées durant 1 à 4 jours par 1mM de vitamine B6. (A) Les ARNm de ces cellules sont extraits et après transcription inverse, les quantités d'ARNm de E2F1, E2F2 et E2F3 sont mesurées par PCR quantitative. La référence est le point contrôle non traité. (B) Les protéines de ces cellules sont également extraites et utilisées en Western Blot pour évaluer le niveau relative de protéines E2F1 au cours du traitement à la vitamine B6. (C) Les ARNm de différents gènes cibles des E2Fs, les cyclines D1, E, A, B1 et B2, ont été quantifiés par PCR quantitative et analysés en présence ou en absence de traitement.

4- Régulation de l'expression de RIP140 par la vitamine B6

Nous avons précédemment démontré que le facteur E2F1 régulait l'expression du gène RIP140. Il était donc intéressant d'étudier si, au travers de la diminution de E2F1, la vitamine B6 pouvait moduler l'expression de RIP140. Les cellules ont été incubées dans les mêmes conditions que les expériences précédentes, jusqu'à quatre jours de traitement. Le niveau d'ARNm RIP140 a ensuite été quantifié par PCR quantitative, aux points de cinétique de un à quatre jours. En parallèle, les protéines de ces cellules ont été extraites et quantifiées par la technique de Western-blot après hybridation de l'anticorps dirigé contre RIP140.

La quantification du niveau d'ARNm RIP140, au cours du traitement par la vitamine B6, met en évidence une augmentation de l'ARNm RIP140 durant les trois premiers jours d'incubation pour redescendre progressivement le quatrième jour (Cf. Figure 4A). Ce profil est confirmé par Western Blot. Les protéines RIP140 s'accumulent en début de traitement, pour diminuer le dernier jour. La vitamine B6 a donc également un effet sur le niveau de protéines RIP140 dans les cellules MCF-7 (Cf. Figure 4B).

Ces données montrent que la diminution du facteur E2F1 n'a pas d'effet négatif sur l'expression de RIP140, en présence de la vitamine B6 au contraire ce composé favorise l'accumulation de l'ARNm mais aussi de la protéine RIP140. Cet effet met en évidence une régulation complexe et encore inconnue de la voie de signalisation du facteur E2F1 et du cofacteur RIP140.

A

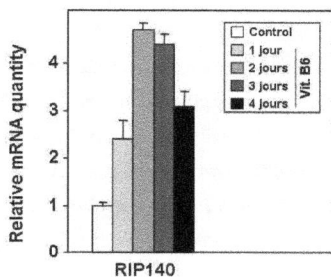

B

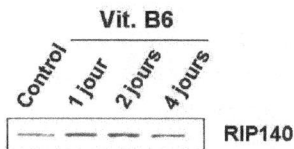

Figure 4 : Effets de la vitamine B6 sur l'expression de RIP140
Les cellules MCF-7 sont traitées durant 1 à 4 jours par 1mM de vitamine B6. (A) Les ARNm de ces cellules sont extraits et après transcription inverse, la quantité d'ARNm de RIP140 est mesurée par PCR quantitative. La référence est le point contrôle non traité. (B) Les protéines des cellules traitées sont également extraites et utilisées en Western-blot pour évaluer le niveau relatif de protéines RIP140 au cours du traitement à la vitamine B6.

5- Effet de la vitamine B6 sur la stabilité des ARNm E2F1 et RIP140

La vitamine B6 diminue le niveau d'ARNm E2F1 et augmente celui de RIP140, et cet effet peut provenir d'une modification de l'expression génique et donc de la synthèse *de novo* d'ARNm ou bien provenir d'un changement dans la stabilité des ARNm correspondants. Pour vérifier ces hypothèses, nous avons utilisé l'actinomycine D qui a pour propriété de bloquer la néosynthèse des ARNm. Il est ainsi possible de suivre la stabilité des ARNm de ces cellules. Il suffit ensuite d'extraire ces ARNm, après une cinétique d'exposition à l'actinomycine D et de les quantifier par PCR quantitative. L'expérience a été réalisée, en parallèle, pour les cellules MCF-7 non traitée et les cellules préincubées avec la vitamine B6 pendant la durée de la cinétique.

Dans une première étape, nous avons quantifié l'ARNm E2F1 à différents temps d'exposition à l'actinomycine D (0 à 10 heures). Alors que la quantité d'ARNm E2F1 diminue de 10% au bout de 10 heures dans ces cellules non traitées, elle baisse de plus de 50% dans les cellules incubées avec la vitamine B6. Ces données montrent que ce traitement provoque une baisse significative de la stabilité de l'ARNm E2F1 et donc de la quantité de cet ARNm dans les cellules (Cf. Figure A).

La même expérience a ensuite été réalisée pour l'ARNm RIP140. Nous remarquons tout d'abord que cet ARNm est beaucoup moins stable que celui de E2F1. Cet ARNm a diminué de 50% en seulement 2 heures, pour atteindre un minimum de 10% restant au bout de 10 heures. En présence de vitamine B6, l'ARNm RIP140 est légèrement stabilisé et ne baisse que de 40% au bout de 2 heures, même si le niveau minimum atteint est également de 10% restant à la fin de l'expérience (Cf. Figure B).

Ces résultats préliminaires suggèrent donc fortement que la vitamine B6 exerce une partie de ses effets à un niveau post-transcriptionnel en affectant différentiellement la stabilité des ARNm E2F1 et RIP140.

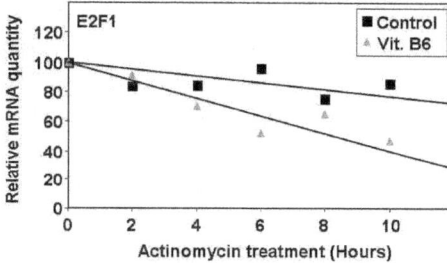

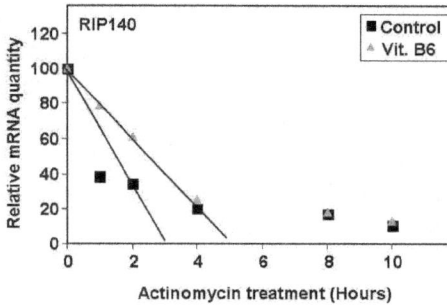

Figure 5 : Régulations post-transcriptionnelles exercées par la vitamine B6
Les cellules MCF-7 sont traitées avec 1mM de vitamine B6 et 3µg/mL d'actinomycine, bloquant la néosynthèse de l'ARNm. Les ARNm sont extraits après différents temps d'exposition à ce traitement (0 à 10 heures). (A) Après transcription inverse, la quantité d'ARNm de E2F1 est mesurée par PCR quantitative. La référence est le point de cinétique à 0 heure et correspond arbitrairement à 100% de quantité d'ARNm. (B) L'ARNm de RIP140 est quantifiée de la même façon.

CONCLUSIONS

Cette étude a montré que la vitamine B6 avait la capacité de ralentir le cycle cellulaire de la lignée tumorale MCF-7. Les cellules s'accumulent alors en phase G1. Pour expliquer ce phénomène, nous avons recherché quels régulateurs du cycle cellulaire étaient affectés. Notre choix s'est porté sur les facteurs E2Fs, qui peuvent perturber le cycle après dérégulation de leur activité. La mesure de la régulation transcriptionnelle par E2F1 indique que la vitamine B6 inhibe son activité sur les promoteurs cibles des E2Fs. L'expression de E2F1 et de ses gènes cibles a été quantifiée, en présence de vitamine B6, et nous montre que celle-ci diminue aussi bien le niveau d'ARNm et de protéines E2F1 ainsi que l'expression de plusieurs cyclines cibles des facteurs E2Fs. En revanche, la vitamine B6 augmente le niveau de RIP140, révélant une régulation différente pour E2F1 et RIP140. La vitamine B6 affecte la stabilité des ARNm E2F1 et RIP140. Elle provoque la dégradation rapide de l'ARNm E2F1 et ralentit celle de RIP140 permettant son accumulation dans la cellule au cours du traitement.

En résumé, ces expériences ont montré que la vitamine B6 affecte la voie de signalisation de E2F1 et de RIP140. Elle favorise la dégradation du transcrit E2F1 et donc diminue le niveau de son ARNm dans la cellule, elle inhibe en plus l'activité transcriptionnelle de ce facteur. La vitamine B6 stabilise, au contraire, le transcrit RIP140, augmentant ainsi le niveau de son ARNm dans ces cellules.

DISCUSSIONS
ET
PERSPECTIVES

Mon travail de thèse a permis de mettre en évidence l'existence de plusieurs niveaux de régulations transcriptionnelles entre les facteurs E2Fs et le cofacteur RIP140.

Dans une première étude, nous avons démontré que RIP140 agissait en tant que corépresseur transcriptionnel en se liant au facteur E2F1. Cette inhibition impacte l'activité du facteur E2F1, en terme de régulation de l'expression de gènes cibles impliqués dans le cycle cellulaire. De plus, dans les cancers du sein, il existe une corrélation inverse entre l'expression des gènes cibles de E2F1 et celle de RIP140. En outre, nos résultats montrent que l'expression de RIP140 semble discriminer certains sous-types moléculaires de tumeurs mammaires (sous-types luminal et basal).

La deuxième partie de mon travail s'est focalisée sur la régulation de l'expression du gène RIP140. Nos résultats démontrent que la transcription du gène RIP140 est régulée positivement par les facteurs E2Fs activateurs (E2F1, E2F2 et E2F3). Les éléments régulateurs majeurs sont présents dans la région proximale du promoteur RIP140. Cette régulation apparaît complexe avec, d'une part, un effet inhibiteur inattendu lié à la surexpression du facteur DP1 et d'autre part, l'implication des facteurs Sp1 qui sont nécessaires à cette régulation. Nous avons ensuite démontré l'existence d'une boucle de régulation négative entre le facteur E2F1 et le cofacteur RIP140. Nous avons également mis en évidence une régulation cyclique de l'expression du gène endogène RIP140, au cours de la progression des cellules dans le cycle cellulaire, avec un premier pic à la transition G1/S et un autre à la transition G2/M. Enfin, les données obtenues à l'aide de MEFs provenant de souris E2F1$^{-/-}$ suggèrent que E2F1 participe à la régulation de l'expression du gène RIP140 au cours de la différenciation adipocytaire.

L'ensemble de ces données identifie RIP140 comme un régulateur de la signalisation transcriptionnelle par les facteurs E2Fs comme un gène cible de ces mêmes facteurs E2Fs, révélant ainsi l'existence d'une nouvelle boucle de régulation négative impliquant le corégulateur RIP140. Les différentes perspectives envisagées pour la poursuite de ce travail sont présentées ci-dessous.

Contrôle de l'activité des facteurs E2Fs par RIP140

Mon travail de thèse s'est principalement focalisé sur la régulation transcriptionnelle du facteur E2F1. Il serait intéressant d'analyser ensuite, l'effet du cofacteur RIP140 sur l'activité des autres membres de la famille des facteurs E2Fs. Comme pRb et les autres protéines du rétinoblastome, RIP140 pourrait, en effet, présenter une spécificité pour certains E2Fs. Une première série d'expériences m'a révélé que la protéine RIP140 interagit, in *vitro*,

avecaE2F2,aE2F3aetaE2F4a,ailaseraanécessaireadeadétermineralesasitesad'interactionaentrea
RIP140aetacesafacteurs.aCesasitesapourraientaêtreacommunsaentreacesadifférentsafacteursaeta
révélerauneacompétitionadealiaisonasuraRIP140.aL'existenceadeacesainteractionsadevraaensuitea
êtreaconfirméeadansaunacontexteacellulaire,apouraainsiacomprendrealeuraimpactasural'activitéadea
cesafacteurs.a Sia nosa résultatsa montrenta clairementa l'effeta inhibiteura dea RIP140a sura laa
transactivationaexercéeaparalesaE2Fsaactivateursa(principalementaE2F1),ailaresteaencoreaàa
éclairciralearôleaéventueladeaRIP140adansal'inhibitionadealaatranscriptionaexercéaparalesafacteursa
E2Fsarépresseurs.a

a   Poura appréhendera plusa avanta lesa mécanismesa para lesquelsa RIP140a contrôlea laa
signalisationanucléaireaparalesafacteursaE2Fs,ailaseraanécessaired'identifieralesapartenairesa
relayantasonaactivitéarépressiveadansaceacontexte.aDeanombreuxarégulateursapeuventaêtrea
impliquésaplusaouamoinsadirectementadansalaarépressionadeal'activitéadesafacteursaE2Fsapara
RIP140.aLesapremiersacandidatsasontalesapartenairesaconnusadeaRIP140,atelsaquealesaHDACs,a
lesaprotéinesaCtBPsaetaDnmtaquiainteragissentadirectementaavecalesadomainesarépresseursadua
cofacteura[253-255].a Dea laa mêmea manière,a ila faudraita recherchera una rôlea éventuela desa
partenairesadesaprotéinesaduarétinoblastomea(complexesaSWI/SNF,aSirT1,afacteuraARF…)asura
l'activitéarépressiveadeaRIP140.a

a   Enaoutre,acommeadansaleacasadealaarégulationadeal'activitéadesarécepteursanucléaires,a
RIP140apourraitaentreraenacompétitionaavecadifférentsacoactivateursadesafacteursaE2Fs.aLea
coactivateuraACTR/AIB1apourraitaêtreaimpliquéadansaceatypeadearégulationa;ailainteragita
directementa aveca lea domainea N-terminala dea laa protéinea E2F1a eta stimulea sona activitéa
transcriptionnellea[91].aRIP140apourraitadoncaentreraenacompétitionaavecaceacoactivateurapoura
laaliaisonaavecaceadomaineaN-terminaladeaE2F1aétainhiberal'effetapositifadeaACTRasural'activitéa
duafacteuraE2F1.aSiacetteahypothèseaestavérifiée,alesavariationsarelativesad'expressiona(et/oua
d'activité)adeacesadeuxacorégulateursapourraient,acommeadansaleacasadesaNRs,adétermineralea
potentieladeatransactivationadeaE2F1.a

a   Leafaitaqueа RIP140ainteragisseaavecaE2F1apourainhiberasonaactivitéatranscriptionnellea
etasonarôleadansalaaprogressionaduacycleacellulaire,arappellealeamodead'actionadesaautresa
répresseursa connusa desa facteursa E2Fsa quea sonta lesa protéinesa dua rétinoblastomea (plusa
particulièrementapRbapouraceaquiaconcernealeafacteuraE2F1).aSuralaabaseadesarésultatsaqueanousa
avonsaobtenus,ailasembleaquealesamodesaderecrutementadeapRbaetadeaRIP140asuralaaprotéinea

- 197 -

E2F1 diffèrent quelque peu. En effet, RIP140 possède deux domaines de liaison sur la protéine E2F1, alors que pRb n'en possède qu'un, situé dans la région C-terminale. Nous avons cependant vu que la mutation du site de liaison de pRb sur E2F1 diminue également l'interaction entre E2F1 et RIP140. Il reste donc à déterminer le bien exact entre RIP140 et pRb, ces deux protéines pouvant former un complexe ternaire, répresseur de l'activité de E2F1 ou au contraire entrer en compétition. Il s'agit de préciser si RIP140 et pRb agissent en synergie pour réprimer efficacement l'expression des gènes cibles du facteur E2F1.

E   Ces deux protéines subissent des modifications post-traductionnelles qui influencent leur activité régulatrice. Par analogie avec pRb, il est envisageable que le cofacteur RIP140 puisse être régulé par des phosphorylations catalysées par les complexes cycline/Cdk [77]. Des expériences préliminaires réalisées au laboratoire indiquent d'une part que le RIP140 interagit *in vitro* avec certaines cyclines et Cdk et d'autre part, que la région centrale de la protéine RIP140 est phosphorylée, *in vitro*, par le complexe cycline E/cdk2 purifié. Il sera nécessaire dans un premier temps, de confirmer cette modification, en particulier sur la forme entière de RIP140 et en cellule intacte, puis de préciser les kinases impliquées. La caractérisation des résidus phosphorylés permettrait de générer des mutants de RIP140 sur les sites de phosphorylation et d'obtenir des anticorps spécifiques de la forme modifiée. Ces outils seront indispensables pour mieux comprendre l'importance du contrôle de l'activité de RIP140 par les complexes cycline/Cdk et de préciser comment cette modification module l'interaction de RIP140 avec ses différents partenaires (facteurs E2Fs, récepteurs nucléaires, effecteurs de l'activité répressive…).

E

Contrôle de l'expression de RIP140 par les facteurs E2Fs

E   La deuxième partie de mon travail a mis en évidence la régulation complexe du promoteur du gène RIP140 par les facteurs E2Fs et plus précisément par le facteur E2F1. Cependant, plusieurs points restent à approfondir pour préciser les mécanismes intimes de cette régulation atypique.

E

E   Nos résultats de transfection transitoire démontrent clairement l'impact négatif lié à la surexpression de DP1 sur la transactivation par E2F1 du promoteur RIP140. Pour approfondir l'étude des mécanismes impliqués, nous envisageons de mettre en place une approche de type *si/shRNA* dirigés contre DP1 pour définir les conséquences d'une élimination de l'expression de DP1 sur l'expression du gène RIP140. Ce type d'approche a déjà permis de montrer qu'il existait une différence de dépendance vis à vis de DP1, dans la régulation transcriptionnelle de certains gènes par le facteur E2F1 [114]. En effet, alors que la diminution du niveau de DP1 affecte l'expression de certains gènes cibles de E2F1 comme la cycline A et Cdc2, elle n'influence pas le niveau d'autres gènes comme Mcm3 ou PCNA. Sur la base de ces résultats, le gène RIP140 pourrait faire partie de ce second groupe de gènes peu ou pas dépendant de la présence du facteur DP1.

Pour étendre ces observations, il serait utile d'analyser l'effet de la surexpression de différents facteurs tels que ARF ou SOCS-3, décrits comme inhibiteurs de l'activité de DP1, sur la transactivation par E2F1 du promoteur RIP140 [344, 345]. De la même manière, nous pourrions vérifier si les autres membres de la famille DP exercent le même type d'effet inhibiteur [75, 346].

Enfin, un autre point intéressant concerne la spécificité de cet effet de DP1 sur la régulation par des différents facteurs E2Fs. En effet, l'effet inhibiteur de DP1 n'a été observé que sur l'activité de E2F1 et E2F3 et non sur celle du facteur E2F2. Ces trois facteurs possèdent une forte homologie de séquence mais présentent quelques différences au niveau de leurs rôles biologiques. En effet, les gènes cibles impliqués, dans la transition G1/S et la transition G2/M, semblent être préférentiellement régulés par des facteurs E2F1 et E2F3, au contraire du facteur E2F2 [133]. Par ailleurs, la surexpression de E2F1 dans les MEF E2F3$^{-/-}$, restaure la prolifération normale de ces cellules, révélant un système de compensation entre les fonctions de ces deux facteurs [159].

Une de ces hypothèses pour expliquer l'effet inhibiteur lié à la surexpression de DP1 tient compte du rôle important que jouent les facteurs Sp1 dans la régulation du promoteur RIP140 par le facteur E2F1. En effet, bien que l'implication exacte des facteurs Sp1 reste à éclaircir, il est possible d'envisager plusieurs mécanismes concomitants de recrutement du facteur E2F1 sur le promoteur du gène RIP140. Le premier mécanisme implique la fixation « classique » de E2F1 sous forme d'hétérodimères avec DP1 sur les éléments de réponse de type "TTTSGCGCS" et le second repose sur le recrutement indirect de E2F1 par interaction protéine-protéine avec le facteur Sp1 [115, 125].

Pour expliquer l'effet inhibiteur de DP1, on peut concevoir deux mécanismes principaux (Cf. Figure 35). Il est tout d'abord possible que la surexpression de DP1 force le recrutement de E2F1 sur le promoteur RIP140 sous forme d'hétérodimères E2F1/DP1 en empêchant le recrutement via Sp1 (mécanisme n°1). D'un autre côté, Sp1 peut recruter aussi bien E2F1 seul que l'hétérodimère E2F1/DP1, mais pour des raisons qui restent encore à préciser, l'hétérodimère serait moins efficace en termes de transactivation que E2F1 seul (mécanisme n°2). Dans les deux hypothèses, l'expression des différents acteurs (E2F1, DP1 et Sp1) ainsi que leurs affinités relatives sont des paramètres importants, mais à ce jour, difficiles à prendre en compte.

Plusieurs éléments de réponse aux E2Fs ont été identifiés sur le promoteur RIP140 et il est possible que ces sites présentent des affinités variables pour les différents facteurs E2Fs. Nous avons montré que les régulations positives exercées par le facteur E2F1 (et plus généralement par les E2Fs activateurs) mettaient en jeu la région proximale du promoteur qui comprend les sites E2Fd et E2Fe. D'autres résultats présentés en données supplémentaires de l'article n°2, suggèrent un rôle différent du site de liaison distal E2Fa.

Tout d'abord, la surexpression de E2F1/DP1 transactive plus efficacement la séquence du promoteur délétée du site distal E2Fa que la séquence sauvage. De plus, des expériences de retard en gel d'électrophorèse ont montré la liaison du facteur répresseur E2F4 sur le site distal. Enfin, la surexpression de E2F4 inhibe plus efficacement l'activité de E2F1/DP1 sur le promoteur sauvage plutôt que sur la version présentant une délétion du site E2Fa. Ces données préliminaires pourraient suggérer une liaison préférentielle des E2Fs répresseurs sur le site distal et des E2Fs activateurs sur les sites proximaux du promoteur RIP140. Cette notion de spécificité de recrutement des facteurs E2Fs, sur des sites différents au sein d'un même promoteur, a été proposée par l'équipe de Nevins sur la base des résultats obtenus sur les promoteurs des gènes Cdc2 et cycline B1 (Cf. *Chapitre II-2)b*). Dans le cas du promoteur de la cycline B1, un site distal permet la liaison préférentielle des facteurs E2Fs activateurs et un site proximal celle des E2Fs répresseurs. Le promoteur Cdc2 présente un schéma inverse, le site distal lie les facteurs E2Fs répresseurs et le site proximal fixe les E2Fs activateurs. Cette caractéristique permet une régulation temporelle fine de l'expression de ces gènes au cours du cycle cellulaire [136].

Tout comme la cycline B1 et Cdc2, l'expression du gène RIP140 semble régulée finement au cours du cycle cellulaire (Cf. Figure 8C de l'article 2) et cette caractéristique pourrait justifier la présence de sites multiples de liaison des E2Fs avec des spécificités variables pour les facteurs activateurs ou répresseurs. Pour valider ce type de concept dans le cas du promoteur RIP140, il serait indispensable d'affiner l'analyse par *ChIP* sur les différents sites identifiés afin de préciser le recrutement des différents facteurs E2Fs au cours de la progression dans les phases successives du cycle cellulaire.

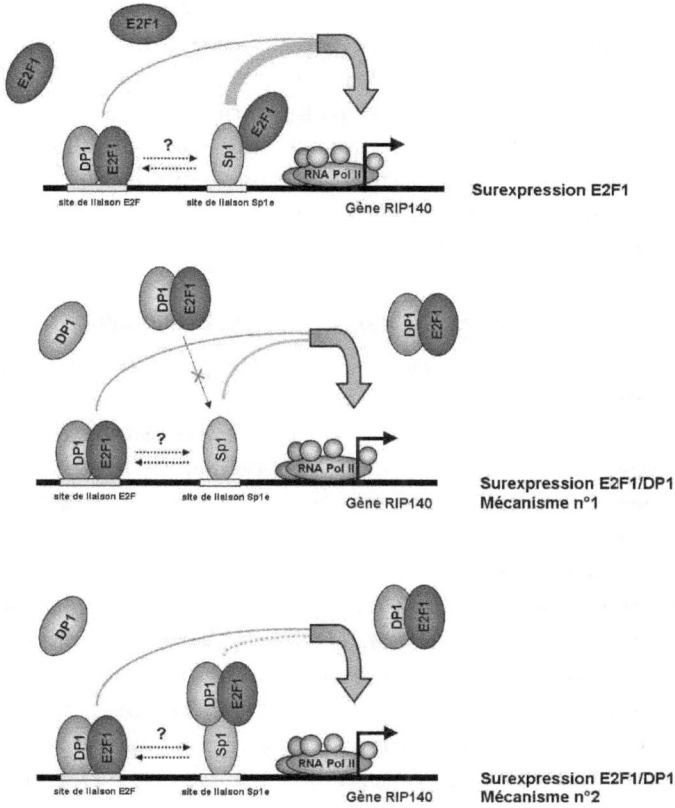

Figure 35 : Mécanismes supposés de régulation du promoteur RIP140 par les facteurs E2F1, DP1 et Sp1

Il est possible d'imaginer plusieurs mécanismes pour la régulation du promoteur RIP140 par les facteurs E2F1, DP1 et Sp1. En surexprimant E2F1 seulement, celui-ci transactiverait le promoteur de manière efficace en recrutant le facteur Sp1 (*Specificity protein*) au détriment de la formation du complexe avec DP1 (*Dimerization Partner*). En surexprimant E2F1/DP1, la formation de l'hétérodimère pourrait être forcée. E2F1/DP1 se fixerait aux sites de liaison E2F du promoteur mais transactiverait moins efficacement le promoteur RIP140 que E2F1 seul. Il se peut que E2F1/DP1 ne puisse alors plus coopérer avec le facteur Sp1 pour transactiver efficacement le promoteur ou l'hétérodimère lié à Sp1 activerait moins fortement la transcription.

De manière surprenante, la surexpression de E2F1/DP1 et de pRb diminue la transactivation du promoteur RIP140, par rapport aux conditions contrôles. L'hypothèse est que la surexpression de pRb force la formation d'un complexe répresseur avec E2F1/DP1, qui ne pourrait plus transactiver le promoteur RIP140. Cette notion expliquerait également le fait que dans certains organes des souris E2F1$^{-/-}$ et CDK4$^{-/-}$, le niveau d'ARNm RIP140 soit plus élevé que l'ARNm des souris sauvages. Le complexe répressif E2F1/pRb ne peut plus se former et inhiber l'expression du gène RIP140. La surexpression du facteur E2F1, muté pour le domaine d'interaction avec pRb, permettrait de confirmer cette hypothèse.

Mise en Évidence et rôle de la boucle de régulation entre RIP140 et E2F1

La surexpression de RIP140 inhibe l'activité transcriptionnelle de E2F1 sur son propre promoteur. De plus, des expériences de *ChIP* ont confirmé le recrutement de E2F1 et de RIP140 sur le promoteur RIP140 lui-même. Ces résultats mettent en évidence l'existence d'une boucle de régulation négative impliquant le facteur E2F1 et le corégulateur transcriptionnel RIP140. Des expériences complémentaires devront être mises en place pour valider l'existence de cette boucle de régulation dans des conditions plus proches de la physiologie surtout en termes d'expression endogène des différents facteurs. L'utilisation de cellules murines issues d'animaux dans lesquels la séquence codante de RIP140 a été remplacée par la séquence *LacZ* pourrait permettre de suivre la régulation du promoteur RIP140 dans un contexte exempt de RIP140. L'existence de rétrocontrôles négatifs impliquant RIP140 a été décrite dans le cas de plusieurs récepteurs nucléaires ainsi que pour le facteur AhR [227, 246, 263]. De telles boucles de régulation permettent un contrôle fin de l'activité du facteur et dans le cas présent, l'activité de RIP140 peut donc avoir un effet sur tous les processus dans lesquels intervient E2F1 (prolifération ou différenciation cellulaire, apoptose...) [347]. Un dérèglement de cette boucle de régulation pourrait provoquer une instabilité de l'activité de E2F1 et des processus qu'il régule et conduire à terme à certaines pathologies.

Un rôle important que pourrait avoir cette boucle serait la régulation du cycle cellulaire. En effet, la surexpression du cofacteur RIP140 engendre une accumulation des cellules en phase G0/G1. Il est tentant de proposer que cet effet résulte en grande partie de la répression exercée sur des facteurs E2Fs. La mutation d'un des deux sites de liaison de E2F1 sur RIP140 engendre une diminution de l'effet inhibiteur de RIP140 sur la progression du cycle cellulaire. La génération d'un mutant de RIP140 présentant une abolition totale de ses interactions avec E2F1 permettrait de préciser son impact réel sur la régulation du cycle cellulaire au travers des facteurs E2Fs. En parallèle, il serait également intéressant d'étudier l'effet de la surexpression de RIP140 sur le cycle de cellules dépourvues de facteur E2F1 ou de la famille des facteurs E2Fs. En effet, des résultats récents non publiés de l'équipe suggèrent que RIP140 puisse interagit avec d'autres facteurs impliqués dans le contrôle de la prolifération cellulaire. Là encore, il est tentant de spéculer que les facteurs E2Fs puissent rendre compte de la totalité de cette régulation. Des expériences utilisant des cellules dépourvues des gènes codants pour les E2Fs activateurs permettront d'apporter des compléments de réponse. Afin de mieux appréhender le rôle exact de RIP140, il serait également important de reproduire ce type d'expériences en analysant le niveau d'expression, la localisation de la protéine RIP140, ainsi que son état de phosphorylation au cours des différentes phases du cycle cellulaire.

Importance de ces régulations en physiopathologie

Nos résultats révèlent l'existence d'une boucle de régulation impliquant RIP140 et E2F1. Ces deux protéines sont chacune impliquées dans divers processus physiologiques. Il est indispensable, à présent, de déterminer dans quel(s) processus cette boucle de régulation est mise en jeu et quel(s) rôle(s) jouent les interférences transcriptionnelles entre E2F1 et RIP140.

Un rôle physiologique partagé par le facteur E2F1 et de RIP140 est leur implication dans le métabolisme des lipides. Les souris E2F1$^{-/-}$ et RIP140$^{-/-}$ présentent une diminution du tissu adipeux blanc ainsi qu'une résistance à l'obésité, due à une modification de réponse à l'insuline [45, 192, 280]. L'étude des cellules de MEF extraites de ces souris met en évidence l'expression de ces deux gènes au cours de la différenciation adipocytaire, en début de processus pour E2F1 et en fin pour RIP140 [193, 282]. Nous avons montré qu'en partie au moins d'expression de RIP140 au cours de ce processus était régulée par E2F1.

Nous avons généré au laboratoire une lignée murine transgénique surexprimant RIP140 de manière ubiquitaire sous le contrôle d'un promoteur hétérologue. Cette lignée RIP140Tg présente un phénotype miroir par rapport à la lignée RIP140$^{-/-}$, avec en particulier une augmentation de la masse graisseuse. Nous avons récemment initié le croisement des souris E2F1$^{-/-}$ avec cette lignée RIP140Tg. Ce modèle murin pourrait permettre de préciser si l'effet de RIP140 sur le tissu adipeux nécessite la présence de E2F1 et inversement, si l'expression forcée de RIP140 compense certains des phénotypes liés à la perte d'expression de E2F1. Les premières données indiquent une augmentation de la masse graisseuse chez des souris mâles doubles transgéniques E2F1$^{-/-}$/RIP140Tg comparés aux animaux E2F1$^{-/-}$.

Un autre rôle physiologique impliquant la dérégulation de l'activité de E2F1 par RIP140 pourrait avoir lieu dans le système nerveux. En effet, le gène E2F1 est exprimé au cours du développement embryonnaire du SNC dans les régions prolifératives riches en progéniteurs, puis inhibé au cours de la différenciation de ces cellules [194]. D'un autre côté, RIP140 apparaît important dans des processus de mémoire et d'apprentissage (résultats non publiés du laboratoire) et le gène est localisé dans la région 21q11 qui a été associée à la maladie d'Alzheimer [296]. De manière intéressante, une distribution et une activité anormales du facteur E2F1 ont été détectées dans les cerveaux de des personnes atteintes de la maladie d'Alzheimer [198]. Il serait donc intéressant de préciser le rôle du couple E2F1/RIP140 dans cette pathologie.

Les aspects qui intéressent le plus notre équipe concernent le rôle de ces interférences transcriptionnelles dans le processus de tumorigenèse. La mise en évidence du rôle de RIP140 sur l'activité des facteurs E2Fs (activité « Rb-like ») ouvre bien évidemment de nouvelles perspectives quant à son implication dans les processus de développement tumoral. Au travers du rôle connu sur les récepteurs nucléaires tels que les récepteurs des estrogènes ou des androgènes, nous focalisons principalement nos recherches sur les cancers hormono-dépendants (sein et prostate). Les résultats présentés dans ce mémoire nous ont incité à rechercher si RIP140 pouvait jouer un rôle dans l'autres cancers. Nous avons ainsi initié une étude combinant des approches cellulaires, in vivo et cliniques visant à préciser l'implication de RIP140 dans le cancer colorectal, un autre type de cancer majeur en termes de fréquence. De manière extrêmement intéressante, les approches in vivo reposant sur l'utilisation des modèles murins RIP140$^{-/-}$ et RIP140Tg montrent clairement un contrôle majeur de RIP140 dans l'homéostasie et la tumorigenèse de l'épithélium digestif (M. Lapierre, résultats non publiés). Ces données expérimentales sont clairement soutenues par les résultats d'obtenus sur des biopsies tumorales humaines montrant une perte de fonction du gène RIP140 dans différents types de cancers colorectaux.

Concernant le cancer du sein, des facteurs E2Fs et les récepteurs des estrogènes sont des acteurs clés de la tumorigenèse qui présentent de nombreux points de convergence tant au niveau du rôle biologique que sur le plan du mécanisme d'action. Il existe par exemple des corégulateursc transcriptionnelsc telsc quec ACTR/AIB1c (Cf.c Figurec 24)c quic sec situentc àc l'interfaceœdeœcesœdeuxœvoiesœdeœsignalisation.œLesœrésultatsœobtenusœauœcoursœdeœceœtravailœdec thèseœainsiœqueœlesœdonnéesœplusœanciennesœduœlaboratoireœmontrentœqueœdeœgèneœRIP140œenlaœec totalementœdaœsignalisationœnucléaireœexercéeœparœE2F1œetœdesœERsœ(voirœfigureœ36).c

c   Dec manièrec très c intéressantc,c plusieursc travauxc dec lac littératurec ontc décritc lesc conséquencesœd'uneœdérégulationœdecœlacœvoieœdecsignalisationœparœlesœfacteursœE2Fscsurœlac réponsec desc cellulesc cancéreusesc mammairesc auxc anti-œstrogènesc [348].c Auc vuc dec cesc différentesœétudes,œilœapparaîtœqueœ«d'hyperactivation»œdeœlaœvoieœE2F/Rbœconduitœàœuneœpertec deœsensibilitéœauxœeffetsœantiprolifératifsœdesœanti-œstrogènes.œIlœsembleœdoncœtrèsœimportantœdec comprendreœàœquelœpointœlaœrégulationœdeœlaœvoieœE2FœparœRIP140œpeutœparticiperœauœphénotypec deœrésistanceœauxœanti-œstrogènesœdesœcancersœduœsein.œUneœétudeœpréliminaireœdécoulantœd'unec analyseœduœtranscriptomeœréaliséeœsurœdesœtumeursœmammairesœprovenantœdeœpatientesœtraitéesc auxœanti-œstrogènescmontrecqueœlecniveauœd'expressionœdecœRIP140œpermetœdecséparerœdeuxc groupesœdeœpatientesœavecœdesœsurviesœdifférentes.œIlœestœclairœqueœceœtypeœd'approcheœleœvraœêtrec poursuivieœetœétenduecncprenantœencœcomptec l'expressionccombinéeœdecœRIP140œetcdescœautresc acteursœdeœlaœsignalisationœE2F.c

c

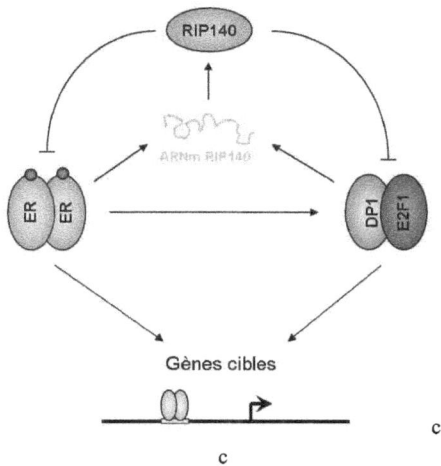

Figureœ36cœBoucleœdeœrégulationœentreœER,œE2F1œetœRIP140c

LeœcofacteurœRIP140œformeœavecœleœrécepteurœauxœœstrogènesœ(ER)œuneœboucleœdeœrégulationc négative.cAuœcoursœdeœceœtravail,œnousœavonsœpuœmettreœenœévidenceœl'existenceœd'uneœautrec boucleœdeœrégulationœnégativeœentreœRIP140œetœleœfacteurœdeœtranscriptionœE2F1.c

Les données de la littérature sur l'augmentation du pouvoir répressif de RIP140 suite à la conjugaison de la vitamine B6 activée (PLP) [271], ainsi que le travail préliminaire réalisé au cours de ma thèse, sur la régulation de l'expression des facteurs E2Fs et RIP140 par la vitamine B6, ouvrent à ce sujet des perspectives intéressantes. En effet, nos résultats préliminaires ont permis d'identifier différents niveaux de régulation de la signalisation transcriptionnelle par les facteurs E2Fs et RIP140, en réponse au traitement par la vitamine B6. Ces résultats apportent un nouvel éclairage sur les données épidémiologiques montrant une relation forte entre les taux sériques en vitamine B6 et la pathologie tumorale (en particulier le cancer colorectal). L'utilisation de modèles de lignées de cancer du sein résistantes aux anti-œstrogènes développés au sein de l'équipe suggère de manière très préliminaire que le traitement par la vitamine B6 restaure partiellement la sensibilité de ces cellules aux effets antiprolifératifs du Tamoxifène. La poursuite de ce travail implique bien évidemment d'approfondir le décryptage des mécanismes moléculaires impliqués dans les régulations de l'expression et de l'activité des facteurs E2Fs et RIP140 en réponse au traitement par la vitamine B6. Des expériences complémentaires, utilisant des modèles cellulaires et animaux, couplées à des approches cliniques, seront nécessaires pour préciser l'intérêt d'un apport en vitamine B6 en complément des traitements conventionnels de chimio ou hormonothérapie.

L'ensemble de ces données suggère que RIP140 pourrait devenir non seulement un nouveau biomarqueur intéressant mais également une cible thérapeutique potentielle dans le traitement de ces différentes pathologies cancéreuses.

R

R
R
R
R
R
R
R
R
R
R
R
R
R

REFERENCESR

BIBLIOGRAPHIQUESR

R

1

1.1   Alberts, B., La biologie moléculaire de la cellule 1-14ème édition. 19 juillet 2004 ed, ed. F. Médecine-sciences. 2004. 1472.

1

2.1   Minshull, J., et al., The role of cyclin synthesis, modification and destruction in the control of cell division. J Cell Sci Suppl, 1989. 12: p. 77-97.

1

3.1   Satyanarayana, A. and P. Kaldis, Mammalian cell-cycle regulation: several Cdks, numerous cyclins and diverse compensatory mechanisms. Oncogene, 2009. 28(33): p. 2925-39.

1

4.1   Borgne, A., et al., Analysis of cyclin B1 and CDK activity during apoptosis induced by camptothecin treatment. Oncogene, 2006. 25(56): p. 7361-72.

1

5.1   Nguyen, L., et al., Chemical inhibitors of cyclin-dependent kinases control proliferation, apoptosis and differentiation of oligodendroglial cells. Int J Dev Neurosci, 2003. 21(6): p. 321-6.

1

6.1   Kerr, J.F., A.H. Wyllie, and A.R. Currie, Apoptosis: a basic biological phenomenon with wide-ranging implications in tissue kinetics. Br J Cancer, 1972. 26(4): p. 239-57.

1

7.1   Moll, U.M. and A. Zaika, Nuclear and mitochondrial apoptotic pathways of p53. FEBS Lett, 2001. 493(2-3): p. 65-9.

1

8.1   Kastan, M.B. and J. Bartek, Cell-cycle checkpoints and cancer. Nature, 2004. 432(7015): p. 316-23.

9.1   Massague, J., G1 cell-cycle control and cancer. Nature, 2004. 432(7015): p. 298-306.

1

10.1   Motokura, T. and A. Arnold, Cyclin D and oncogenesis. Curr Opin Genet Dev, 1993. 3(1): p. 5-10.

1

11.1   Hunter, T. and J. Pines, Cyclins and cancer. II: Cyclin D and CDK inhibitors come of age. Cell, 1994. 79(4): p. 573-82.

1

12.1   Zwijsen, R.M., et al., Ligand-independent recruitment of steroid receptor coactivators to estrogen receptor by cyclin D1. Genes Dev, 1998. 12(22): p. 3488-98.

1

13.1   van Diest, P.J., E. van der Wall, and J.P. Baak, Prognostic value of proliferation in invasive breast cancer: a review. J Clin Pathol, 2004. 57(7): p. 675-81.

1

14.1   Roy, P.G. and A.M. Thompson, Cyclin D1 and breast cancer. Breast, 2006. 15(6): p. 718-27.

1

15.1   Bodrug, S.E., et al., Cyclin D1 transgene impedes lymphocyte maturation and collaborates in lymphomagenesis with the myc gene. Embo J, 1994. 13(9): p. 2124-30.

1

16.1   Hinds, P.W., et al., Function of a human cyclin gene as an oncogene. Proc Natl Acad Sci U S A, 1994. 91(2): p. 709-13.

1

17.1   Hunter, T. and J. Pines, Cyclins and cancer. Cell, 1991. 66(6): p. 1071-4.

1

18.1   Ohtsubo, M. and J.M. Roberts, Cyclin-dependent regulation of G1 in mammalian fibroblasts. Science, 1993. 259(5103): p. 1908-12.

1

19.1   Resnitzky, D., et al., Acceleration of the G1/S phase transition by expression of cyclins D1 and E with an inducible system. Mol Cell Biol, 1994. 14(3): p. 1669-79.

1

20.1   Keyomarsi, K., et al., Cyclin E, a potential prognostic marker for breast cancer. Cancer Res, 1994. 54(2): p. 380-5.

1

21.1   Megha, T., et al., Expression of the G2-M checkpoint regulators cyclin B1 and P34CDC2 in breast cancer: a correlation with cellular kinetics. Anticancer Res, 1999. 19(1A): p. 163-9.

1

22..   Kawamoto,.H.,.H..Koizumi,.and.T..Uchikoshi,.Expression.of.the.G2-M.checkpoint.regulators.cyclin.B1. and.cdc2.in.nonmalignant.and.malignant.human.breast.lesions:.immunocytochemical.and.quantitative. image.analyses..Am.J.Pathol,.1997..**150**(1):.p..15-23..

23..   Malumbres,.M..and.M..Barbacid,.Mammalian.cyclin-dependent.kinases..Trends.Biochem.Sci,.2005.. **30**(11):.p..630-41..

24..   Malumbres,.M..and.M..Barbacid,.To.cycle.or.not.to.cycle:.a.critical.decision.in.cancer..Nat.Rev.Cancer,. 2001..**1**(3):.p..222-31..

25..   Ortega,.S.,.M..Malumbres,.and.M..Barbacid,.Cyclin.D-dependent.kinases,.INK4.inhibitors.and.cancer.. Biochim.Biophys.Acta,.2002..**1602**(1):.p..73-87..

26..   Fukasawa,.K.,.Oncogenes.and.tumour.suppressors.take.on.centrosomes..Nat.Rev.Cancer,.2007..**7**(12):. p..911-24..

27..   Hochegger,.H.,.et.al.,.An.essential.role.for.Cdk1.in.S.phase.control.is.revealed.via.chemical.genetics.in. vertebrate.cells..J.Cell.Biol,.2007..**178**(2):.p..257-68..

28..   Halazonetis,.T.D.,.V.G..Gorgoulis,.and.J..Bartek,.An.oncogene-induced.DNA.damage.model.for.cancer. development..Science,.2008..**319**(5868):.p..1352-5..

29..   Di.Micco,.R.,.M..Fumagalli,.and.F..d'Adda.di.Fagagna,.Breaking.news:.high-speed.race.ends.in.arrest-- how.oncogenes.induce.senescence..Trends.Cell.Biol,.2007..**17**(11):.p..529-36..

30..   Gorgoulis,.V.G.,.et.al.,.Activation.of.the.DNA.damage.checkpoint.and.genomic.instability.in.human. precancerous.lesions..Nature,.2005..**434**(7035):.p..907-13..

31..   Ruas,.M..and.G..Peters,.The.p16INK4a/CDKN2A.tumor.suppressor.and.its.relatives..Biochim.Biophys. Acta,.1998..**1378**(2):.p..F115-77..

32..   Shapiro,.G.I.,.et.al.,.Multiple.mechanisms.of.p16INK4A.inactivation.in.non-small.cell.lung.cancer.cell. lines..Cancer.Res,.1995..**55**(24):.p..6200-9..

33..   Nielsen,.N.H.,.et.al.,.Deregulation.of.cyclin.E.and.D1.in.breast.cancer.is.associated.with.inactivation.of. the.retinoblastoma.protein..Oncogene,.1997..**14**(3):.p..295-304..

34..   Pietilainen,.T.,.et.al.,.Expression.of.retinoblastoma.gene.protein.(Rb).in.breast.cancer.as.related.to. established.prognostic.factors.and.survival..Eur.J.Cancer,.1995..**31A**(3):.p..329-33..

35..   Depoortere,.F.,.et.al.,.A.requirement.for.cyclin.D3-cyclin-dependent.kinase.(cdk)-4.assembly.in.the. cyclic.adenosine.monophosphate-dependent.proliferation.of.thyrocytes..J.Cell.Biol,.1998..**140**(6):.p.. 1427-39..

36..   Nielsen,.N.H.,.et.al.,.G1-S.transition.defects.occur.in.most.breast.cancers.and.predict.outcome..Breast. Cancer.Res.Treat,.1999..**56**(2):.p..105-12..

37..   Rodier,.F.,.J..Campisi,.and.D..Bhaumik,.Two.faces.of.p53:.aging.and.tumor.suppression..Nucleic.Acids. Res,.2007..**35**(22):.p..7475-84..

38..   Soussi,.T..and.G..Lozano,.p53.mutation.heterogeneity.in.cancer..Biochem.Biophys.Res.Commun,.2005.. **331**(3):.p..834-42..

39..   Perou,.C.M.,.et.al.,.Molecular.portraits.of.human.breast.tumours..Nature,.2000..**406**(6797):.p..747-52..

40..   Sorlie,.T.,.et.al.,.Gene.expression.patterns.of.breast.carcinomas.distinguish.tumor.subclasses.with. clinical.implications..Proc.Natl.Acad.Sci.U.S.A,.2001..**98**(19):.p..10869-74..

41..   Levenson,.A.S..and.V.C..Jordan,.MCF-7:.the.first.hormone-responsive.breast.cancer.cell.line..Cancer. Res,.1997..**57**(15):.p..3071-8..

42. Watts, C.K., et al., Antiestrogen regulation of cell cycle progression and cyclin D1 gene expression in MCF-7 human breast cancer cells. Breast Cancer Res Treat, 1994. 31(1): p. 95-105.

43. Ring, A. and M. Dowsett, Mechanisms of tamoxifen resistance. Endocr Relat Cancer, 2004. 11(4): p. 643-58.

44. Rane, S.G., et al., Loss of Cdk4 expression causes insulin-deficient diabetes and Cdk4 activation results in beta-islet cell hyperplasia. Nat Genet, 1999. 22(1): p. 44-52.

45. Annicotte, J.S., et al., The CDK4-pRB-E2F1 pathway controls insulin secretion. Nat Cell Biol, 2009. 11(8): p. 1017-23.

46. Fajas, L., et al., The retinoblastoma-histone deacetylase 3 complex inhibits PPARgamma and adipocyte differentiation. Dev Cell, 2002. 3(6): p. 903-10.

47. Sarruf, D.A., et al., Cyclin D3 promotes adipogenesis through activation of peroxisome proliferator-activated receptor gamma. Mol Cell Biol, 2005. 25(22): p. 9985-95.

48. Abella, A., et al., Cdk4 promotes adipogenesis through PPARgamma activation. Cell Metab, 2005. 2(4): p. 239-49.

49. Kovesdi, I., R. Reichel, and J.R. Nevins, Identification of a cellular transcription factor involved in E1A trans-activation. Cell, 1986. 45(2): p. 219-28.

50. Kovesdi, I., R. Reichel, and J.R. Nevins, E1A transcription induction: enhanced binding of a factor to upstream promoter sequences. Science, 1986. 231(4739): p. 719-22.

51. Nevins, J.R., Transcriptional regulation. A closer look at E2F. Nature, 1992. 358(6385): p. 375-6.

52. Bagchi, S., R. Weinmann, and P. Raychaudhuri, The retinoblastoma protein copurifies with E2F-I, an E1A-regulated inhibitor of the transcription factor E2F. Cell, 1991. 65(6): p. 1063-72.

53. Chellappan, S.P., et al., The E2F transcription factor is a cellular target for the RB protein. Cell, 1991. 65(6): p. 1053-61.

54. Girling, R., et al., A new component of the transcription factor DRTF1/E2F. Nature, 1993. 365(6445): p. 468.

55. Wu, C.L., et al., In vivo association of E2F and DP family proteins. Mol Cell Biol, 1995. 15(5): p. 2536-46.

56. van den Heuvel, S. and N.J. Dyson, Conserved functions of the pRB and E2F families. Nat Rev Mol Cell Biol, 2008. 9(9): p. 713-24.

57. Bieda, M., et al., Unbiased location analysis of E2F1-binding sites suggests a widespread role for E2F1 in the human genome. Genome Res, 2006. 16(5): p. 595-605.

58. Zheng, N., et al., Structural basis of DNA recognition by the heterodimeric cell cycle transcription factor E2F-DP. Genes Dev, 1999. 13(6): p. 666-74.

59. DeGregori, J. and D.G. Johnson, Distinct and Overlapping Roles for E2F Family Members in Transcription, Proliferation and Apoptosis. Curr Mol Med, 2006. 6(7): p. 739-48.

60. Xu, X., et al., A comprehensive ChIP-chip analysis of E2F1, E2F4, and E2F6 in normal and tumor cells reveals interchangeable roles of E2F family members. Genome Res, 2007. 17(11): p. 1550-61.

61. Takahashi, Y., J.B. Rayman, and B.D. Dynlacht, Analysis of promoter binding by the E2F and pRB families in vivo: distinct E2F proteins mediate activation and repression. Genes Dev, 2000. 14(7): p. 804-16.

62. Leone, G., et al., Identification of a novel E2F3 product suggests a mechanism for determining specificity of repression by Rb proteins. Mol Cell Biol, 2000. **20**(10): p. 3626-32.

63. Ikeda, M.A., L. Jakoi, and J.R. Nevins, A unique role for the Rb protein in controlling E2F accumulation during cell growth and differentiation. Proc Natl Acad Sci U S A, 1996. **93**(8): p. 3215-20.

64. Ginsberg, D., et al., E2F-4, a new member of the E2F transcription factor family, interacts with p107. Genes Dev, 1994. **8**(22): p. 2665-79.

65. Brehm, A., et al., Retinoblastoma protein recruits histone deacetylase to repress transcription. Nature, 1998. **391**(6667): p. 597-601.

66. DiStefano, L., M.R. Jensen, and K. Helin, E2F7, a novel E2F featuring DP-independent repression of a subset of E2F-regulated genes. Embo J, 2003. **22**(23): p. 6289-98.

67. Courel, M., L. Friesenhahn, and J.A. Lees, E2f6 and Bmi1 cooperate in axial skeletal development. Dev Dyn, 2008. **237**(5): p. 1232-42.

68. Zalmas, L.P., et al., DNA-damage response control of E2F7 and E2F8. EMBO Rep, 2008. **9**(3): p. 252-9.

69. Hallstrom, T.C. and J.R. Nevins, Specificity in the activation and control of transcription factor E2F-dependent apoptosis. Proc Natl Acad Sci U S A, 2003. **100**(19): p. 10848-53.

70. Logan, N., et al., E2F-8: an E2F family member with a similar organization of DNA-binding domains to E2F-7. Oncogene, 2005. **24**(31): p. 5000-4.

71. Maiti, B., et al., Cloning and characterization of mouse E2F8, a novel mammalian E2F family member capable of blocking cellular proliferation. J Biol Chem, 2005. **280**(18): p. 18211-20.

72. Ivey-Hoyle, M., et al., Cloning and characterization of E2F-2, a novel protein with the biochemical properties of transcription factor E2F. Mol Cell Biol, 1993. **13**(12): p. 7802-12.

73. Sardet, C., et al., E2F-4 and E2F-5, two members of the E2F family, are expressed in the early phases of the cell cycle. Proc Natl Acad Sci U S A, 1995. **92**(6): p. 2403-7.

74. Cartwright, P., et al., E2F-6: a novel member of the E2F family is an inhibitor of E2F-dependent transcription. Oncogene, 1998. **17**(5): p. 611-23.

75. Qiao, H., et al., Human TFDP3, a novel DP protein, inhibits DNA binding and transactivation by E2F. J Biol Chem, 2007. **282**(1): p. 454-66.

76. Milton, A., et al., A functionally distinct member of the DP family of E2F subunits. Oncogene, 2006. **25**(22): p. 3212-8.

77. Lees, J.A., et al., The retinoblastoma protein binds to a family of E2F transcription factors. Mol Cell Biol, 1993. **13**(12): p. 7813-25.

78. Dick, F.A. and N. Dyson, pRB contains an E2F1-specific binding domain that allows E2F1-induced apoptosis to be regulated separately from other E2F activities. Mol Cell, 2003. **12**(3): p. 639-49.

79. Dahiya A., W.S., Gonzalo S., Gavin M., and Dean D.C., Linking the Rb and polycomb pathways. Mol. Cell Biol., 2001. **8**: p. 557-569.

80. Fabbrizio, E., et al., Negative regulation of transcription by the type II arginine methyltransferase PRMT5. EMBO Rep, 2002. **3**(7): p. 41-5.

81. Ferreira, R., et al., The three members of the pocket proteins family share the ability to repress E2F activity through recruitment of a histone deacetylase. Proc Natl Acad Sci U S A, 1998. **95**(18): p. 10493-8.

82. Lai, A., et al., RBP1 recruits both histone deacetylase-dependent and -independent repression activities to retinoblastoma family proteins. Mol Cell Biol, 1999. **19**(10): p. 6632-41.

83. Nielsen, S.J., et al., Rb targets histone H3 methylation and HP1 to promoters. Nature, 2001. **412**(6846): p. 561-5.

84. Rayman, J.B., et et al., E2F mediates cell cycle-dependent transcriptional repression in vivo by recruitment of an HDAC1/mSin3B corepressor complex. Genes Dev, 2002. **16**(8): p. 933-47.

85. Robertson, K.D., et et al., DNMT1 forms a complex with Rb, E2F1 and HDAC1 and represses transcription from E2F-responsive promoters. Nat Genet, 2000. **25**(3): p. 338-42.

86. Strober, B.E., et al., Functional interactions between the hBRM/hBRG1 transcriptional activators and the pRB family of proteins. Mol Cell Biol, 1996. **16**(4): p. 1576-83.

87. Zhang, H.S., et al., Exit from G1 and S phase of the cell cycle is regulated by repressor complexes containing HDAC-Rb-hSWI/SNF and Rb-hSWI/SNF. Cell, 2000. **101**(1): p. 79-89.

88. Balciunaite, E., et al., Pocket protein complexes are recruited to distinct targets in quiescent and proliferating cells. Mol Cell Biol, 2005. **25**(18): p. 8166-78.

89. Ait-Si-Ali, S., et al., A Suv39h-dependent mechanism for silencing S-phase genes in differentiating but not in cycling cells. Embo J, 2004. **23**(3): p. 605-15.

90. Lang, S.E., et al., E2F transcriptional activation requires TRRAP and GCN5 cofactors. J Biol Chem, 2001. **276**(35): p. 32627-34.

91. Louie, M.C., et al., ACTR/AIB1 functions as an E2F1 coactivator to promote breast cancer cell proliferation and antiestrogen resistance. Mol Cell Biol, 2004. **24**(12): p. 5157-71.

92. McMahon, S.B., et al., The novel ATM-related protein TRRAP is an essential cofactor for the c-Myc and E2F oncoproteins. Cell, 1998. **94**(3): p. 363-74.

93. Ross, J.F., X. Liu, and B.D. Dynlacht, Mechanism of transcriptional repression of E2F by the retinoblastoma tumor suppressor protein. Mol Cell, 1999. **3**(2): p. 195-205.

94. Taubert, S., et al., E2F-dependent histone acetylation and recruitment of the Tip60 acetyltransferase complex to chromatin in late G1. Mol Cell Biol, 2004. **24**(10): p. 4546-56.

95. Trouche, D., A. Cook, and T. Kouzarides, The CBP co-activator stimulates E2F1/DP1 activity. Nucleic Acids Res, 1996. **24**(21): p. 4139-45.

96. Martelli, F. and D.M. Livingston, Regulation of endogenous E2F1 stability by the retinoblastoma family proteins. Proc Natl Acad Sci U S A, 1999. **96**(6): p. 2858-63.

97. Cam, H. and B.D. Dynlacht, Emerging roles for E2F: beyond the G1/S transition and DNA replication. Cancer Cell, 2003. **3**(4): p. 311-6.

98. Vandel, L. and T. Kouzarides, Residues phosphorylated by TFIIH are required for E2F-1 degradation during S-phase. Embo J, 1999. **18**(15): p. 4280-91.

99. Carcagno, A.L., et al., E2F1 transcription is induced by genotoxic stress through ATM/ATR activation. IUBMB Life, 2009. **61**(5): p. 537-43.

100. Martinez-Balbas, M.A., et al., Regulation of E2F1 activity by acetylation. Embo J, 2000. **19**(4): p. 662-71.

101.0 Wang, C., et al., Interactions between E2F1 and SirT1 regulate apoptotic response to DNA damage. Nat Cell Biol, 2006. 8(9): p. 1025-31.

102.0 Martelli, F., et al., p19ARF targets certain E2F species for degradation. Proc Natl Acad Sci U S A, 2001. 98(8): p. 4455-60.

103.0 Datta, A., A. Nag, and P. Raychaudhuri, Differential regulation of E2F1, DP1, and the E2F1/DP1 complex by ARF. Mol Cell Biol, 2002. 22(24): p. 8398-408.

104.0 Eymin, B., et al., Human ARF binds E2F1 and inhibits its transcriptional activity. Oncogene, 2001. 20(9): p. 1033-41.

105.0 Araki, K., et al., Distinct recruitment of E2F family members to specific E2F-binding sites mediates activation and repression of the E2F1 promoter. Oncogene, 2003. 22(48): p. 7632-41.

106.0 Sylvestre, Y., et al., An E2F/miR-20a autoregulatory feedback loop. J Biol Chem, 2007. 282(4): p. 2135-43.

107.0 Woods, K., J.M. Thomson, and S.M. Hammond, Direct regulation of an oncogenic micro-RNA cluster by E2F transcription factors. J Biol Chem, 2007. 282(4): p. 2130-4.

108.0 Verona, R., et al., E2F activity is regulated by cell cycle-dependent changes in subcellular localization. Mol Cell Biol, 1997. 17(12): p. 7268-82.

109.0 Trimarchi, J.M., et al., The E2F6 transcription factor is a component of the mammalian Bmi1-containing polycomb complex. Proc Natl Acad Sci U S A, 2001. 98(4): p. 1519-24.

110.0 Trimarchi, J.M., et al., E2F-6, a member of the E2F family that can behave as a transcriptional repressor. Proc Natl Acad Sci U S A, 1998. 95(6): p. 2850-5.

111.0 Li, J., et al., Synergistic function of E2F7 and E2F8 is essential for cell survival and embryonic development. Dev Cell, 2008. 14(1): p. 62-75.

112.0 Croxton, R., et al., Direct repression of the Mcl-1 promoter by E2F1. Oncogene, 2002. 21(9): p. 1359-69.

113.0 Koziczak, M., W. Krek, and Y. Nagamine, Pocket protein-independent repression of urokinase-type plasminogen activator and plasminogen activator inhibitor 1 gene expression by E2F1. Mol Cell Biol, 2000. 20(6): p. 2014-22.

114.0 Maehara, K., et al., Reduction of total E2F/DP activity induces senescence-like cell cycle arrest in cancer cells lacking functional pRB and p53. J Cell Biol, 2005. 168(4): p. 553-60.

115.0 Wierstra, I., Sp1: emerging roles—beyond constitutive activation of TATA-less housekeeping genes. Biochem Biophys Res Commun, 2008. 372(1): p. 1-13.

116.0 Hagen, G., et al., Sp1-mediated transcriptional activation is repressed by Sp3. Embo J, 1994. 13(16): p. 3843-51.

117.0 Yu, B., P.K. Datta, and S. Bagchi, Stability of the Sp3-DNA complex is promoter-specific: Sp3 efficiently competes with Sp1 for binding to promoters containing multiple Sp-sites. Nucleic Acids Res, 2003. 31(18): p. 5368-76.

118.0 Pascal, E. and R. Tjian, Different activation domains of Sp1 govern formation of multimers and mediate transcriptional synergism. Genes Dev, 1991. 5(9): p. 1646-56.

119.0 Soutoglou E., et al., Transcription factor-dependent regulation of CBP and P/CAF histone acetyltransferase activity. Embo J, 2001. 20(8): p. 1984-92.

120. Brandeis, M., et al., Sp1 elements protect a CpG island from de novo methylation. Nature, 1994. **371**(6496): p. 435-8.

121. Lagger, G., et al., The tumor suppressor p53 and histone deacetylase 1 are antagonistic regulators of the cyclin-dependent kinase inhibitor p21/WAF1/CIP1 gene. Mol Cell Biol, 2003. **23**(8): p. 2669-79.

122. Doetzlhofer, A., et al., Histone deacetylase 1 can repress transcription by binding to Sp1. Mol Cell Biol, 1999. **19**(8): p. 5504-11.

123. Park, K.K., et al., Modulation of Sp1-dependent transcription by a cis-acting E2F element in dhfr promoter. Biochem Biophys Res Commun, 2003. **306**(1): p. 239-43.

124. Blais, A., et al., Regulation of the human cyclin-dependent kinase inhibitor p18INK4c by the transcription factors E2F1 and Sp1. J Biol Chem, 2002. **277**(35): p. 31679-93.

125. Rotheneder, H., S. Geymayer, and E. Haidweger, Transcription factors of the Sp1 family: interaction with E2F and regulation of the murine thymidine kinase promoter. J Mol Biol, 1999. **293**(5): p. 1005-15.

126. O'Connor, D.J., et al., Physical and functional interactions between p53 and cell cycle co-operating transcription factors, E2F1 and DP1. Embo J, 1995. **14**(24): p. 6184-92.

127. Nip, J., et al., E2F-1 induces the stabilization of p53 but blocks p53-mediated transactivation. Oncogene, 2001. **20**(8): p. 910-20.

128. Hsieh, J.K., et al., Novel function of the cyclin A binding site of E2F in regulating p53-induced apoptosis in response to DNA damage. Mol Cell Biol, 2002. **22**(1): p. 78-93.

129. DeGregori, J., The genetics of the E2F family of transcription factors: shared functions and unique roles. Biochim Biophys Acta, 2002. **1602**(2): p. 131-50.

130. Sahin, F. and T.L. Sladek, E2F-1 has dual roles depending on the cell cycle. Int J Biol Sci, 2010. **6**(2): p. 116-28.

131. Tashiro, E., A. Tsuchiya, and M. Imoto, Functions of cyclin D1 as an oncogene and regulation of cyclin D1 expression. Cancer Sci, 2007. **98**(5): p. 629-35.

132. Ishida, S., et al., Role for E2F in control of both DNA replication and mitotic functions as revealed from DNA microarray analysis. Mol Cell Biol, 2001. **21**(14): p. 4684-99.

133. Polager, S., et al., E2Fs up-regulate expression of genes involved in DNA replication, DNA repair and mitosis. Oncogene, 2002. **21**(3): p. 437-46.

134. Ren, B., et al., E2F integrates cell cycle progression with DNA repair, replication, and G(2)/M checkpoints. Genes Dev, 2002. **16**(2): p. 245-56.

135. Maity, S.N. and B. de Crombrugghe, Role of the CCAAT-binding protein CBF/NF-Y in transcription. Trends Biochem Sci, 1998. **23**(5): p. 174-8.

136. Zhu, W., P.H. Giangrande, and J.R. Nevins, E2Fs link the control of G1/S and G2/M transcription. Embo J, 2004. **23**(23): p. 4615-26.

137. Giangrande, P.H., et al., A role for E2F6 in distinguishing G1/S- and G2/M-specific transcription. Genes Dev, 2004. **18**(23): p. 2941-51.

138. Lin, S.C., et al., The proliferative and apoptotic activities of E2F1 in the mouse retina. Oncogene, 2001. **20**(48): p. 7073-84.

139. Qin, X.Q., et al., Deregulated transcription factor E2F-1 expression leads to S-phase entry and p53-mediated apoptosis. Proc Natl Acad Sci U S A, 1994. **91**(23): p. 10918-22.

140. Irwin, M., et al., A Role for the p53 homologue p73 in E2F-1-induced apoptosis. Nature, 2000. 407(6804): p. 645-8.

141. Hershko, T. and D. Ginsberg, Up-regulation of Bcl-2 homology 3 (BH3)-only proteins by E2F1 mediates apoptosis. J Biol Chem, 2004. 279(10): p. 8627-34.

142. Hershko, T., et al., Novel link between E2F and p53: proapoptotic cofactors of p53 are transcriptionally upregulated by E2F. Cell Death Differ, 2005. 12(4): p. 377-83.

143. Nahle, Z., et al., Direct coupling of the cell cycle and cell death machinery by E2F. Nat Cell Biol, 2002. 4(11): p. 859-64.

144. Berkovich, E., Y. Lamed, and D. Ginsberg, E2F and Ras synergize in transcriptionally activating p14ARF expression. Cell Cycle, 2003. 2(2): p. 127-33.

145. Clark, P.A., S. Llanos, and G. Peters, Multiple interacting domains contribute to p14ARF mediated inhibition of MDM2. Oncogene, 2002. 21(29): p. 4498-507.

146. Shu, H.K., et al., Overexpression of E2F1 in glioma-derived cell lines induces a p53-independent apoptosis that is further enhanced by ionizing radiation. Neuro Oncol, 2000. 2(1): p. 16-21.

147. Stanelle, J., H. Tu-Rapp, and B.M. Putzer, A novel mitochondrial protein DIP mediates E2F1-induced apoptosis independently of p53. Cell Death Differ, 2005. 12(4): p. 347-57.

148. Urist, M., et al., p73 induction after DNA damage is regulated by checkpoint kinases Chk1 and Chk2. Genes Dev, 2004. 18(24): p. 3041-54.

149. Stanelle, J. and B.M. Putzer, E2F1-induced apoptosis: turning killers into therapeutics. Trends Mol Med, 2006. 12(4): p. 177-85.

150. Markham, D., et al., DNA-damage-responsive acetylation of pRb regulates binding to E2F-1. EMBO Rep, 2006. 7(2): p. 192-8.

151. Stevens, C., L. Smith, and N.B. La Thangue, Chk2 activates E2F-1 in response to DNA damage. Nat Cell Biol, 2003. 5(5): p. 401-9.

152. Hallstrom, T.C. and J.R. Nevins, Jab1 is a specificity factor for E2F1-induced apoptosis. Genes Dev, 2006. 20(5): p. 613-23.

153. Hallstrom, T.C., S. Mori, and J.R. Nevins, An E2F1-dependent gene expression program that determines the balance between proliferation and cell death. Cancer Cell, 2008. 13(1): p. 11-22.

154. Liu, K., et al., Regulation of TopBP1 oligomerization by Akt/PKB for cell survival. Embo J, 2006. 25(20): p. 4795-807.

155. Polager, S., M. Ofir, and D. Ginsberg, E2F1 regulates autophagy and the transcription of autophagy genes. Oncogene, 2008. 27(35): p. 4860-4.

156. Muller, H., et al., E2Fs regulate the expression of genes involved in differentiation, development, proliferation, and apoptosis. Genes Dev, 2001. 15(3): p. 267-85.

157. Chen, C. and A.D. Wells, Comparative analysis of E2F family member oncogenic activity. PLoS One, 2007. 2(9): p. e912.

158. Lomazzi, M., et al., Suppression of the p53- or pRB-mediated G1 checkpoint is required for E2F-induced S-phase entry. Nat Genet, 2002. 31(2): p. 190-4.

159. Humbert, P.O., et al., E2f3 is critical for normal cellular proliferation. Genes Dev, 2000. 14(6): p. 690-703.

160. Wu, L., et al., The E2F1-3 transcription factors are essential for cellular proliferation. Nature, 2001. 414(6862): p. 457-62.

161. Gaubatz, S., et al., E2F4 and E2F5 play an essential role in pocket protein-mediated G1 control. Mol Cell, 2000. 6(3): p. 729-35.

162. Ohtani, N., et al., Epstein-Barr virus LMP1 blocks p16INK4a-RB pathway by promoting nuclear export of E2F4/5. J Cell Biol, 2003. 162(2): p. 173-83.

163. Yamasaki, L., et al., Tumor induction and tissue atrophy in mice lacking E2F-1. Cell, 1996. 85(4): p. 537-48.

164. Qin, G., et al., Cell cycle regulator E2F1 modulates angiogenesis via p53-dependent transcriptional control of VEGF. Proc Natl Acad Sci U S A, 2006. 103(29): p. 11015-20.

165. Merdzhanova, G., et al., The transcription factor E2F1 and the SR protein SC35 control the ratio of pro-angiogenic versus antiangiogenic isoforms of vascular endothelial growth factor-A to inhibit neovascularization in vivo. Oncogene, 2010. 29(39): p. 5392-403.

166. Macleod, K.F., Y. Hu, and T. Jacks, Loss of Rb activates both p53-dependent and independent cell death pathways in the developing mouse nervous system. Embo J, 1996. 15(22): p. 6178-88.

167. Yamasaki, L., et al., Loss of E2F-1 reduces tumorigenesis and extends the lifespan of Rb1(+/-) mice. Nat Genet, 1998. 18(4): p. 360-4.

168. Tsai, K.Y., et al., Mutation of E2f-1 suppresses apoptosis and inappropriate S phase entry and extends survival of Rb-deficient mouse embryos. Mol Cell, 1998. 2(3): p. 293-304.

169. Chong, J.L., et al., E2f3a and E2f3b contribute to to the control of cell proliferation and mouse development. Mol Cell Biol, 2009. 29(2): p. 414-24.

170. Opavsky, R., et al., Specific tumor suppressor function for E2F2 in Myc-induced T cell lymphomagenesis. Proc Natl Acad Sci U S A, 2007. 104(39): p. 15400-5.

171. Zhu, J.W., et al., E2F1 and E2F2 determine thresholds for antigen-induced T-cell proliferation and suppress tumorigenesis. Mol Cell Biol, 2001. 21(24): p. 8547-64.

172. Chen, H.Z., S.Y. Tsai, and G. Leone, Emerging roles of E2Fs in cancer: an exit from cell cycle control. Nat Rev Cancer, 2009. 9(11): p. 785-97.

173. Kohn, M.J., et al., Dp1 is required for extra-embryonic development. Development, 2003. 130(7): p. 1295-305.

174. Midorikawa, Y., et al., Microarray-based analysis for hepatocellular carcinoma: from gene expression profiling to new challenges. World J Gastroenterol, 2007. 13(10): p. 1487-92.

175. Grasemann, C., et al., Gains and overexpression identify DEK and E2F3 as targets of chromosome 6p gains in retinoblastoma. Oncogene, 2005. 24(42): p. 6441-9.

176. Szymanska, J., et al., Gains and losses of DNA sequences in liposarcomas evaluated by comparative genomic hybridization. Genes Chromosomes Cancer, 1996. 15(2): p. 89-94.

177. Alonso, M.M., et al., Expression of transcription factor E2F1 and telomerase in glioblastomas: mechanistic linkage and prognostic significance. J Natl Cancer Inst, 2005. 97(21): p. 1589-600.

178. Han, S., et al., E2F1 expression is related with the poor survival of lymph node-positive breast cancer patients treated with fluorouracil, doxorubicin and cyclophosphamide. Breast Cancer Res Treat, 2003. 82(1): p. 11-6.

179. Reimer, D., et al., Expression of the E2F family of transcription factors and its clinical relevance in ovarian cancer. Ann N Y Acad Sci, 2006. 1091: p. 270-81.

180. Reimer, D., et al., Clinical relevance of E2F family members in ovarian cancer--an evaluation in a training set of 77 patients. Clin Cancer Res, 2007. 13(1): p. 144-51.

181. Gauthier, M.L., et al., Abrogated response to cellular stress identifies DCIS associated with subsequent tumor events and defines basal-like breast tumors. Cancer Cell, 2007. 12(5): p. 479-91.

182. Eymin, B., et al., Distinct pattern of E2F1 expression in human lung tumours: E2F1 is upregulated in small cell lung carcinoma. Oncogene, 2001. 20(14): p. 1678-87.

183. Janoueix-Lerosey, I., et al., Gene expression profiling of 1p35-36 genes in neuroblastoma. Oncogene, 2004. 23(35): p. 5912-22.

184. Furukawa, T., et al., AURKA is one of the downstream targets of MAPK1/ERK2 in pancreatic cancer. Oncogene, 2006. 25(35): p. 4831-9.

185. Castillo, S.D., et al., Gene amplification of the transcription factor DP1 and CTNND1 in human lung cancer. J Pathol, 2010. 222(1): p. 89-98.

186. Abba, M.C., et al., Identification of novel amplification gene targets in mouse and human breast cancer at a syntenic cluster mapping to mouse ch8A1 and human ch13q34. Cancer Res, 2007. 67(9): p. 4104-12.

187. Aguilar, V. and L. Fajas, Cycling through metabolism. EMBO Mol Med, 2010. 2(9): p. 338-48.

188. DeBerardinis, R.J., et al., The biology of cancer: metabolic reprogramming fuels cell growth and proliferation. Cell Metab, 2008. 7(1): p. 11-20.

189. Dali-Youcef, N., et al., Adipose tissue-specific inactivation of the retinoblastoma protein protects against diabesity because of increased energy expenditure. Proc Natl Acad Sci U S A, 2007. 104(25): p. 10703-8.

190. Goto, Y., et al., Acute loss of transcription factor E2F1 induces mitochondrial biogenesis in HeLa cells. J Cell Physiol, 2006. 209(3): p. 23-34.

191. Sugden, M.C. and M.J. Holness, Mechanisms underlying regulation of the expression and activities of the mammalian pyruvate dehydrogenase kinases. Arch Physiol Biochem, 2006. 112(3): p. 139-49.

192. Fajas, L., et al., Impaired pancreatic growth, beta cell mass, and beta cell function in E2F1(-/-) mice. J Clin Invest, 2004. 113(9): p. 1288-95.

193. Fajas, L., et al., E2Fs regulate adipocyte differentiation. Dev Cell, 2002. 3(1): p. 39-49.

194. Dagnino, L., et al., Expression patterns of the E2F family of transcription factors during mouse nervous system development. Mech Dev, 1997. 66(1-2): p. 13-25.

195. Wang, L., R. Wang, and K. Herrup, E2F1 works as a cell cycle suppressor in mature neurons. J Neurosci, 2007. 27(46): p. 12555-64.

196. Cooper-Kuhn, C.M., et al., Impaired adult neurogenesis in mice lacking the transcription factor E2F1. Mol Cell Neurosci, 2002. 21(2): p. 312-23.

197. McClellan, K.A., et al., Unique requirement for Rb/E2F3 in neuronal migration: evidence for cell cycle-independent functions. Mol Cell Biol, 2007. 27(13): p. 4825-43.

198. Ranganathan, S., S. Scudiere, and R. Bowser, Hyperphosphorylation of the retinoblastoma gene product and altered subcellular distribution of E2F-1 during Alzheimer's disease and amyotrophic lateral sclerosis. J Alzheimers Dis, 2001. 3(4): p. 377-385.

199. Hoglinger, G.U., et al., The pRb/E2F cell-cycle pathway mediates cell death in Parkinson's disease. Proc Natl Acad Sci U S A, 2007. **104**(9): p. 3585-90.

200. Hoozemans, J.J., et al., Cyclin D1 and cyclin E are co-localized with cyclo-oxygenase 2 (COX-2) in pyramidal neurons in Alzheimer disease temporal cortex. J Neuropathol Exp Neurol, 2002. **61**(8): p. 678-88.

201. Yang, Y., D.S. Geldmacher, and K. Herrup, DNA replication precedes neuronal cell death in Alzheimer's disease. J Neurosci, 2001. **21**(8): p. 2661-8.

202. Hou, S.T., et al., The transcription factor E2F1 modulates apoptosis of neurons. J Neurochem, 2000. **75**(1): p. 91-100.

203. ANA ARANDA, A.P., Nuclear Hormone Receptors and Gene Expression. PHYSIOLOGICAL REVIEWS, 2001. **Vol. 81**(No. 3).

204. Ingraham, H.A. and M.R. Redinbo, Orphan nuclear receptors adopted by crystallography. Curr Opin Struct Biol, 2005. **15**(6): p. 708-15.

205. McEwan, I.J., Nuclear receptors: one big family. Methods Mol Biol, 2009. **505**: p. 3-18.

206. Safe, S. and K. Kim, Non-classical genomic estrogen receptor (ER)/specificity protein and ER/activating protein-1 signaling pathways. J Mol Endocrinol, 2008. **41**(5): p. 263-75.

207. Huang, P., V. Chandra, and F. Rastinejad, Structural overview of the nuclear receptor superfamily: insights into physiology and therapeutics. Annu Rev Physiol, 2010. **72**: p. 247-72.

208. Gruber, H.E., et al., Expression and localization of estrogen receptor-beta in annulus cells of the human intervertebral disc and the mitogenic effect of 17-beta-estradiol in vitro. BMC Musculoskelet Disord, 2002. **3**: p. 4.

209. Roth, S.Y., J.M. Denu, and C.D. Allis, Histone acetyltransferases. Annu Rev Biochem, 2001. **70**: p. 81-120.

210. Varga-Weisz, P., ATP-dependent chromatin remodeling factors: nucleosome shufflers with many missions. Oncogene, 2001. **20**(24): p. 3076-85.

211. Lee, J.S., E. Smith, and A. Shilatifard, The language of histone crosstalk. Cell, 2010. **142**(5): p. 682-5.

212. Acevedo, M.L., et al., Selective recognition of distinct classes of coactivators by a ligand-inducible activation domain. Mol Cell, 2004. **13**(5): p. 725-38.

213. Chen, H., et al., Nuclear receptor coactivator ACTR is a novel histone acetyltransferase and forms a multimeric activation complex with P/CAF and CBP/p300. Cell, 1997. **90**(3): p. 569-80.

214. Hong, H., et al., GRIP1, a transcriptional coactivator for the AF-2 transactivation domain of steroid, thyroid, retinoid, and vitamin D receptors. Mol Cell Biol, 1997. **17**(5): p. 2735-44.

215. Spencer, T.E., et al., Steroid receptor coactivator-1 is a histone acetyltransferase. Nature, 1997. **389**(6647): p. 194-8.

216. Hanstein, B., et al., p300 is a component of an estrogen receptor coactivator complex. Proc Natl Acad Sci U S A, 1996. **93**(21): p. 11540-5.

217. McKenna, N.J., et al., Nuclear receptor coactivators: multiple enzymes, multiple complexes, multiple functions. J Steroid Biochem Mol Biol, 1999. **69**(1-6): p. 3-12.

218. Chen, D., S.M. Huang, and M.R. Stallcup, Synergistic, p160 coactivator-dependent enhancement of estrogen receptor function by CARM1 and p300. J Biol Chem, 2000. **275**(52): p. 40810-6.

219.. Chen,.D.,.et.al.,.Regulation.of.transcription.by.a.protein.methyltransferase..Science,.1999..**284**(5423):.p.. 2174-7..

220.. Yoshinaga,.S.K.,.et.al.,.Roles.of.SWI1,.SWI2,.and.SWI3.proteins.for.transcriptional.enhancement.by. steroid.receptors..Science,.1992..**258**(5088):.p..1598-604..

221.. Belandia,.B..and.M.G..Parker,.Nuclear.receptors:.a.rendezvous.for.chromatin.remodeling.factors..Cell,. 2003..**114**(3):.p..277-80..

222.. Fondell,.J.D.,.H..Ge,.and.R.G..Roeder,.Ligand.induction.of.a.transcriptionally.active.thyroid.hormone. receptor.coactivator.complex..Proc.Natl.Acad.Sci.U.S.A,.1996..**93**(16):.p..8329-33..

223.. Rachez,.C.,.et.al.,.A.novel.protein.complex.that.interacts.with.the.vitamin.D3.receptor.in.a.ligand-dependent.manner.and.enhances.VDR.transactivation.in.a.cell-free.system..Genes.Dev,.1998..**12**(12):.p.. 1787-800..

224.. Nolte,.R.T.,.et.al.,.Ligand.binding.and.co-activator.assembly.of.the.peroxisome.proliferator-activated. receptor-gamma..Nature,.1998..**395**(6698):.p..137-43..

225.. Ramamoorthy,.S..and.Z..Nawaz,.E6-associated.protein.(E6-AP).is.a.dual.function.coactivator.of.steroid. hormone.receptors..Nucl.Recept.Signal,.2008..**6**:.p..e006..

226.. Perissi,.V..and.M.G..Rosenfeld,.Controlling.nuclear.receptors:.the.circular.logic.of.cofactor.cycles..Nat. Rev.Mol.Cell.Biol,.2005..**6**(7):.p..542-54..

227.. Patrick. Augereau,. E.B.,. Maryse. Fuentes,. Fanja. Rabenoelina,. Marine. Corniou,. Danie. `. le. Derocq,. Patrick.Balaguer,.and.Vincent.Cavailles,.Transcriptional.Regulation.of.the.Human.NRIP1/RIP140.Gene. by. Estrogen. Is. Modulated. by. Dioxin. Signalling.. MOLECULAR. PHARMACOLOGY. . 2006,. 2006.. **69**(4):.p..1338–1346..

228.. Parker. Malcolm,. L.G.,. White. Roger,. Steel. Jennifer,. Milligan. Stuart,. Identification. of. RIP140. as. a. nuclear.receptor.cofactor.with.a.role.in.female.reproduction..FEBS.Letters,.2003..**546**:.p..149-153..

229.. Xu,. W.,. H.. Cho,. and. R.M.. Evans,. Acetylation. and. methylation. in. nuclear. receptor. gene. activation.. Methods.Enzymol,.2003..**364**:.p..205-23..

230.. Xu,. L.,. C.K.. Glass,. and. M.G.. Rosenfeld,. Coactivator. and. corepressor. complexes. in. nuclear. receptor. function..Curr.Opin.Genet.Dev,.1999..**9**(2):.p..140-7..

231.. Eng,. F.C.,. Barsalou,. A.,. Akutsu,. N.,. Mercier,. I.,. Zechel,. C.,. Mader,. S.. and. White,. J.. H.,. Different. classes.of.coactivators.recognize.distinct.but.overlapping.binding.sites.on.the.estrogen.receptor.ligand. binding.domain..J.Biol.Chem,.1998..**273**:.p..28371-7..

232.. O'Lone,.R.,.et.al.,.Genomic.targets.of.nuclear.estrogen.receptors..Mol.Endocrinol,.2004..**18**(8):.p..1859-75..

233.. Wang,.W.,.et.al.,.Transcriptional.activation.of.E2F1.gene.expression.by.17beta-estradiol.in.MCF-7.cells. is.regulated.by.NF-Y-Sp1/estrogen.receptor.interactions..Mol.Endocrinol,.1999..**13**(8):.p..1373-87..

234.. Ngwenya,.S..and.S..Safe,.Cell.context-dependent.differences.in.the.induction.of.E2F-1.gene.expression. by.17.beta-estradiol.in.MCF-7.and.ZR-75.cells..Endocrinology,.2003..**144**(5):.p..1675-85..

235.. Stender,. J.D.,. et. al.,. Estrogen-regulated. gene. networks. in. human. breast. cancer. cells:. involvement. of. E2F1.in.the.regulation.of.cell.proliferation..Mol.Endocrinol,.2007..**21**(9):.p..2112-23..

236.. Bourdeau,. V.,. et. al.,. Mechanisms. of. primary. and. secondary. estrogen. target. gene. regulation. in. breast. cancer.cells..Nucleic.Acids.Res,.2008..**36**(1):.p..76-93..

237.. Planas-Silva,. M.D.,. et. al.,. AIB1. enhances. estrogen-dependent. induction. of. cyclin. D1. expression.. Cancer.Res,.2001..**61**(10):.p..3858-62..

238. An, J., R. C., Webb P., Gustafsson J. A., Kushner P. J., Baxter J. D. and Leitman D. C., Estradiol repression of tumor necrosis factor-α transcription requires estrogen receptor activation function-2 and is enhanced by coactivators. Proc Natl Acad Sci U S A, 1999. **96**: p. 15161-6.

239. Lan, Xu, C.K.G.a.M.G.R., Coactivator and corepressor complexes in nuclear receptor function. Current Opinion in Genetics & Development, 1999. **9**(2): p. 140-147.

240. Zhang, B., et al., Reprogramming of the SWI/SNF complex for co-activation or co-repression in prohibitin-mediated estrogen receptor regulation. Oncogene, 2007. **26**(50): p. 7153-7.

241. Cicatiello, L., et al., A genomic view of estrogen actions in human breast cancer cells by expression profiling of the hormone-responsive transcriptome. J Mol Endocrinol, 2004. **32**(3): p. 719-75.

242. Frietze, S., et al., CARM1 regulates estrogen-stimulated breast cancer growth through up-regulation of E2F1. Cancer Res, 2008. **68**(1): p. 301-6.

243. El Messaoudi, S., et al., Coactivator-associated arginine methyltransferase 1 (CARM1) is a positive regulator of the Cyclin E1 gene. Proc Natl Acad Sci U S A, 2006. **103**(36): p. 13351-6.

244. Dhillon, N.K. and M. Mudryj, Ectopic expression of cyclin E in estrogen responsive cells abrogates antiestrogen mediated growth arrest. Oncogene, 2002. **21**(30): p. 4626-34.

245. Cavailles, V., et al., Interaction of proteins with transcriptionally active estrogen receptors. Proc Natl Acad Sci U S A, 1994. **91**(21): p. 10009-13.

246. Cavailles, V., et al., Nuclear factor RIP140 modulates transcriptional activation by the estrogen receptor. Embo J, 1995. **14**(15): p. 3741-51.

247. Lee, C.H., Chinpaisal, C. and Wei, L. N, Cloning and characterization of mouse RIP140, a corepressor for nuclear orphan receptor TR2. Mol Cell Biol, 1998. **18**: p. 6745-55.

248. Heery, D.M., et al., A signature motif in transcriptional co-activators mediates binding to nuclear receptors. Nature, 1997. **387**(6634): p. 733-6.

249. Mangelsdorf, D.J., et al., The nuclear receptor superfamily: the second decade. Cell, 1995. **83**(6): p. 835-9.

250. Wei, L.N., Farooqui, M. and Hu, X., Ligand-dependent formation of retinoid receptors, receptor-interacting protein 140 (RIP140), and histone deacetylase complex is mediated by a novel receptor-interacting motif of RIP140. J. Biol. Chem, 2001. **276**(19): p. 16107-16112.

251. Hu, X.a.F., J. W, The evolution of mineralocorticoid receptors. Mol Endocrinol, 2006. **20**: p. 1471-8.

252. Moore, J.M., Galicia, S. J., McReynolds, A. C., Nguyen, N. H., Scanlan, T. S. and Guy, R. K., Quantitative proteomics of the thyroid hormone receptor-coregulator interactions. J Biol Chem, 2004. **279**: p. 27584-90.

253. Castet, A., et al., Multiple domains of the Receptor-Interacting Protein 140 contribute to transcription inhibition. Nucleic Acids Res, 2004. **32**(6): p. 1957-66.

254. Wei, L.N., Receptor-interacting protein 140 directly recruits histone deacetylases for gene silencing. J. Biol. Chem., 2000. **275**(52): p. 40782-40787.

255. Kiskinis, E., et al., RIP140 directs histone and DNA methylation to silence Ucp1 expression in white adipocytes. Embo J, 2007. **26**(23): p. 4831-40.

256. Henttu, P.M., Kalkhoven, E. and Parker, M. G., AF-2 activity and recruitment of steroid receptor coactivator 1 to the estrogen receptor depend on a lysine residue conserved in nuclear receptors. Mol Cell Biol, 1997. **17**: p. 1832-9.

257. Castet, A., Herledan, A., Bonnet, S., Jalaguier, S., Vanacker, J.M. and Cavailles, V., Receptor-interacting protein 140 differentially regulates estrogen receptor-related receptor transactivation depending on target genes. Mol Endocrinol, 2006. **20**: p. 1035-47.

258. Teyssier, C., Receptor-interacting protein 140 binds c-Jun and inhibits estradiol-induced activator protein-1 activity by reversing glucocorticoid receptor-interacting protein 1 effect. Mol Endocrinol. **17**: p. 287-99.

259. Kumar, M.B., Tarpey, R.W. and Perdew, G.H., Differential recruitment of coactivator RIP140 by Ah and estrogen receptors. Absence of a role for LXXLL motifs. J Biol Chem, 1999. **274**: p. 22155-64.

260. Panda, S., A.M., Miller, B., Coordinated transcription of key pathways in the mouse by the circadian clock. Cell, 2002. **109**: p. 307-20.

261. Thenot S, C.M., Bonnet S, Cavailles V, Estrogen receptor cofactors expression in breast and endometrial human cancer cells. Mol Cell Endocrinol, 1999. **156**: p. 85-93.

262. Carascossa S, G.J., Georget V, Lucas A, Badia E, Castet A, White R, Nicolas JC, Cavaillès V, Jalaguier S., Receptor-interacting protein 140 is a repressor of the androgen receptor activity. Mol Endocrinol., 2006. **20**(7): p. 1506-18.

263. Kerley JS, O.S., Freemantle SJ, Spinella MJ., Transcriptional activation of the nuclear receptor corepressor RIP140 by retinoic acid: a potential negative-feedback regulatory mechanism. Biochem Biophys Res Commun, 2001. **285**: p. 969-75.

264. Nichol, D., et al., RIP140 expression is stimulated by estrogen-related receptor alpha during adipogenesis. J Biol Chem, 2006. **281**(43): p. 32140-7.

265. Tsai NP, L.Y., and Wei LN., MicroRNA mir-346 targets the 5'-untranslated region of receptor-interacting protein 140 (RIP140) mRNA and up-regulates its protein expression. The Biochemical journal, 2009. **424**: p. 411-418.

266. Rytinki MM, a.P.J., SUMOylation modulates the transcription repressor function of RIP140. The Journal of biological chemistry, 2008. **283**: p. 11586-11595.

267. Huq, M.D., et al., Lysine methylation of nuclear co-repressor receptor interacting protein 140. J Proteome Res, 2009. **8**(3): p. 1156-67.

268. Ho PC, L.Y., Tsui YC, Gupta P, and Wei LN, A negative regulatory pathway of GLUT4 trafficking in adipocyte: new function of RIP140 in the cytoplasm via AS160. Cell metabolism, 2009. **10**(516-523).

269. Gupta, P., et al., Regulation of co-repressive activity of and HDAC recruitment to RIP140 by site-specific phosphorylation. Mol Cell Proteomics, 2005. **4**(11): p. 1776-84.

270. Vo, N., Fjeld, C. and Goodman, R.H., Acetylation of nuclear hormone receptor-interacting protein RIP140 regulates binding of the transcriptional corepressor CtBP. Mol. Cell Biol., 2001. **21**(18): p. 6181-6188.

271. Huq, M.D., et al., Vitamin B6 conjugation to nuclear corepressor RIP140 and its role in gene regulation. Nat Chem Biol, 2007. **3**(3): p. 161-5.

272. Oka, T., et al., Pyridoxal 5'-phosphate inhibits DNA binding of HNF1. Biochim Biophys Acta, 2001. **1568**(3): p. 189-96.

273. Tully D.B., A.V.E., Cidlowski J.A., FASEB J., 1994. **8**: p. 343-349.

274. Mostaqul Huq, M.D., P. Gupta, and L.N. Wei, Post-translational modifications of nuclear co-repressor RIP140: a therapeutic target for metabolic diseases. Curr Med Chem, 2008. **15**(4): p. 386-92.

275. White, R., L.G., Rosewell I., The nuclear receptor co-repressor nrip1 (RIP140) is essential for female fertility. Nat Med, 2000. 6: p. 1368-74.

276. Fritah A, S.J., Nichol D, Parker N, Williams S, Price A, Strauss L, Ryder TA, Mobberley MA, Poutanen M, Parker M, and White R., Elevated expression of the metabolic regulator receptor-interacting protein140 results in cardiac hypertrophy and impaired cardiac function. Cardiovascular research, 2010. 86: p. 443-451.

277. Leonardsson G, J.M., White R, Embryo transfer experiments and ovarian transplantation identify the ovary as the only site in which nuclear receptor interacting protein1/RIP140 action is crucial for female fertility. Endocrinology, 2002. 143: p. 700-7.

278. Lim, H., et al., Multiple female reproductive failures in cyclooxygenase 2-deficient mice. Cell, 1997. 91(2): p. 197-208.

279. Caballero V., R.R., Sainz J. A., Cruz M., Lopez-Nevot M. A., Galan J. J., Real L. M., de Castro F., Lopez-Villaverde V. and Ruiz A., Preliminary molecular genetic analysis of the Receptor Interacting Protein 140 (RIP140) in women affected by endometriosis. J Exp Clin Assist Reprod, 2005. 22(11).

280. Leonardsson G, S. J., Christian M, Nuclear receptor corepressor RIP140 regulates fat accumulation. Natl Acad Sci USA, 2004. 101: p. 8437-42.

281. Powelka A. M., S. A., Virbasius J. V., Kiskinis E., Nicoloro S. M., Guilherme A., Tang X., Straubhaar J., Cherniack A. D., Parker M. G. and Czech M. P, Suppression of oxidative metabolism and mitochondrial biogenesis by the transcriptional corepressor RIP140 in mouse adipocytes. J Clin Invest, 2006. 116: p. 125-36.

282. Christian, M., et al., RIP140-targeted repression of gene expression in adipocytes. Mol Cell Biol, 2005. 25(21): p. 9383-91.

283. Herzog B, H.M., Seth A, Woods A, White R, and Parker MG., The nuclear receptor cofactor, receptor-interacting protein140, is required for the regulation of hepatic lipid and glucose metabolism by liver X receptor. Molecular endocrinology, 2007. 21: p. 2687-2697.

284. Seth, A., et al., The transcriptional corepressor RIP140 regulates oxidative metabolism in skeletal muscle. Cell Metab, 2007. 6(3): p. 236-45.

285. Fritah, A., Control of skeletal muscle metabolic properties by the nuclear receptor corepressor RIP140. Appl Physiol Nutr Metab, 2009. 34(3): p. 362-7.

286. Hallberg M, M.D., Kiskinis E, Shah K, Kralli A, Dilworth SM, White R, Parker MG, and Christian M., A functional interaction between RIP140 and PGC-1alpha regulates the expression of the lipid droplet protein CIDEA. Molecular and cellular biology, 2008. 28: p. 5785-6795.

287. Catalan, V., et al., RIP140 gene and protein expression levels are downregulated in visceral adipose tissue in human morbid obesity. Obes Surg, 2009. 19(6): p. 771-6.

288. Chan C. M., L.A.E., Parker M. G., Dowsett M., Expression of nuclear receptor interacting proteins TIF-1, SUG-1, receptor interacting protein 140, and corepressor SMRT in tamoxifen-resistant breast cancer. Clin Cancer Res, 1999. 5: p. 3460-7.

289. Rey J. M., P.P., Callier P., Cavailles V., Freiss G., Maudelonde T. and Brouillet J. P, Semiquantitative reverse transcription-polymerase chain reaction to evaluate the expression patterns of genes involved in the oestrogen pathway. J Mol Endocrinol, 2000. 24: p. 433-40.

290. Baldus C. D., L.S., Mrozek K., Auer H., Tanner S. M., Guimond M., Ruppert A. S., Mohamed N., Davuluri R. V., Caligiuri M. A., Bloomfield C. D., de la Chapelle, A., Acute myeloid leukaemia with complex karyotypes and abnormal chromosome 21: Amplification discloses overexpression of APP, ETS2, and ERG genes. Proc Natl Acad Sci USA, 2004. 101: p. 3915-20.

291. White KA, Y.M., Warburton SL, Negative feedback at the level of nuclear receptor coregulation. Self-limitation of retinoid signaling by RIP140. J Biol Chem, 2003. **278**: p. 43889-92.

292. Vega, A., et al., Evaluating new candidate SNPs as low penetrance risk factors in sporadic breast cancer: a two-stage Spanish case-control study. Gynecol Oncol, 2009. **112**(1): p. 210-4.

293. Rudd, M.F., et al., Variants in the GH-IGF axis confer susceptibility to lung cancer. Genome Res, 2006. **16**(6): p. 693-701.

294. Zschiedrich, I., H.U., Krones-Herzig A, Berriel Diaz M, Vegiopoulos A, Muggenburg J, Sombroek D, Hofmann TG, Zawatzky R, Yu X, Gretz N, Christian M, White R, Parker MG, and Herzig S., Coactivator function of RIP140 for NFkappaB/RelA-dependent cytokine gene expression. Blood, 2008. **112**: p. 264-276.

295. Gardiner, K., Transcriptional dysregulation in Down syndrome: predictions for altered protein complex stoichiometries and post-translational modifications, and consequences for learning/behaviour genes ELK, CREB, and the estrogen and glucocorticoid receptors. Behav Genet, 2006. **36**: p. 439-53.

296. Groet, J., et al., Bacterial contig map of the 21q11 region associated with Alzheimer's disease and abnormal myelopoiesis in Down syndrome. Genome Res, 1998. **8**(4): p. 385-98.

297. Kim J, A.O., Wakayama T, Takahagi H & Iseki S, The role of cyclic AMP response element-binding protein in testosterone-induced differentiation of granular convoluted tubule cells in the rat submandibular gland. Archives of Oral Biology, 2001. **46**: p. 495-507.

298. Steel, J.H., R. White, and M.G. Parker, Role of the RIP140 corepressor in ovulation and adipose biology. J Endocrinol, 2005. **185**(1): p. 1-9.

299. Moron, F.J., et al., Multilocus analysis of estrogen-related genes in Spanish postmenopausal women suggests an interactive role of ESR1, ESR2 and NRIP1 genes in the pathogenesis of osteoporosis. Bone, 2006. **39**(1): p. 213-21.

300. Galan, J.J., et al., Multilocus analyses of estrogen-related genes reveal involvement of the ESR1 gene in male infertility and the polygenic nature of the pathology. Fertil Steril, 2005. **84**(4): p. 910-8.

301. Swiss, V.A. and P. Casaccia, Cell-context specific role of the E2F/Rb pathway in development and disease. Glia, 2010. **58**(4): p. 377-90.

302. Ko, Y.J. and S.P. Balk, Targeting steroid hormone receptor pathways in the treatment of hormone dependent cancers. Curr Pharm Biotechnol, 2004. **5**(5): p. 459-70.

303. Patrick Augereau, E.B., Sophie Carascossa, Audrey Castet, Samuel Fritsch, Pierre-Olivier Harmand, Stéphan Jalaguier and Vincent Cavaillès, The nuclear receptor transcriptional coregulator RIP140. NURSA, 2006. **4**.

304. Tsantoulis, P.K. and V.G. Gorgoulis, Involvement of E2F transcription factor family in cancer. Eur J Cancer, 2005. **41**(16): p. 2403-14.

305. Blanchet, E., J.S. Annicotte, and L. Fajas, Cell cycle regulators in the control of metabolism. Cell Cycle, 2009. **8**(24): p. 4029-31.

306. Blais, A. and B.D. Dynlacht, E2F-associated chromatin modifiers and cell cycle control. Curr Opin Cell Biol, 2007. **19**(6): p. 658-62.

307. Docquier, A., et al., The transcriptional coregulator RIP140 represses E2F1 activity and discriminates breast cancer subtypes. Clin Cancer Res, 2010. **16**(11): p. 2959-70.

308. Patrick Augereau, E.B., Patrick Balaguer, Sophie Carascossa, Audrey Castet, Stephan Jalaguier, Vincent Cavailes, Negative regulation of hormone signaling by RIP140. Journal of Steroid Biochemistry & Molecular Biology, 2006. **102**: p. 51–59.

- 223 -

309. Gyorgy, P., Developments leading to the metabolic role of vitamin B6. Am J Clin Nutr, 1971. 24(10): p. 1250-6.

310. Lepkovsky, S., The isolation of pyridoxine. Fed Proc, 1979. 38(13): p. 2699-700.

311. Sauberlich, H.E., Interactions of thiamin, riboflavin, and other B-vitamins. Ann N Y Acad Sci, 1980. 355: p. 80-97.

312. Angel, J.F., Gluconeogenesis in meal-fed, vitamin B-6-deficient rats. J Nutr, 1980. 110(2): p. 262-9.

313. Mittenhuber, G., Phylogenetic analyses and comparative genomics of vitamin B6 (pyridoxine) and pyridoxal phosphate biosynthesis pathways. J Mol Microbiol Biotechnol, 2001. 3(1): p. 1-20.

314. Gyorgy, P., Vitamin B6 in human nutrition. J Clin Nutr, 1954. 2(1): p. 44-6.

315. Meisler, N.T., L.M. Nutter, and J.W. Thanassi, Vitamin B6 metabolism in liver and liver-derived tumors. Cancer Res, 1982. 42(9): p. 3538-43.

316. Percudani, R. and A. Peracchi, The B6 database: a tool for the description and classification of vitamin B6-dependent enzymatic activities and of the corresponding protein families. BMC Bioinformatics, 2009. 10: p. 273.

317. Ehrenshaft, M., et al., A highly conserved sequence is a novel gene involved in de novo vitamin B6 biosynthesis. Proc Natl Acad Sci U S A, 1999. 96(16): p. 9374-8.

318. Hill, R.E., et al., The biogenetic anatomy of vitamin B6. A 13C NMR investigation of the biosynthesis of pyridoxol in Escherichia coli. J Biol Chem, 1996. 271(48): p. 30426-35.

319. Tambasco-Studart, M., et al., Vitamin B6 biosynthesis in higher plants. Proc Natl Acad Sci U S A, 2005. 102(38): p. 13687-92.

320. Said, Z.M., et al., Pyridoxine uptake by colonocytes: a specific and regulated carrier-mediated process. Am J Physiol Cell Physiol, 2008. 294(5): p. C1192-7.

321. Said, H.M., A. Ortiz, and T.Y. Ma, A carrier-mediated mechanism for pyridoxine uptake by human intestinal epithelial Caco-2 cells: regulation by a PKA-mediated pathway. Am J Physiol Cell Physiol, 2003. 285(5): p. C1219-25.

322. Schenker, S., et al., Human placental vitamin B6 (pyridoxal) transport: normal characteristics and effects of ethanol. Am J Physiol, 1992. 262(6 Pt 2): p. R966-74.

323. Bull, H., et al., Acid phosphatases. Mol Pathol, 2002. 55(2): p. 65-72.

324. Harris, H., The human alkaline phosphatases: what we know and what we don't know. Clin Chim Acta, 1990. 186(2): p. 133-50.

325. Jang, Y.M., et al., Human pyridoxal phosphatase. Molecular cloning, functional expression, and tissue distribution. J Biol Chem, 2003. 278(50): p. 50040-6.

326. Matsubara, K., et al., Inhibitory effect of pyridoxal 5'-phosphate on endothelial cell proliferation, replicative DNA polymerase and DNA topoisomerase. Int J Mol Med, 2003. 12(1): p. 51-5.

327. Ren, S.G. and S. Melmed, Pyridoxal phosphate inhibits pituitary cell proliferation and hormone secretion. Endocrinology, 2006. 147(8): p. 3936-42.

328. Ribaya, J.D. and S.N. Gershoff, Effects of vitamin B6 deficiency on liver, kidney, and adipose tissue enzymes associated with carbohydrate and lipid metabolism, and on glucose uptake by rat epididymal adipose tissue. J Nutr, 1977. 107(3): p. 443-52.

329. Cabrini, L., et al., Correlation between dietary polyunsaturated fatty acids and plasma homocysteine concentration in vitamin B6-deficient rats. Nutr Metab Cardiovasc Dis, 2005. 15(2): p. 94-9.

330. Morris, M.S., et al., Vitamin B-6 intake is inversely related to, and the requirement is affected by, inflammation status. J Nutr, 2010. 140(1): p. 103-10.

331. Komatsu, S.I., et al., Vitamin B-6-supplemented diets compared with a low vitamin B-6 diet suppress azoxymethane-induced colon tumorigenesis in mice by reducing cell proliferation. J Nutr, 2001. 131(8): p. 2204-7.

332. Larsson, S.C., N. Orsini, and A. Wolk, Vitamin B6 and risk of colorectal cancer: a meta-analysis of prospective studies. Jama, 2010. 303(11): p. 1077-83.

333. Lin, J., et al., Plasma folate, vitamin B-6, vitamin B-12, and risk of breast cancer in women. Am J Clin Nutr, 2008. 87(3): p. 734-43.

334. Davis, B.A. and B.E. Cowing, Pyridoxal supplementation reduces cell proliferation and DNA synthesis in estrogen-dependent and -independent mammary carcinoma cell lines. Nutr Cancer, 2000. 38(2): p. 281-6.

335. Zhang, S.M., et al., Plasma folate, vitamin B6, vitamin B12, homocysteine, and risk of breast cancer. J Natl Cancer Inst, 2003. 95(5): p. 373-80.

336. Hartman, T.J., et al., Association of the B-vitamins pyridoxal 5'-phosphate (B(6)), B(12), and folate with lung cancer risk in older men. Am J Epidemiol, 2001. 153(7): p. 688-94.

337. Kasperzyk, J.L., et al., One-carbon metabolism-related nutrients and prostate cancer survival. Am J Clin Nutr, 2009. 90(3): p. 561-9.

338. Schernhammer, E., et al., Plasma folate, vitamin B6, vitamin B12, and homocysteine and pancreatic cancer risk in four large cohorts. Cancer Res, 2007. 67(11): p. 5553-60.

339. Huang, S., Histone methyltransferases, diet nutrients and tumour suppressors. Nat Rev Cancer, 2002. 2(6): p. 469-76.

340. Kretsch, M.J., H.E. Sauerlich, and E. Newbrun, Electroencephalographic changes and periodontal status during short-term vitamin B-6 depletion of young, nonpregnant women. Am J Clin Nutr, 1991. 53(5): p. 1266-74.

341. Kimura, S., et al., New enzymatic method with tryptophanase for determining potassium in serum. Clin Chem, 1992. 38(1): p. 44-7.

342. Allgood, V.E., F.E. Powell-Oliver, and J.A. Cidlowski, The influence of vitamin B6 on the structure and function of the glucocorticoid receptor. Ann N Y Acad Sci, 1990. 585: p. 452-65.

343. Allgood, V.E., R.H. Oakley, and J.A. Cidlowski, Modulation by vitamin B6 of glucocorticoid receptor-mediated gene expression requires transcription factors in addition to the glucocorticoid receptor. J Biol Chem, 1993. 268(28): p. 20870-6.

344. Datta, A., et al., ARF directly binds DP1: interaction with DP1 coincides with the G1 arrest function of ARF. Mol Cell Biol, 2005. 25(18): p. 8024-36.

345. Masuhiro, Y., et al., SOCS-3 inhibits E2F/DP-1 transcriptional activity and cell cycle progression via interaction with DP-1. J Biol Chem, 2008. 283(46): p. 31575-83.

346. Ishida, H., et al., Identification and characterization of novel isoforms of human DP-1: DP-1{alpha} regulates the transcriptional activity of E2F1 as well as cell cycle progression in a dominant-negative manner. J Biol Chem, 2005. 280(26): p. 24642-8.

347. Freeman, M., Feedback control of intercellular signalling in development. Nature, 2000. **408**(6810): p. 313-9.

348. Bosco, E.E., et al., The retinoblastoma tumor suppressor modifies the therapeutic response of breast cancer. J Clin Invest, 2007. **117**(1): p. 218-28.

www.ingramcontent.com/pod-product-compliance
Lightning Source LLC
Chambersburg PA
CBHW021931220326
41598CB00061BA/1055